KB052028

Visual C++

MPS LAB을 이용한 PC 기반 제어

이승훈 지음

光文閣
www.kwangmoonkag.co.kr

머리말

제조업 분야는 기존 생산 제조 기술에 ICT가 융합된 스마트 팩토리가 대표적인 4차 산업혁명 시대의 기술로 주목받고 있습니다. 생산 제조 설비는 기계기구, 컨트롤러 및 각종 센서와 액추에이터를 하나의 시스템으로 구성하고 프로그램을 통해 자동화 장치를 제어하는 분야입니다. 자동화 설비의 설계, 제작 및 프로그램 개발, 장비 유지 보수 분야의 인력 수요 또한 4차 산업혁명 시대의 기술 변화에 따라 증가하고 있는 추세입니다.

본서에서는 Sensor, Motor, 공압 실린더 등 각종 입 · 출력 장치와 총 9가지의 PC Base Board 등을 가상화한 MPS(Multi Programming System) Lab 프로그램과 비주얼 C++를 이용하여 PC 기반 제어를 학습에 필요한 예제를 충분히 다루고 있으며, 가상 프로그램을 이용하여 다양한 형태로 시스템을 구현하는데 필요한 충분한 내용이라 생각됩니다.

마이크로프로세서나 PC를 컨트롤러로 사용하는 시스템의 핵심은 소프트웨어 기술이라고 할 수 있습니다. 소프트웨어의 기초인 C언어 프로그래밍을 이해하고 가상화한 MPS(Multi Programming System) Lab 프로그램을 활용한 다양한 형태의 예제를 통해 학습자가 쉽게 이해할 수 있도록 설명하였습니다. 본 도서가 생산자동화 및 메카트로닉스 관련 분야를 공부하는 분들께 조금이나마 도움이 되기를 바랍니다.

끝으로 이 책이 나오기까지 물신양면으로 도움을 주신 ㈜웰컴소프트사와 광문각 출판사 박정태 회장님과 임직원 여러분께 진심으로 감사드립니다.

2018년 2월

저자 씀

목차

PART 01 프로그래밍 언어

PART 02 Visual Studio

PART 03 MPS Lab

PART 04 Visual C++을 이용한 MPS 장비 구동하기

PART 05 Visual C++을 이용한 MPS 장비 구동하기 심화과정

PART 01

프로그래밍 언어

- 프로그래밍 언어와 컴파일러
- 프로그래밍 언어의 종류
- C와 C++

01

프로그래밍 언어

MPS LAB을 이용한 PC 기반 제어

1 프로그래밍 언어와 컴파일러

컴퓨터는 0과 1로 구성된 언어 체계인 기계어를 사용한다. 그러나 이를 프로그램을 작성하는 사람이 이해하고 사용하기에는 어려움이 매우 많다. 그렇다고 사람이 사용하는 언어를 컴퓨터가 사용할 수는 없다. 이를 해결하기 위해서 2가지가 탄생하게 되는데 하나는 프로그래밍 언어이고 또 하나는 컴파일러이다. 이를 설명하기에 앞서 A, B, C라는 서로 다른 언어를 사용하는 인물들을 통해 프로그래밍 언어, 컴파일러에 대하여 알아보자. A는 스페인 사람으로 스페인어를 사용할 줄 알고 B는 미국 사람으로 영어와 스페인어를 할 줄 안다. 마지막으로 C는 한국 사람으로 한국어와 영어를 사용할 줄 안다. A와 B는 서로 스페인어로 대화가 가능하고, B와 C는 영어로 서로 간의 대화가 가능하다. 그러나 A와 C는 공통되는 언어가 없으므로 서로 대화할 수 없다. 여기서 프로그래머와 컴퓨터의 관계는 A와 C로 볼 수 있다. 기계어밖에 사용할 줄 모르는 A는 컴퓨터, 프로그래밍 언어와 자국어만 사용할 줄 아는 C는 프로그래머, 그렇다면 A와 C가 대화하기 위해서는 어떠한 방법이 있을까? 그렇다. 둘의 언어를 공통적으로 이해할 수 있는 B의 통역을 통해 대화할 수 있다. 이렇게 컴퓨터와 프로그래머 간의 언어 통역 역할을 하는 B를 우리는 컴파일러(Compiler)라고 한다.

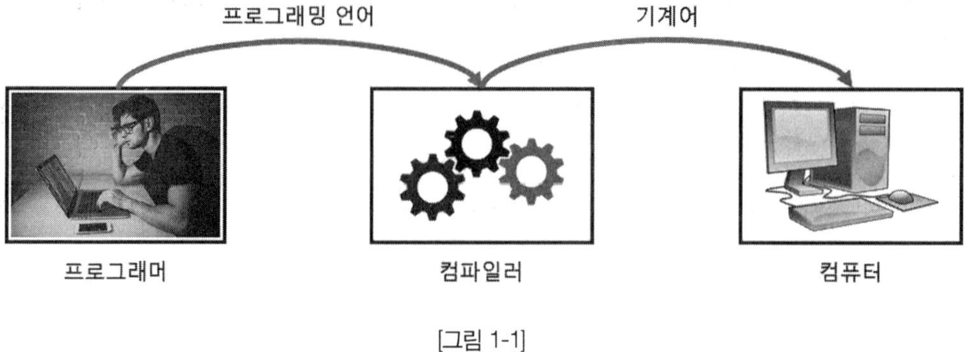

[그림 1-1]

즉 쉽게 정리하자면 프로그래밍 언어는 컴퓨터와 프로그래머가 대화하기 위한 약속된 언어이며, 컴파일러는 프로그래머가 작성한 프로그래밍 언어를 기계어로 다시금 번역(Compile)해 주는 통역기의 역할이다.

2 프로그래밍 언어의 종류

프로그래밍 언어는 크게 인터프리터 언어와 컴파일 언어로 분류가 되곤 한다. 다만 이는 절대적인 구분이 아니며 사용 언어에 따라 양쪽을 다 사용하는 경우도 있다. C와 같은 경우가 그러한데 C는 인터프리터로도, 컴파일로도 사용할 수 있다. 또한, 이 둘의 중간적인 속성을 띠는 바이트코드 언어라는 것도 존재한다.

1) 컴파일 언어

C언어, Delphi 등의 언어가 있다. 프로그래밍 언어로 작성된 Source code를 미리 기계어로 번역하여 프로그램 연산을 수행하는 방식은 프로그램의 수행이 빠르다는 점과 보안성이 높다는 장점이 있지만 반대로 작성된 소스 코드를 조금이라도 수정할 경우 처음부터 다시 컴파일을 진행해야 하기 때문에 인터프리터 언어보다는 개

발이 느리나는 난점이 존재한다. 다만 최근에 개발된 컴파일 언어들은 언어의 문법 구조가 개선되어 컴파일 속도가 매우 빨라져 이러한 단점이 어느 정도 극복되어 있는 상태이다.

2) 인터프리터 언어

소스 코드를 한 줄씩 읽어들여 일일이 번역을 수행한다. Basic, JavaScript와 같은 언어가 인터프리터 언어에 속한다. 미리 컴파일 작업이 진행되는 컴파일 언어와는 다르게 한 줄씩 일일이 번역 작업을 수행하므로 성능은 컴파일 언어보다 다소 뒤처지지만 소스 코드의 수정이 발생할 경우 전체적인 컴파일을 진행하지 않고 바로 실행이 가능하기에 컴파일 언어보다 좀 더 유연하게 프로그래밍이 가능하다는 장점이 있다.

3) 어셈블러

기계어에 가까운 언어로서 저급 언어(Low-level)로 구성되어 있다. 다만 여기서 말하는 저급은 언어의 질적인 의미가 아닌 언어 자체가 사람이 쓰기 편한 고급 언어(High-level : 컴파일, 인터프리터 언어 등)와 다르게 컴퓨터가 사용하는 기계어에 가깝다는 의미이다.

4) 바이트코드 언어

Java와 C# 등이 바이트코드 언어에 속한다. 소스 코드를 컴파일한 결과물이 바이트코드의 형태로 출력되며 이것을 닷넷 프레임워크나 자바 가상머신 등의 인터프리터가 기계어로 한 줄 한 줄 번역하며 수행한다. 소스 코드를 컴파일하는 과정은 컴파일 언어를, 출력된 바이트코드를 다시 기계어로 번역하는 과정은 인터프리터 언어와 동일하다.

3 C와 C++

C언어의 시작은 영국의 케임브리지대학교에서 시작된 CPL이다. CPL이라는 프로그래밍 언어에서 Basic CPL, 통칭 BCPL이 탄생되었고, 이것이 미국의 켄 톰슨에 의해 'B'언어로, 이후 최종적으로 데니스 리치에 의해 'C'라는 이름의 언어가 탄생 되었다.

기존에는 어셈블러를 통해 프로그래밍을 하였으나 기본적으로 기계어에 가까운 어셈블러는 사람이 다루기 힘들고, 또한 CPU가 바뀌면 프로그램도 다시 바꿔야 하는 등의 문제가 발생되었다. 그러나 C는 이러한 단점들이 없어 CPU가 바뀌어도 이식성이 좋아 문제가 없으며 사용 난이도 또한 낮아 현시대에서 사용하는 프로그램 언어는 대부분 C를 기반에 둔 언어라고 해도 과언이 아니다.

C++은 언급한 바와 같이 C를 기반으로 파생된 언어로서 덴마크의 '비야네 스트룹스트룹(Bjarne Stroustrup)'이 1980년대에 만든 언어이다. C++은 기존 C에서 객체지향 프로그래밍을 지원하기 위한 언어라고 생각하면 편하다. 이 때문에 기존 C의 문법을 대부분 사용할 수 있으며 심지어 컴파일러 또한 기존의 C의 것을 사용해도 문제가 없을 정도이다. 따라서 이후 언급하는 C 혹은 C++에 대한 설명 중 특별한 언급이 없다면 동일하기 때문에 따로 설명하지 않는다.

1) 프로그램 작성의 흐름

C언어를 사용하여 프로그램을 작성하는 순서는 다음과 같다.

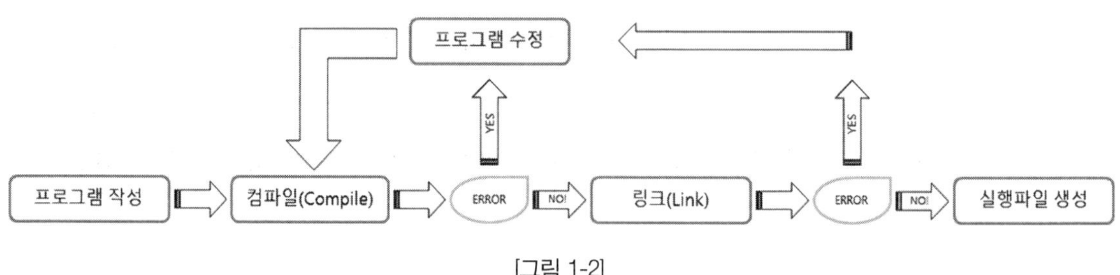

[그림 1-2]

그림과 같이 프로그래밍 언어로 프로그램을 작성한 뒤 그것을 컴파일러를 통하여 컴파일한다. 이 과정에서 에러가 검출된다면 프로그램 수정으로 돌아가 다시 컴파일을 시작한다. 에러가 검출되지 않는다면 결과물을 컴퓨터와 링크시키는데 이 과정은 컴파일 과정에서 함께 진행되기 때문에 생략하여 표현하는 경우가 있다. 이후 마찬가지로 에러 검출이 있다면 프로그램 수정 및 컴파일 작업을, 에러가 없다면 실행 파일 생성 단계로 넘어가게 된다.

2) C에서 사용되는 파일의 종류

(1) 헤더 파일

헤더 파일은 텍스트 파일의 형태를 가지고 있으며 C언어 프로그래밍을 하는데 있어서 기본적인 명령어 함수들에 대한 정보를 담고 있다. 그 때문에 프로그램 최상단에 항상 필요한 헤더 파일을 선언해 줘야 하는데 방법은 다음과 같다.

```
EX)
#include <studio.h>
```

이와 같이 프로그램 상단에 선언을 하면 프로그램이 컴파일되기 전 이미 존재하는 해당 헤더 파일이 소스 파일과 합쳐져 컴파일이 진행된다. 표준 라이브러리에는 예시에 적은 studio.h외에도 많은 헤더 파일이 존재하고 있으며, 필요에 따라 헤더 파일을 프로그램 최상단에 선언해주면 된다.

(2) 라이브러리 파일

C언어에는 사용자가 명령어를 따로 만들지 않아도 기본적으로 제공하는 것들이 있는데 이러한 명령어/함수들을 저장해 놓은 것을 표준 함수라고 하고, 이 표준 함수들을 모아놓은 파일을 표준 라이브러리라고 한다.

(3) 사용자 생성 파일

.c라는 확장자를 가진 파일로 사용자가 작성한 프로그램 파일이며 컴파일 과정을 거쳐 .exe 확장자를 가진 실행 가능한 파일로 만들어진다.

3) 기본 연산자

C언어는 여러 가지 기본 연산자를 제공한다. 사칙/산술, 관계, 논리 연산자 등이 그것인데 여러 가지 연산자에 대하여 알아보자.

(1) 산술 연산자

산술 연산자는 기본적인 산술 계산에 필요한 연산자이며 +, -와 같은 기초적인 사칙연산이 여기에 포함된다. 다음 표를 통해 산술 연산자 명령어에 대하여 알아보자.

명령어	기능
+	더하기
-	빼기
*	곱하기
/	나누기
%	나머지
=	숫자 대입

주의할 것은 '='인데 이것을 제외한 연산 기호들은 왼쪽에서 오른쪽으로 결합하지만 '='는 오른쪽에서 왼쪽으로 결합한다. 예를 들면,

```
A = 1+3;
```

의 경우 왼쪽의 1이 오른쪽으로 결합되어 최종적으로 4라는 값이 A에 저장된다.

```
A = 4;
```

그러나 위의 예시와 같이 '='가 단독으로 쓰일 경우 다른 연산 과정이 없으므로 4라는 값이 바로 왼쪽의 A로 대입된다.

(2) 관계 연산자

관계 연산자는 데이터값의 비교를 위해 사용되는 명령어들이며 이를 사용하여 조건문 같은 것을 만들 수 있다. 정확한 숫자 값이 출력되었던 산술 연산자와는 다르게 관계 연산자의 연산 결괏값은 참 혹은 거짓으로 출력되며 참의 경우는 1, 거짓의 경우는 0으로 취급한다.

관계 연산자는 왼쪽에서 오른쪽으로 결합되므로 왼쪽의 데이터를 기준점 삼아야 한다.

명령어	기능
〉	~ 보다 크다.
〉=	~ 보다 크거나 같다.
〈	~ 보다 작다.
〈=	~ 보다 작거나 같다.
==	~와 같다.
!=	~와 같지 않다.

```
{
if(A == 1);
        {
        printf(“OK“);
        }
}
```

위 예시의 경우를 보면, if문의 조건으로 A가 1일 경우 참, 그 외에 숫자일 경우 거짓이 된다. 참 조건일 경우 하위에 속해 있는 명령어인 printf가 실행되어 OK라는 텍스트가 화면에 출력되며, 거짓 조건의 경우 아무 동작도 하지 않는다.

(3) 논리 연산자

논리 연산자는 전자회로에서 사용하는 논리소자와 동일하게 논리합, 논리곱, 부정을 표현한다. 마찬가지로 결괏값은 참 혹은 거짓으로 출력되며 참은 1, 거짓은 0으로 취급한다.

명령어	기능
!	부정
&&	논리곱(AND)
||	논리합(OR)

```
{
if(A && B);
        {
        printf("OK");
        }
}
```

위 예시의 경우를 보면, if문의 조건으로 A와 B가 논리곱, 즉 둘 다 1이 되는 AND 조건을 충족할 경우 텍스트 "OK"가 출력된다.

(4) 증감 연산자

증감 연산자는 산술 연산자의 일종으로 명령어가 실행될 때마다 해당 변수의 값을 1씩 증가시키거나 감소시키는 역할을 한다. 이러한 증감 연산자를 통해 카운터와 같은 기능을 프로그래밍할 수도 있다.

명령어	기능
++	1씩 증가
--	1씩 감소

```
{
if(A == 1);
        {
        x++;
        }
}
```

위 예시를 보면, if문의 조건으로 A의 값이 1일 경우 변수 x의 값은 1씩 증가한다.

4) 데이터의 형태와 변수

(1) 데이터의 형태

프로그램 언어에서 사용되는 데이터의 형태로는 크게 문자형과 숫자형 데이터로 나눌 수가 있다. 문자형은 다시 단일 문자와 문자열로 나뉘며, 숫자형은 정수와 실수로 나뉜다. 단일 문자는 1개의 문자만을 사용하며, 이러한 단일 문자들이 모여 문자열 데이터를 구성한다. 숫자형에서 정수는 소수점을 포함하지 않는 데이터 형태이며, 실수는 소수점을 포함한 데이터 형태이다.

(2) 변수와 상수

위에서 설명한 데이터의 형태 중 변수와 상수라는 것이 존재한다. 상수란 그 값이 고정되어 변하지 않는 값을 말하며, 변수란 상수와는 반대로 그 값이 고정되어 있지 않아 변화할 수 있는 수를 말한다. 보통 사용자는 변수를 직접 선언하여 임의의 데이터 저장 공간으로 사용할 수 있다. 단 변수를 선언할 경우 주의사항이 몇 가지 있다.

- 변수명의 첫 시작은 영문자로 시작해야 한다.
- 변수명은 8문자까지만 인식이 가능하다.
- 예약어는 변수명으로 사용할 수 없다.
- 변수명은 사용자가 직접 프로그램 상단에서 선언하여야 한다.

예약어란 프로그램 작성 시 미리 약속되어 있는 명령어를 뜻하며, 변수는 사용자가 프로그램 사용에 앞서 반드시 선언하여야만 사용할 수 있다. 또한, 사용하는 데이터 타입에 따라 표현 혹은 저장할 수 있는 데이터의 크기나 범위를 설정할 수 있는데 이는 다음 표와 같다.

정수형	char	1byte	-128 ~ 127
	short	2byte	-32,768 ~ 32,767
	int	4byte	-2,147,483,648 ~ 2,174,483,647
	long	4byte	-2,147,483,648 ~ 2,174,483,647
실수형	float	4byte	±3.4x10-37 ~ ±3.4x10+38
	double	8byte	±1.7x10-307 ~ ±1.7x10+308
	long double	8byte 이상	double 이상

5) 조건문

조건문은 여러 가지 상황으로 나뉠 수 있는 분기들 중 선택 조건에 따라 해당하는 프로그램이 동작하는 명령어를 말한다.

(1) if

if문은 ( )에 동작 조건에 관계 연산자, 논리 연산자 등의 조건을 부여하여, 해당 조건이 '참'일 경우 동작하는 명령어이다.

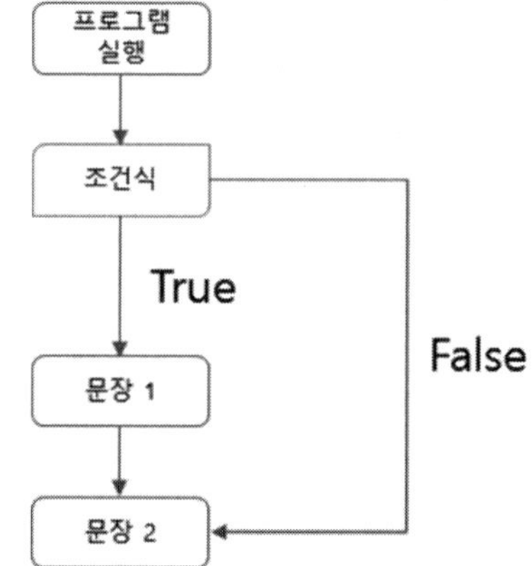


```
{
if(A == 1);
        {
        printf("Success");
        }
}
```

위 예시처럼 'A'가 1이면 조건이 '참'이 되므로 텍스트 Success가 출력되며, A의 값이 1이 아닌 경우 조건이 '거짓'이므로 텍스트 출력 명령어 부분을 실행하지 않고 다음 명령어로 넘어가게 된다.

(2) if-else

if-else 명령어는 if 명령어와 비슷하면서도 다르다. if 명령어의 경우 조건이 '거짓'이라면 다음 명령어로 넘어가 버리는 동작을 하지만 if-else 명령어의 경우 else 부분을 통해 조건이 '거짓'일 경우의 프로그램도 지정하게 되어 있다.

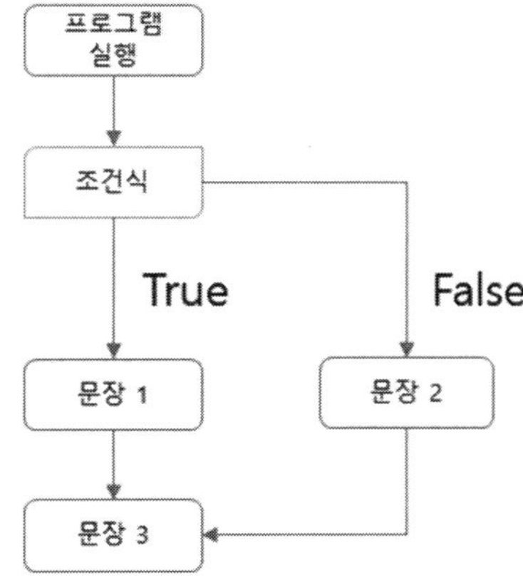


```
{
if(A == 1);
        {
        printf("Success");
        }
else
        {
        printf("Fail")
        }
}
```

위 예시의 프로그램이 실행되면 앞서 설명했던 if의 예제와 마찬가지로 조건이 '참'일 경우 텍스트 Success가 출력되며, 조건이 '거짓'일 경우 else 명령어 부분이 동작하여 텍스트 Fail이 출력된다.

(3) else-if

else-if 명령어는 복수의 조건을 사용하여 프로그램을 구동할 경우에 사용된다. 프로그램이 동작하면 첫 if의 조건이 '참'일 경우 if에 이어져 있는 명령을 수행하며, 해당 조건이 거짓일 경우 else-if에 주어진 조건의 참/거짓을 판별한다. else-if에서 주어진 조건에서도 '거짓'으로 판별되면 최종적으로 마지막 else에 저장되어 있는 프로그램 문장이 실행된다.

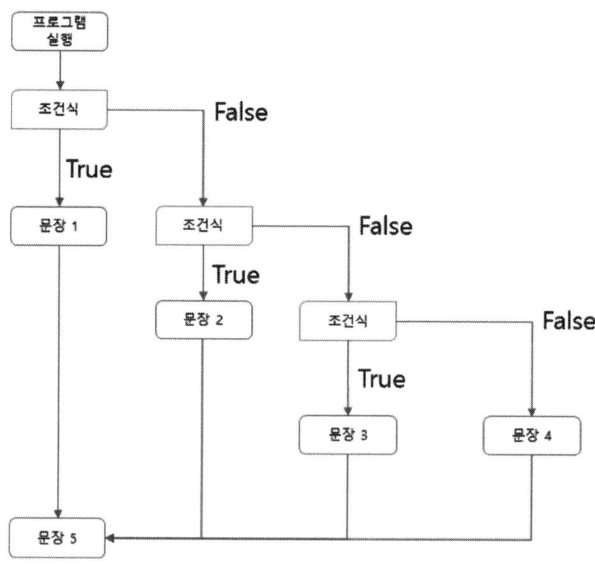


```
{
if(A == 1);
        {
        printf("Success1");
        }
else if(A ==  2);
        {
        printf("Success2")
        }
else
```

```
        {
        printf("Fail")
        }
}
```

위 예시의 프로그램이 실행되면 '참'일 경우 텍스트 "Success1"이 출력되며, 조건이 '거짓'일 경우 else if의 조건을 다시 검색, '참'일 경우 텍스트 "Success2"가 출력되며, 거짓일 경우 else 명령어 부분이 동작하여 텍스트 "Fail"이 출력된다.

(4) switch-case

switch-case 명령어는 if-else if-else와 마찬가지로 복수의 조건을 사용하는 명령어이다. if 명령어와는 다르게 모든 조건이 하나의 문장 안에 다 들어갈 수 있지만, case 조건마다 :(콜론)을 붙여 줘야 하며, 해당 조건 문장의 마지막에는 break;라는 문장을 꼭 적어 줘야 한다. break;가 누락될 경우 참이 되어 실행된 case의 아래에 존재하는 다른 case 문장도 전부 다 실행되는 상황이 발생한다. 또한, if와는 다르게 switch-case의 조건은 반드시 정수형 혹은 정수형으로 변환이 가능한 자료형 데이터가 들어가야 한다는 제약이 있다. 하지만 if 명령어에 비하여 작성하기 쉽고, 가독성이 좋다는 장점이 있다.

```
int A = 1;
{
switch(A);
        {
        case 1 : printf("1"); break;
        case 2 : printf("2"); break;
        case 3 : printf("3"); break;
        case 4 : printf("4"); break;
        default : printf("Fail"); break;
        }
}
```

위 예시의 프로그램을 실행시 'A'의 값이 1이면 텍스트 "1"이 출력되며, 2일 경우 텍스트 "2", 3일 경우 텍스트 "3", 4일 경우 텍스트 "4", 그 이외의 값일 경우 텍스트 "Fail"이 출력된다.

6) 반복문

반복문이란 프로그램을 사용자가 중지 조건을 지정하거나 강제로 멈추기 전까지 계속 반복시키는 명령어를 뜻한다.

(1) return

return은 함수를 종료하기 위해 반드시 선언해야 하는 명령 함수이다. 먼저 return의 사용 방법을 보자.

```
int main(void)
{
    printf("OK");
    return 0;
}
```

위 예시의 프로그램은 실행될 경우 텍스트 "OK"를 출력한다. 이후 return 명령어가 프로그램에서 실행 중인 함수 'main'에 0을 전달함과 동시에 함수를 종료시켜 프로그램이 종료된다. 만약 return이 선언되지 않을 경우 함수가 정상적으로 종료되지 않아 프로그램은 종료되지 않을 것이다.

(2) while

while은 사용자가 지정하는 조건이 만족하는 경우 계속적으로 프로그램을 반복하는 함수이다.

```
int x;
x = 0;

while(x<5);
{
    printf("OK");
    x++;
}
```

위 예시를 보면 while이 실행되면서 텍스트 "OK"를 출력한다. 동시에 x의 값은 1씩 증가한다. while은 x의 값이 5보다 작으면 계속 동작하는 조건이므로 해당 조건을 만족할 때까지 계속 프로그램을 반복하여 실행하게 되고, 결과적으로 x의 값은 프로그램이 실행될 때마다 1씩 증가하여 결과적으로 x의 값이 5 이상이 되어 while은 중지된다. 결과적으로 텍스트 "OK"는 while이 정지하기 전까지 반복한 5번을 출력되게 된다.

(3) for

for는 while에 들어가는 필수적인 조건들을 한 곳으로 모아서 선언할 수 있는 반복 명령어이다. while에서 사용했던 예시를 사용하여 설명하자면 반복에 필요한 변숫값의 선언이 필요하며, 반복을 위한 조건이 필요하고, 마지막으로 변수의 값을 변경하기 위한 연산자가 필요하다.

```
x = 0;    초기 변숫값
(x<5);    동작 조건
x++;      변수 증감
```

for는 이러한 필수적인 조건을 한 문장으로 묶어서 선언할 수 있다는 장점이 있다.

```
int x;

for(int x=0; x<5; x++;)
{
    printf("OK");
}
```

위 예시와 같이 while과 동작은 동일하나 필요한 조건을 한 문장으로 선언할 수 있다는 장점이 있다. 그러나 for는 명백하게 횟수가 지정된 상황에서 쓰일 수 있으므로 불특정한 횟수의 조건문에는 사용하기 어려우므로 무조건 while보다 좋다고 말할 수는 없다.

PART
02

Visual Studio

- ▶ Visual Studio란?
- ▶ Visual Studio 사용하기

Visual Studio

MPS LAB을 이용한 PC 기반 제어

Visual Studio는 1997년에 처음 출시되어 윈도우즈가 계속 업그레이드되면서 같이 업그레이드되어 왔다. 본 매뉴얼은 2010년에 출시된 Visual Studio 2010을 기반으로 제작되었다.

구버전 윈도우 혹은 비주얼 스튜디오에서 작성한 프로그램 등은 각 프로그래밍 언어들의 표준 규격 강화 등으로 인하여 호환이 안 될 수도 있다. 이 점에 주의하자.

1 Visual Studio란?

Windows 환경에서 프로그래밍을 할 때 주로 사용되는 개발 툴로서, 통합 개발 환경이라고도 한다. Windows를 개발한 Microsoft사에서 개발한 프로그램이며 C/C++/C# 등의 프로그래밍 언어를 사용한 쉽고 간편한 프로그램 개발 환경을 제공한다.

2 Visual Studio 사용하기

1) Win32 콘솔 응용 프로그램 프로젝트 생성

Visual Studio를 실행하면 다음과 같은 초기 화면이 생성된다.

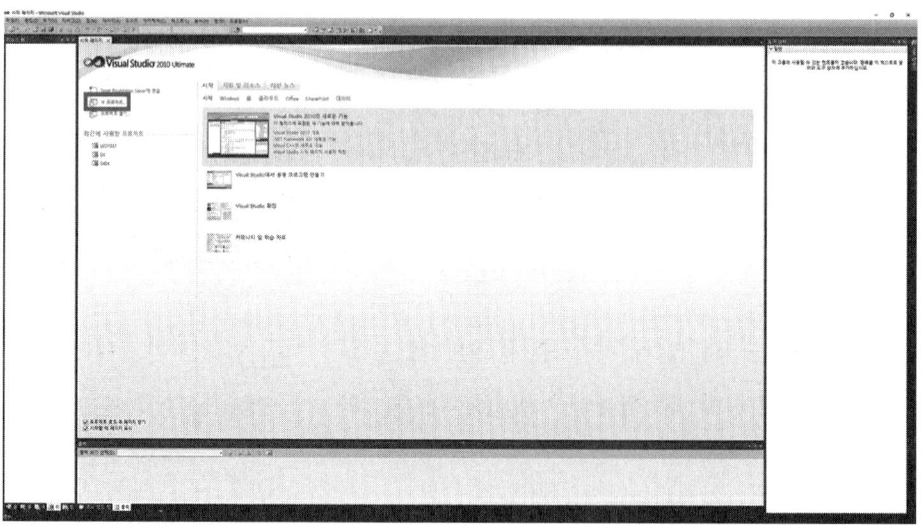

표시된 새 프로젝트를 눌러 프로젝트 생성을 시작한다. 혹여 표시된 부분을 찾지 못한다면 좌측 상단 메뉴바에서 파일→새로 만들기→프로젝트를 선택하여 프로젝트 생성을 선택할 수 있다.

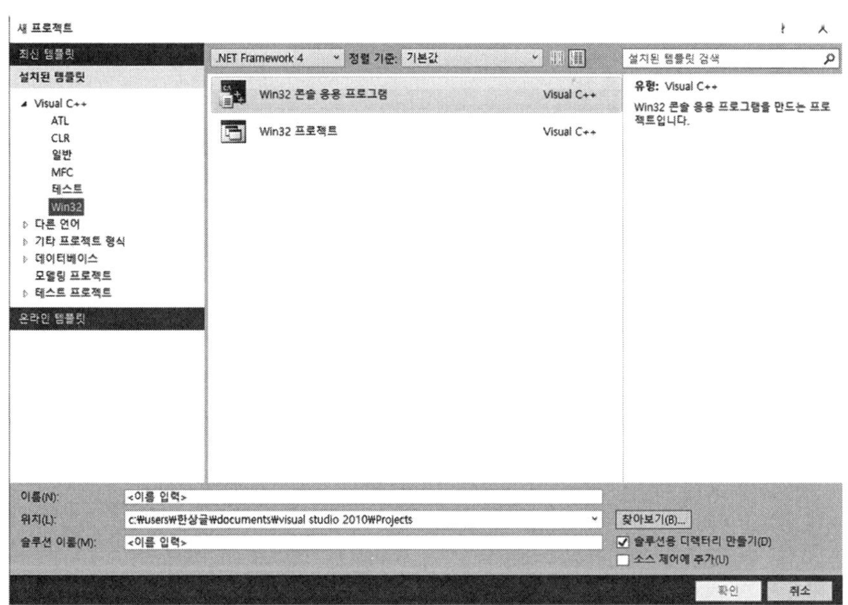

Visual C++ 카테고리 중 Wind32→Win32 콘솔 응용 프로그램을 선택하고 프로젝트 이름을 설정한 뒤 확인을 누른다.

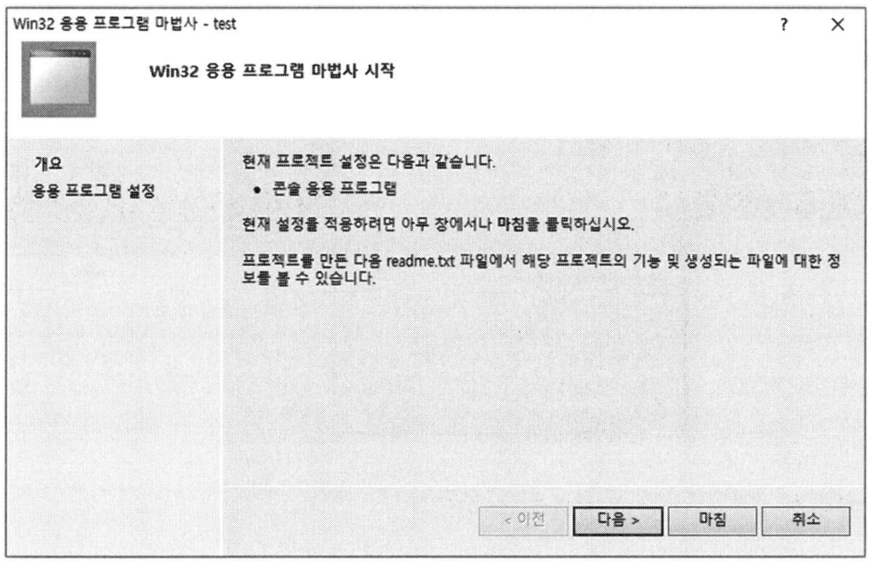

설정을 확인해야 하므로 '다음'을 누른다.

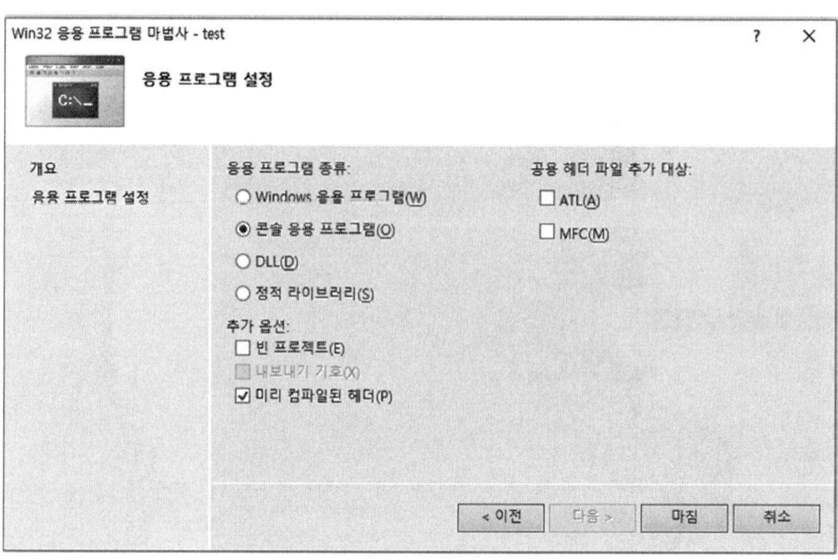

다음 그림과 같이 선택한 뒤 마침을 눌러 프로젝트 생성을 완료한다.

2) 프로그램 빌드

상단 메뉴 중 빌드→솔루션 빌드를 누르면 프로그램 빌드가 실행된다.

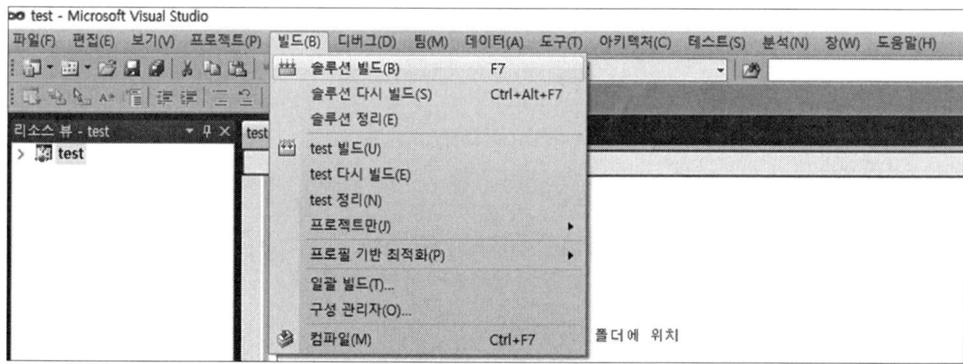

이 작업은 단축키 F7로도 실행할 수 있다.

3) MFC 응용 프로그램 프로젝트 생성

Win32 응용 프로그램 작성 시와 마찬가지로 새 프로젝트를 선택한다.

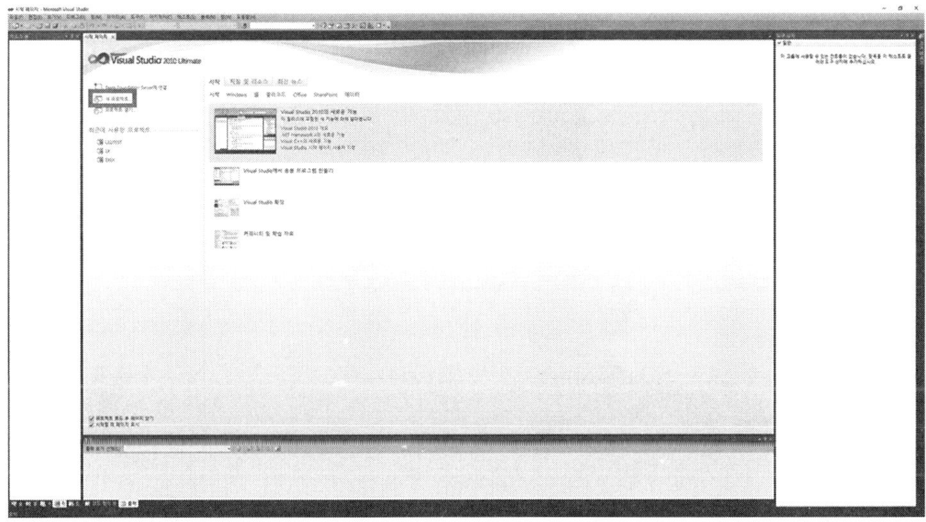

Visual C++ 카테고리 중 MFC→MFC 응용 프로그램을 선택한 뒤 이름을 넣고 확인을 누른다.

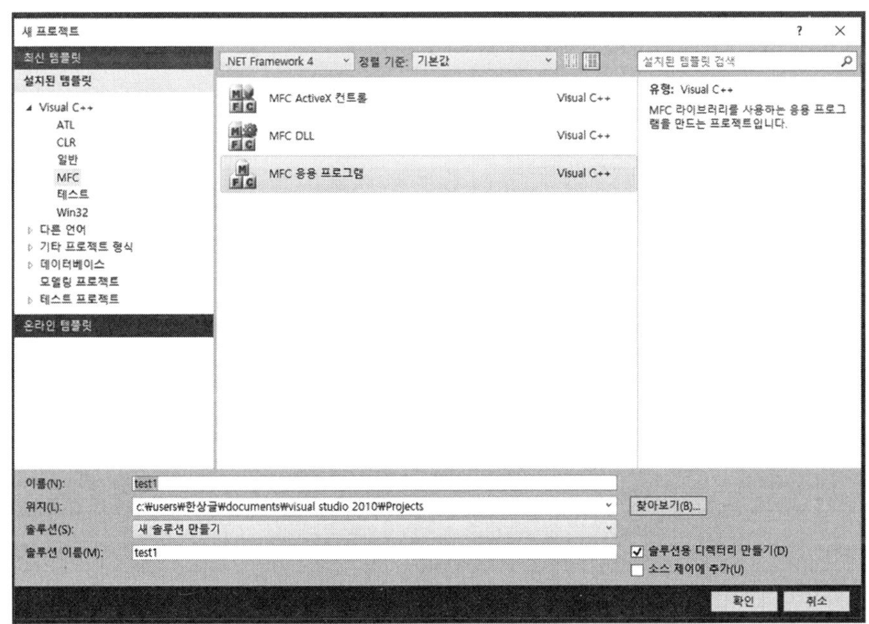

프로그램 설정을 위해 다음을 누른다.

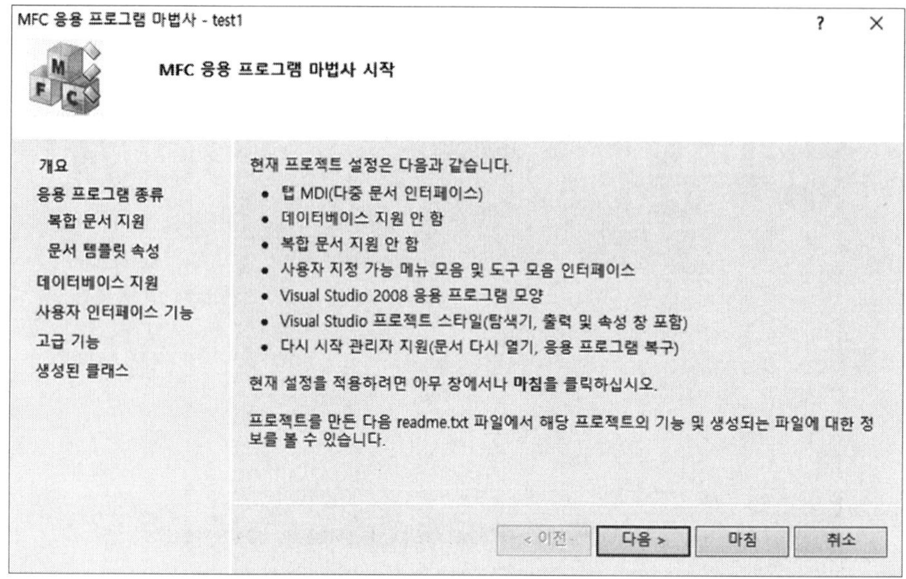

아래 그림처럼 '대화상자 기반'으로 프로그램을 설정한 뒤 마침을 누른다.

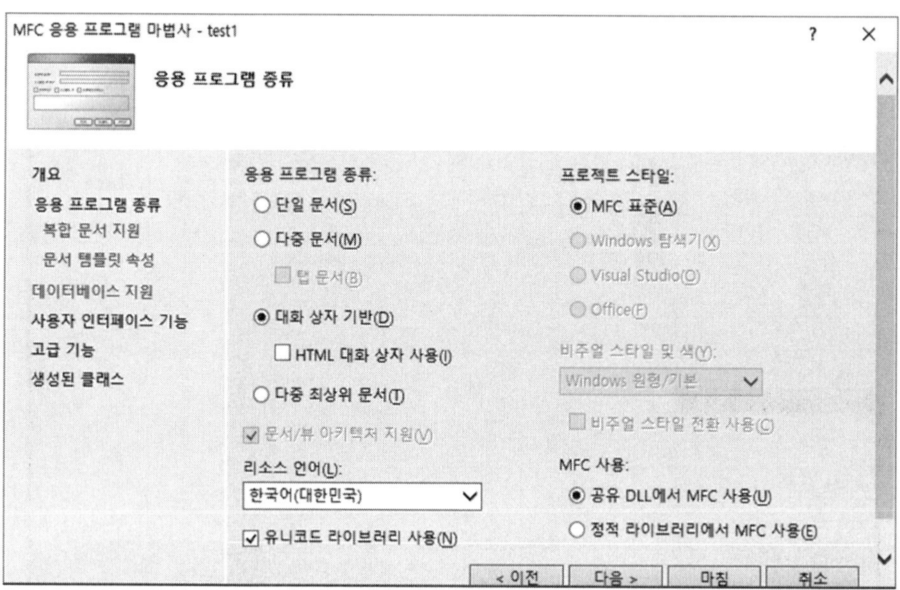

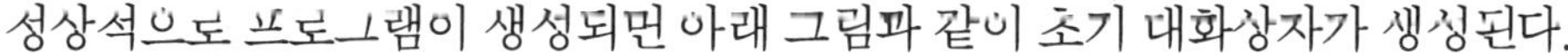
정상적으로 프로그램이 생성되면 아래 그림과 같이 초기 대화상자가 생성된다.

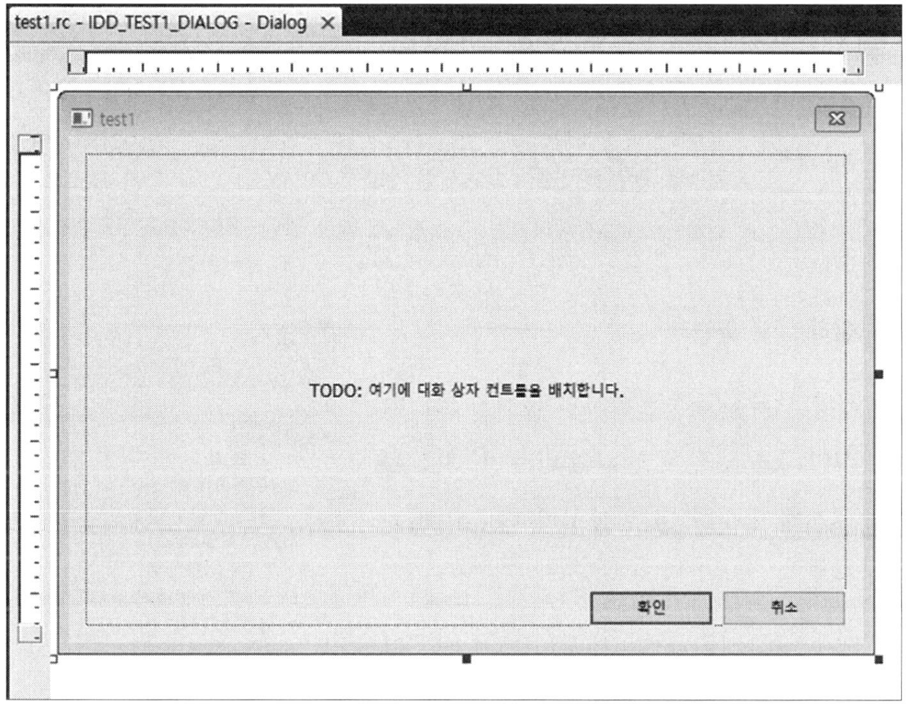

4) 프로젝트 화면 구성

- MFC 클래스를 상속받아 탄생된 새로운 클래스
- 클래스 소스가 설정되어 있는 파일들
- 소스 파일 cpp
- 헤더 파일 h
- 프로그램에 필요한 메뉴, 아이콘, 문자열, 대화상자 같은 자원

(1) 프로젝트 워크스페이스의 항목별 설명

항목	내용
클래스 뷰	프로젝트에 설정되어 있는 클래스별로 출력, 해당 항목을 선택하면 수정 가능
리소스 뷰	프로젝트에 설정되어 있는 메뉴, 대화상자, 문자열, 아이콘, 비트맵 등 자원의 리스트 출력, 해당 항목 선택 수정 가능
파일 뷰	프로젝트에 설정되어 있는 파일 리스트 출력, 해당 항목을 선택하여 수정 가능

① 클래스 뷰 화면

- 해당 항목을 더블클릭하면 클래스 헤더가 나타나고 우측 버튼을 클릭하면 해당 클래스에 함수나 변수 설정이 되도록 메뉴 설정
- 해당 클래스의 멤버 함수와 멤버 변수의 리스트
- + 버튼을 클릭한 상태에서 해당 항목을 클릭하면 해당 항목이 설정되어 있는 소스 파일로 이동
- protected 형태로 설정되어 있을 경우(열쇠)
- protected 형태로 설정되어 있지 않을 경우는 열쇠 아이콘이 나타나지 않음

② 리소스 뷰 화면

- 엑셀레이터(핫키 정의) 키값을 정의하는 항목
- 대화상자(어떤 형태의 대화상자의 출력할 폼을 만들어서 저장) 자원들
  - 아이콘 자원
  - 메뉴 자원
  - 문자열 테이블
  - 툴바

(2) MFC Application Architecture

① MFC 클래스의 기본 구조(MFC의 계층적 구조 형태)

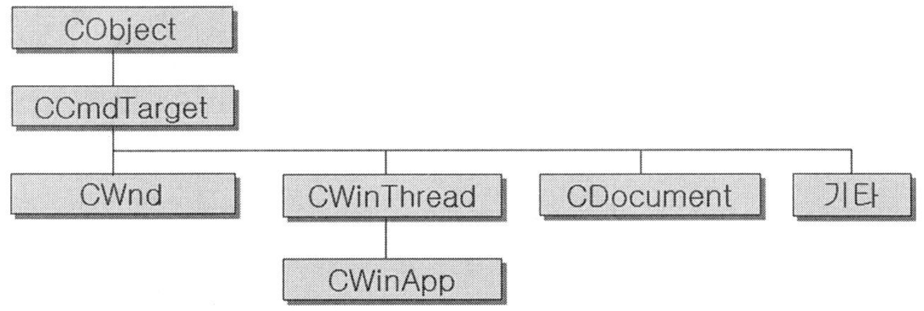

⇒ CMainFrame 과 Cview 클래스는 CWnd에서 상속받음

■ **CObject 클래스 (최상위 클래스)**

- 메모리에 클래스를 설정하는 기능
- 클래스를 할당하기 위한 new 연산자가 오버로딩
- /MFC/Include/Afx.h에 설정
- 클래스의 기능과 종류를 알 수 있는 함수가 있음
  - IsSerializable( ): 현재 클래스가 데이터를 디스크에 저장할 수 있는 기능을 가지고 있는지 없는지를 확인하는 함수
  - AssertValid( ): 현재 클래스가 유효한 클래스인가를 확인하는 함수
  - Dump( ): 현재 클래스의 상태를 확인하는 함수
    ⇒ 디버깅할 때 이 함수를 이용하여 데이터의 상태를 확인하고 오류를 정리할 수 있음

■ **CCmdTarget 클래스**

- 메시지 전송을 담당하는 클래스
- 실질적으로 메시지를 처리하는 것이 아니라 WM_COMMAND와 OLE 메시지만 담당

■ CWnd 클래스

- 화면에 보이는 윈도들은 모두 CWnd에서 상속받음

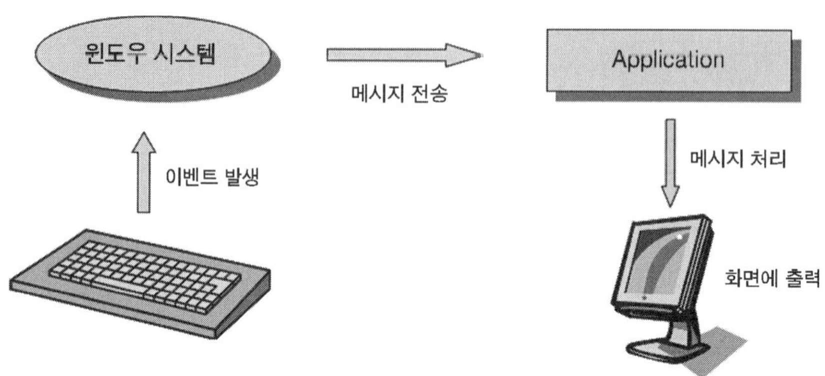

- 가장 많이 사용되는 클래스
- 윈도우의 최상위 클래스
- 상속해서 사용하지 직접 CWnd 클래스를 사용하지는 않는다.
- 윈도우를 구동하는 모든 기능을 가진 함수가 있다.
  - Initialization
  - Window State Functions
  - Window Size and position
  - Coordinate Mapping Functions
  - Window Message Functions

  …

■ CWndThread 클래스

- 윈도우가 스레드로 돌아갈 수 있도록 구동되는 클래스
  - 스레드는 독립적인 형태로 구동되는 하나의 모듈

    한 개의 프로그램을 독립적으로 움직이려면 한 개의 프로그램은 한 개 이상의 CWinThread를 포함해야 한다.
  - Multi-tasking이 가능

■ CWndApp 클래스

- 한 개의 프로그램을 포함하고 관장하는 클래스

■ CWnd 클래스

- 데이터를 디스크에서 읽어 들이거나 디스크에 저장하는 부분을 담당하는 클래스로, 주로 알고리즘을 저장
- 나중에 다른 프로그램에서 재사용이 용이

(3) CWnd를 상속받은 클래스들

PART

03

MPS Lab

- 프로그램 설치
- MPS Lab의 특징
- MPS Lab의 기능
- 가상 MPS 장비 구성
- MPS 회로도 구성용 부품

MPS Lab

MPS LAB을 이용한 PC 기반 제어

MPS Lab은 생산 자동화 산업기사 자격증 시험의 실기검정에서 활용되는 MPS 장비를 가상화하여 제공하는 소프트웨어이다. 즉 PC 조작만으로 MPS 장비를 구성하고 PLC 제어 프로그램과 PC 기반 제어 프로그램의 작성으로 시뮬레이션 구동이 가능한 프로그램인 것이다. 총 9가지의 PC Base Board를 요소화 하여 제공함으로써 가상 PC 기반 제어 회로를 구성할 수 있으며 C 프로그래밍을 통해 가상 MPS 장비를 제어할 수 있다.

1 프로그램 설치

먼저 프로그램 설치 파일의 경로에서 'setup.exe'를 찾아 실행한다.

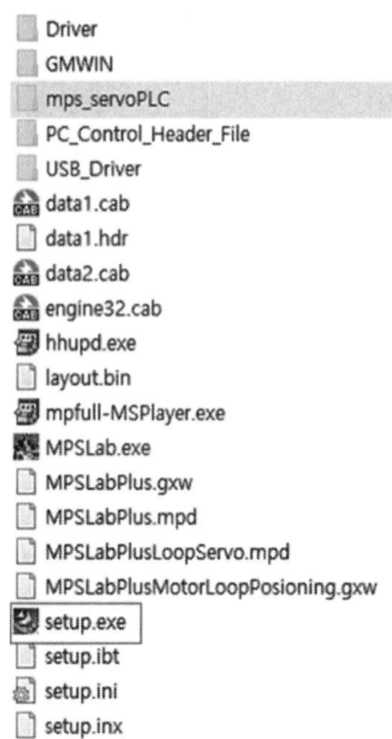

설치 안내문이 나오면 '다음'을 눌러 설치를 진행한다.

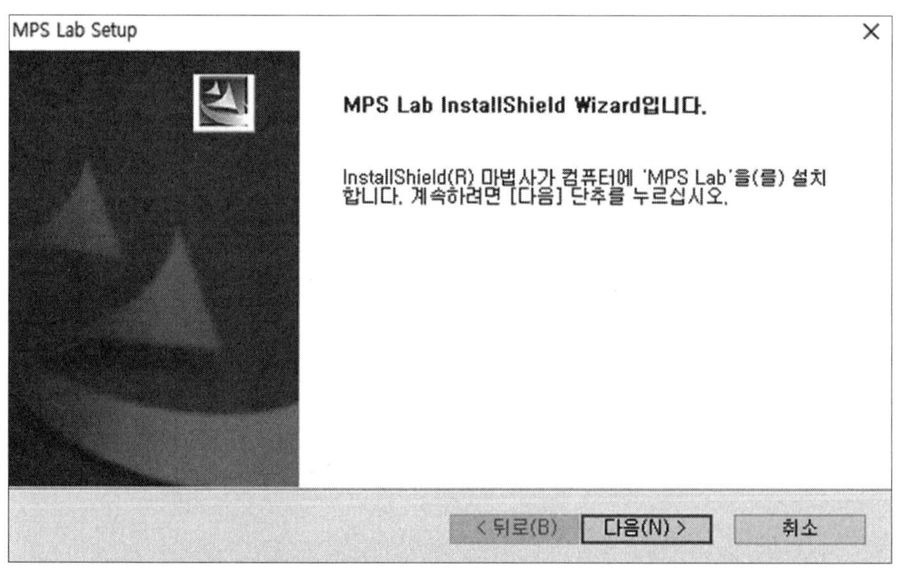

필요한 정보를 입력한 뒤 다음으로 진행한다.

MPS Lab Setup

사용자 정보

사용자 정보를 입력하십시오.

사용자 이름과 회사명을 입력하십시오.

이름(U):

회사(C):

InstallShield

< 뒤로(B) 다음(N) > 취소

컴퓨터를 새시작하여 설치를 마무리한다.

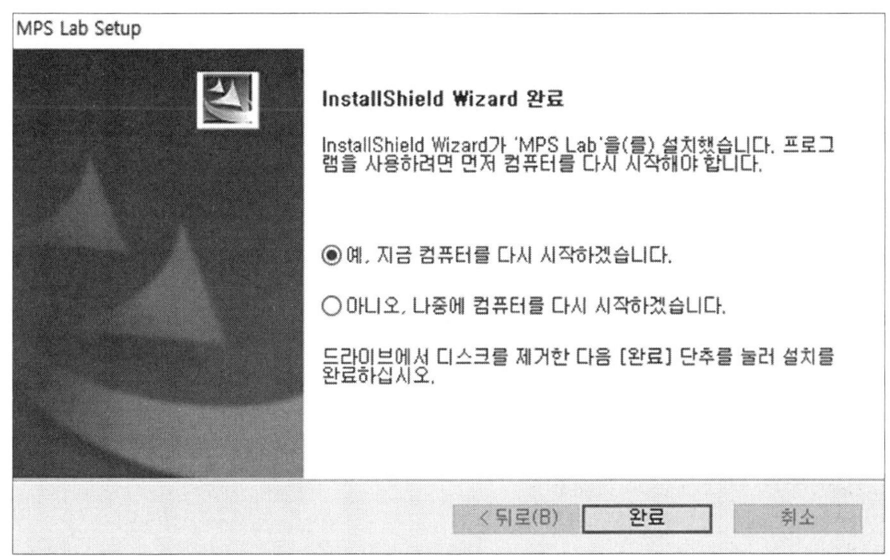

프로그램을 실행한 뒤 라이센스키를 설치하고 OK를 누른다.

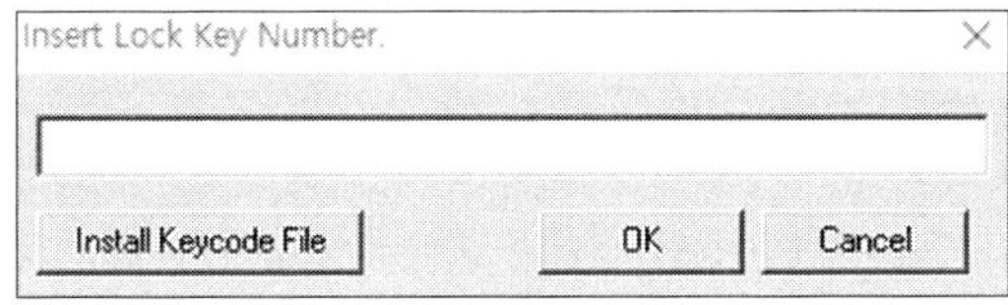

2 MPS Lab의 특징

1) 가상의 MPS 장비 제공

MPS Lab은 실제 미니 MPS 장비를 가상으로 구성하여 사용할 수 있다. 센서부, 컨베이어부, 공급부, 흡착 및 스토퍼부, 적재부로 구성되어 있으며 가공물은 금속 및 비금속으로 구성되어 있어, 센서부에서 가공물의 금속 여부 및 가공물 검출 여부를 판별할 수 있다.

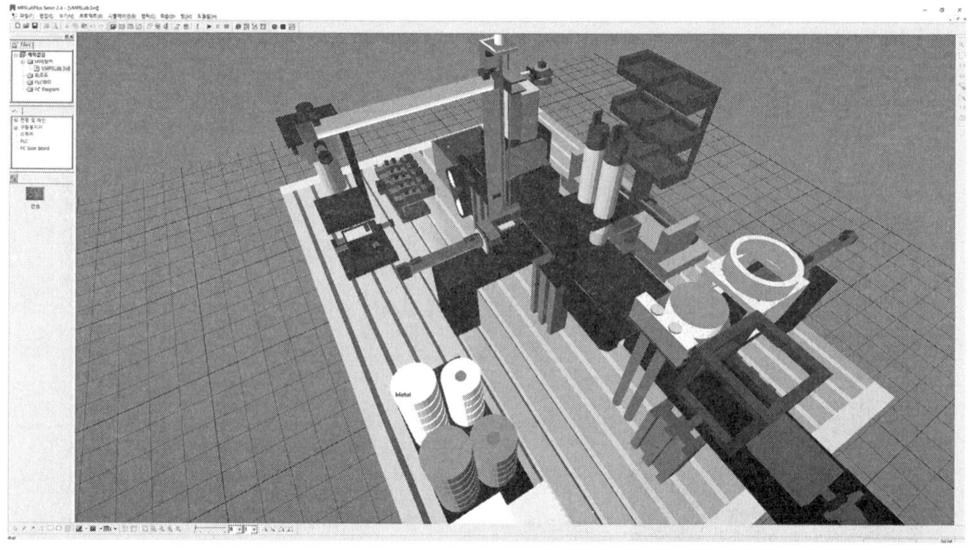

2) 10종류의 PC Base Board

PC Control은 여러 가지의 PC Base Board의 조합으로 구성되어 있다. 각 Board는 고유의 역할이 있는데 사용자가 어떻게 제어하느냐에 따라 다양한 동작을 구현할 수 있다. MPS Lab에서는 총 10가지의 가상 PC Base Board를 제공하며 실제 기능과 동일하게 제작하였다.

사용자가 직접 라이브러리 장에서 Board를 Drag&Drop 기능을 활용하여 쓸 수 있으며 간단한 결선 작업을 통해 회로를 구성할 수 있다. 따라서 거의 모든 회로 구성이 가능하기 때문에 MPS Lab을 사용하면 복잡한 회로라도 설계할 수 있으며 시뮬레이션을 통해 설계 검증이 가능하다.

3) 작동 요소 옵션

시뮬레이션에 스텝 모터를 사용한다고 가정하면 이 스텝 모터를 제어하기 위해서 스텝 각도를 설정해 줘야 하며 규격에 따라 동작 전압도 달라져야 한다. 이러한 옵션들을 하나의 다이얼로그에서 손쉽게 정의할 수 있어 정확한 작동 요소의 표현과 시뮬레이션이 가능하다.

4) KS 규격에 맞는 도면 출력

작성된 회로는 A4~B0까지의 용지에 출력할 수 있고 플로터 인쇄 기능도 지원한다. 사용자의 편의성을 위해 도면의 윤곽선, 구역 구분 표제, 사용기기 목표 등을 도면에 바로 출력할 수 있다. 이 회로도는 ISO 규격을 따르고 있어서 산업 현장에서도 그대로 사용될 수 있다.

5) 실시간 변위선도

변위선도는 액추에이터나 밸브들의 움직임을 그래프로 나타낸 것이다. 이 그래프를 보면 요소 간의 관계, 액추에이터의 속도 등을 한눈에 살펴볼 수 있다. MPS Lab은 기기 전체에 대한 실시간 시간 변위선도를 지원한다. 시간 변위선도 그래프를 분석하면 기기들의 움직임만 보아서는 놓칠 수 있는 요소 간의 관계나 간섭 현상, 실린더의 속도 등을 한눈에 살펴볼 수 있다. 처음에 설계한 내용과 비교함으로써 회로 설계의 잘못을 쉽게 분석해 낼 수 있다.

6) 다양한 PLC 프로그래밍 환경

다양한 PLC 모델(LS/미쓰비시/지멘스 등)을 적용한 시스템 제어 실습이 가능하도록 자체적으로 개발한 PLC Program Editor를 제공하고, 각 회사의 PLC와 직접 연동이 가능하도록 설계되어 피교육자들이 다양한 PLC Ladder 프로그램 설계/제어를 할 수 있도록 PLC 프로그래밍 환경 솔루션을 제공하고 있다.

3 MPS Lab의 기능

1) 새 파일

상단 메뉴에서 표시된 아이콘을 누르면 아래 그림과 같은 박스가 생성된다.

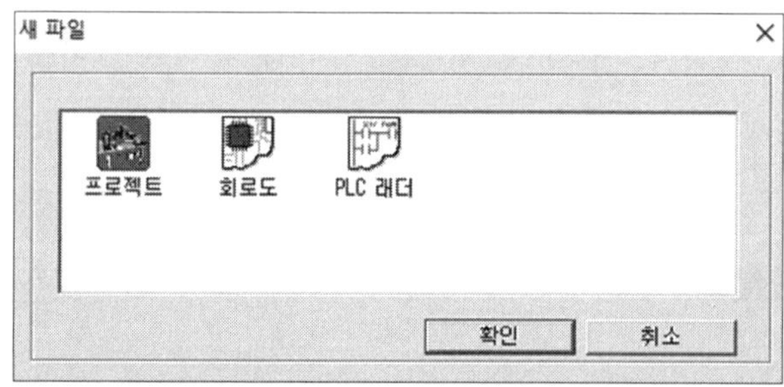

생성된 박스에서 필요한 항목을 선택하여 생성한다.

MPS Lab은 하나의 프로젝트 안에 여러 가지 회로도를 포함시킬 수 있다. 사용자는 새 프로젝트를 만들고 그 안에 여러 개의 회로도를 관리할 수 있다.

2) 열기

저장된 파일을 읽는다. 파일 열기를 선택하면 파일 열기 상자가 보이고, 확장자가 .mpsp, .mpd, .mid인 파일이 보인다.

디렉토리를 이동하거나 드라이브를 이동하여 원하는 파일을 선택한다. 파일을 선택하면 아래쪽의 파일 이름란에 선택된 파일명이 나타나고, 열기를 누르면 저장된 도면이 새로운 작업창에 나타난다.

3) 닫기

현재 활성화되어 있는 작업창을 닫는다. 만약 내용이 변한 후에 저장하지 않고 닫으려고 하면 닫기 전에 프로젝트 저장 여부를 확인한다.

4) 저장

작업 중인 파일을 저장한다. 프로젝트를 저장하기 위해서는 먼저 작성한 회로도를 저장하고 프로젝트에 포함시킨 후 프로젝트 전체를 저장시켜야 한다.

회로도를 프로젝트에 포함시키기 위해서는 MPS Lab 좌측 상단에 있는 프로젝트 관리창에서 회로도 항목을 마우스 오른쪽 버튼으로 클릭하여 추가해야 한다. 같은 방법으로 PLC 래더 파일과 PC 프로그래밍 파일도 프로젝트에 저장할 수 있다. 항목 추가 완료 시 프로젝트가 형성된다.

단, 프로젝트에 포함되어 저장된 파일은 항상 같은 경로를 유지해야 한다.

5) 다른 이름으로 저장

작업 중인 파일을 다른 이름으로 저장한다. 작업 중인 파일을 저장하면 열린 파일에 덮어쓰거나 최근에 저장되었던 파일에 덮어쓰게 된다. 다른 이름으로 저장을 선택하면 저장과 같은 대화상자가 나오고 여기에 원하는 다른 이름을 쓰고 저장하면 원래의 도면과는 다른 이름으로 저장된다.

6) 익스포트

작업 중인 파일을 다른 프로그램에서 사용하는 형식의 파일로 저장한다. 윈도우 비트맵(BMP) 파일 형식을 지원한다.

7) 파일 정보

파일의 각종 정보를 조회, 입력한다. 파일에 대한 정보들을 별도로 저장해 놓는다. 파일 정보는 3가지로 이용된다.

첫째, 파일 열기를 할 때 [미리 보기]에 나타나는 정보

둘째, 파일에 대한 정보를 참조하거나 수정할 때

셋째, 도면의 표제란에 기입할 이름, 도명, 도번 등의 정보

반드시 입력하지 않아도 되지만 새 도면을 만들 때 기재해 두는 습관을 들이면 여러모로 편리하다.

8) 도면 설정

도면을 설정한 내용은 오른쪽 미리 보기에서 볼 수 있다. 도면 설정은 다음과 같이 크게 3가지로 나누어진다.

(1) 도면 크기

도면의 크기를 A4~B0까지 선택할 수 있고, 도면의 용지 방향을 가로 또는 세로로 선택할 수 있다.

(2) 도면 항목

MPS Lab이 현재 제공하고 있는 도면 항목은 윤곽선, 표제 부품 목록 및 구역 구분이다. 표제는 파일 정보에서 입력한 내용이 나타나기 때문에 파일 정보에 아무 내용도 없으면 빈칸으로 나타난다. 부품 목록은 도면에서 사용된 부품의 목록표가 나타난다.

(3) 여백 설정

도면의 상하, 좌우 여백을 설정한다.

9) 인쇄

현재 선택된 도면을 인쇄한다. 인쇄를 선택하면 다음과 같은 대화상자가 나타난다. 프린터와 인쇄 매수를 선택하고 인쇄를 누르면 프린터에 도면이 인쇄된다.

10) 인쇄 미리보기

인쇄하기 전에 인쇄 내용을 미리보기 한다. 인쇄 미리보기를 선택하면 인쇄를 하기 전에 종이에 인쇄될 모양을 화면을 통해서 미리 볼 수 있다.

11) 인쇄 설정

인쇄 설정에는 프린터 선택 용지 선택, 인쇄 방향 선택 등이 있다. 인쇄 설정에서는 인쇄할 용지와 프린터에 대한 설정을 한다.

12) 최근 파일

최근에 작업했던 파일 목록이 나타난다. 최근에 작업했던 파일들이 최근 작업한

것부터 순서대로 열거된다. 파일을 옮기지 않았다면 직접 열거된 리스트 중에 하나를 선택하면 그 파일이 열린다.

13) 종료

프로그램을 종료한다.

4 가상 MPS 장비 구성

먼저 MPS Lab을 실행시킨 다음 좌측 상단의 새 파일을 눌러 프로그램을 생성한다. 새 파일에서는 회로도를 선택한다.

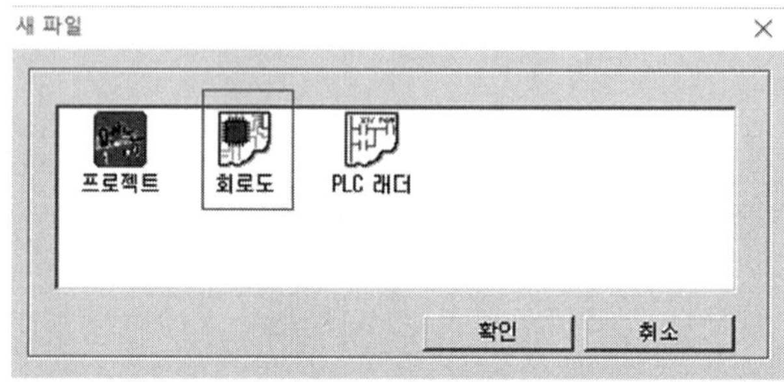

회로도가 생성되면 다음과 같은 화면이 출력된다. 좌측 메뉴를 자세히 보면 프로젝트의 구성/구성 부품 카테고리/세부 구동 장치로 구분되어 있는 것을 확인할 수 있다.

왼쪽 그림의 아랫부분은 구성할 수 있는 부품의 카테고리 폴더이며, 오른쪽 그림은 해당 카테고리에 속한 세부 부품들이다. 이 부품들을 화면 가운데로 드래그&드롭하여 회로도를 구성할 수 있다.

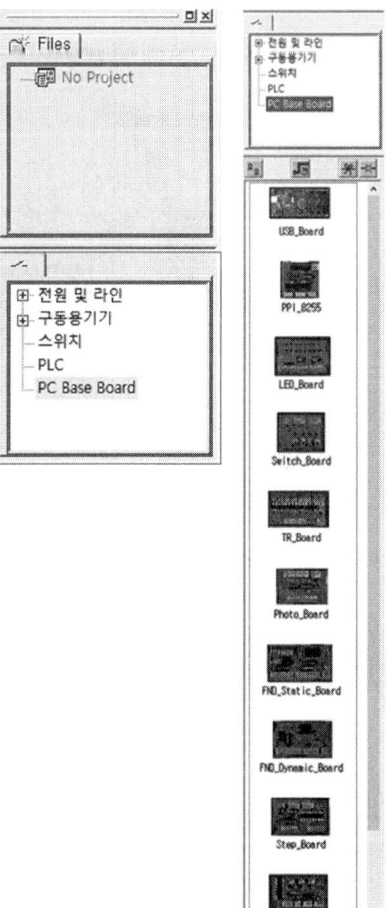

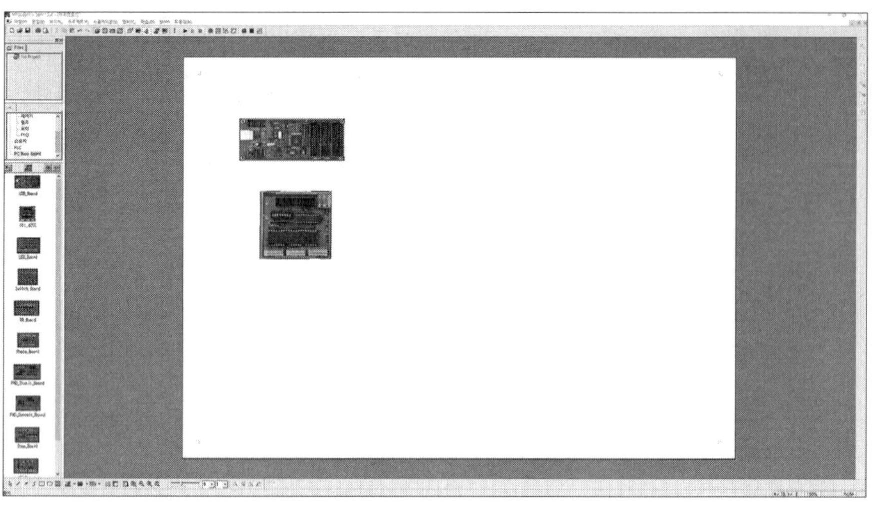

회로도상에 필요한 부품을 구성하면 해당 부품들에 대한 배선을 할 수 있다.

배선 아이콘은 부품 카테고리와 세부 부품 목록 사이에 위치하고 있으며, 이를 통해 부품 배선을 진행할 수 있다.

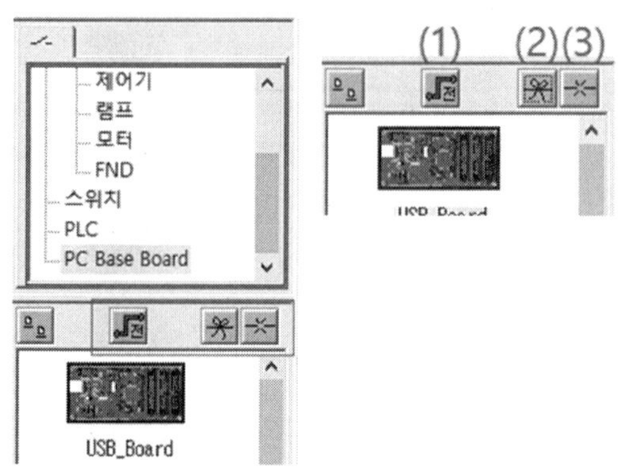

(1)은 전선 그리기 아이콘으로 클릭하면 커서 모양이 바뀌며 그리기 모드에 진입한다. 그리기 모드에서 연결해야 할 연결구를 한 번씩 클릭하면 다음 그림과 같이 전선이 연결된다. 해당 버튼을 다시 누르면 그리기 모드는 해제되며, ESC키를 눌러도 동일하다.

(2)는 선 연결 아이콘으로 도면상에서 두 개 이상의 선을 선택하고, 버튼을 누르면 선이 연결된다. Shift키를 이용하면 두 개 이상의 선을 선택할 수 있다.

(3)은 선 분리 아이콘으로 연결된 선을 두 개로 분리하려 할 때 사용하는 기능이다.

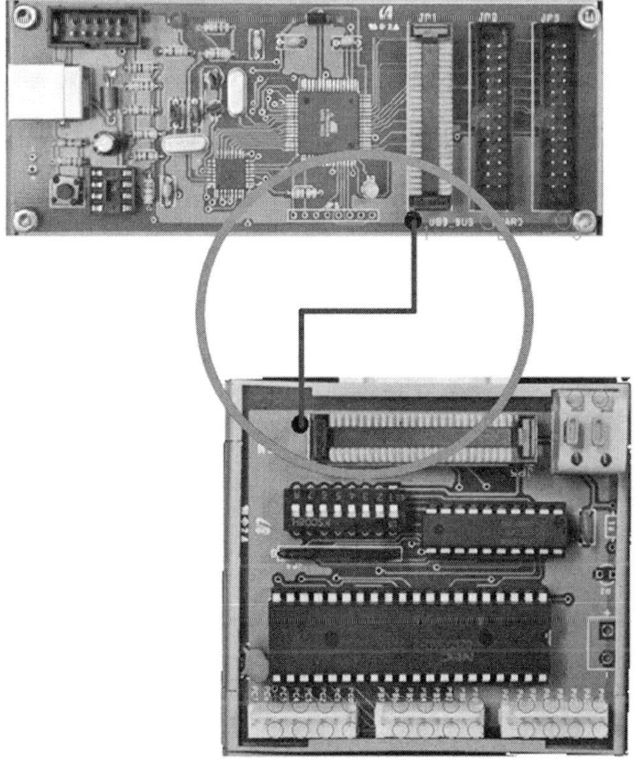

5 MPS 회로도 구성용 부품

1) USB BUS Board

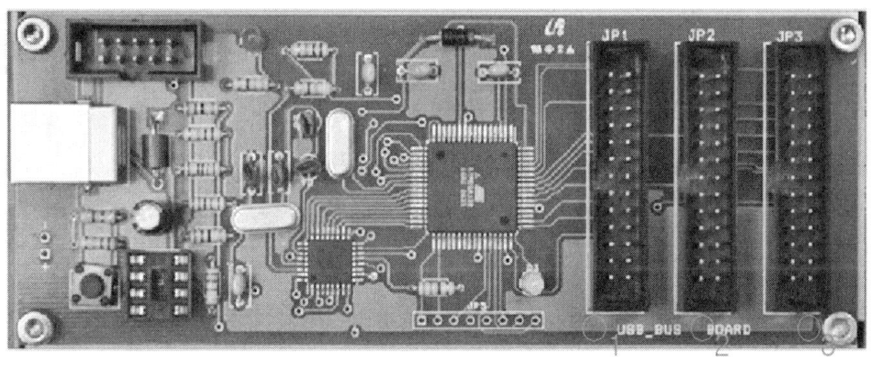

이 보드는 USB 데이터를 Parallel Data로 변환하여 ADDRESS 8bit와 Data 8bit를 생성하고 Read와 Write 신호를 자동으로 생성하여 준다. 그뿐만 아니라 8255 보드를 이용하여 I/O port를 가장 쉽게 접근하여 사용할 수 있도록 도와준다.

전송 속도는 1M byte/Sec로 매우 빠르고 USB1.1과 2.0이 완벽 호환되어 사용할 수 있다. 사용자 편의를 위하여 USB에 대한 아무런 지식이 없어도 쉽게 I/O Port를 제어할 수 있도록 Driver를 제공하여 Input, Output의 두 가지 함수만으로도 8255 보드를 제어하여 메카트로닉스 제어에 필요한 GPIO(다용도 입/출력 포트)를 사용할 수 있다. 각 함수의 Scan Time은 각각의 함수에 대해서 dialogue 기반에서 1ms 이내로 호출 가능하여 기본 과정에서부터 고급 과정까지 안정적으로 사용 가능하다.

2) PPI 8255 Boards

PPI(Programmable Peripheral Interface) 8255 Board는 8255 칩을 통해 디지털 데이터를 인터페이스 할 수 있도록 한다. 8255칩은 3개의 8-Bit I/O 포트를 갖고 있으므로 병렬 연결용 소자인 8255는 24개의 외부 연결용 입/출력 선이 있으며, 이들을 8비트씩 나누어 A, B, C 포트로 구분한다. A 포트(PA7~PA0)와 B 포트(PB7~PB0)는 8비트 단위의 입력용 또는 출력용으로 사용할 수 있고, C 포트(PC7~PC0)는 상위 4비트와 하위 4비트를 구분하여 사용할 수 있다. 즉 A 및 B 포트가 8비트 단위로 사용되는 것에 반해서 C 포트는 8비트 혹은 4비트 단위로도 사용할 수 있다. 8255A PPI는 인텔 계열 마이크로프로세서에서 제공하는 범용 병렬 입출력 인터페이스 소자로서 다른 회사의 마이크로프로세서를 사용한 시스템에서도 널리 쓰이고 있다. 8255A는 24-Bit의 I/O 핀을 가지고 있는데 이들은 각각 12핀씩의 두 그룹으로 나누어지며, 각 그룹은 다시 8핀과 4핀의 포트로 구분되어 전체적으로 4개의 입출력 포트로 구성된다. 8255A에는 3개의 동작 모드가 있어서 단순한 병렬 입출력은 물론 핸드 셰이킹이나 인터럽트를 사용하는 병렬 데이터 입출력 기능을 수행할 수 있다.

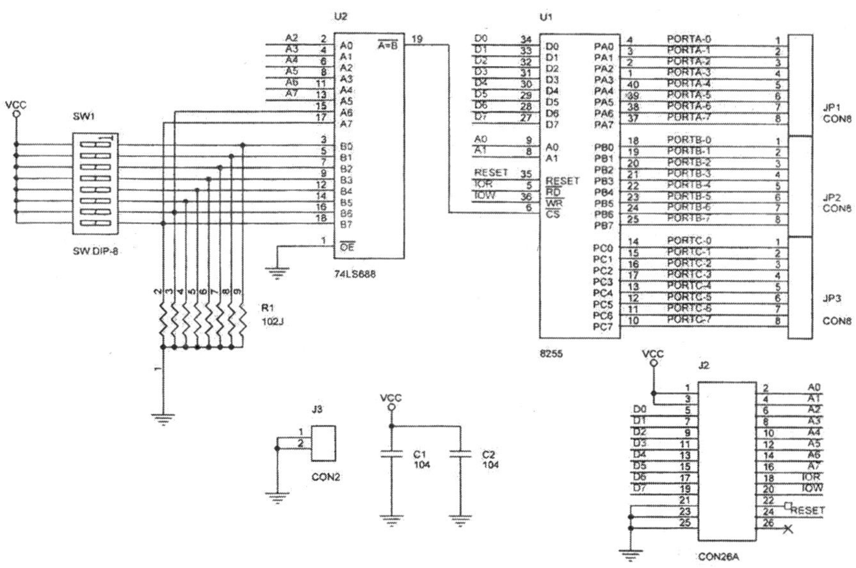

(1) D0-D7 (data bus)

CPU의 D0-D7 선과 연결하며 CPU와 8255 간에 컨트롤워드 값이나 입출력 데이터들이 오고 가는 양방향 버스이다.

(2) PA0-PA7 (A port)

정해진 동작 규칙에 따라 외부 신호를 입력 또는 내부 신호를 출력할 수 있다. 그리고 입출력의 래치, 버퍼 기능을 가지고 있다. 즉 A port PA0로 "1"을 한 번 내보내면 다른 출력 신호가 내리기 전에는 PA0는 계속 "1"인 상태를 유지하며 입력일 때는 외부 신호가 변화없이 그대로 각 port를 통해서 들어간다는 말이다.

(3) PB0-PB7 (B port)

B port와 같은 역할을 한다.

(4) PC0-PC7 (C port)

C port와 같은 역할을 한다.

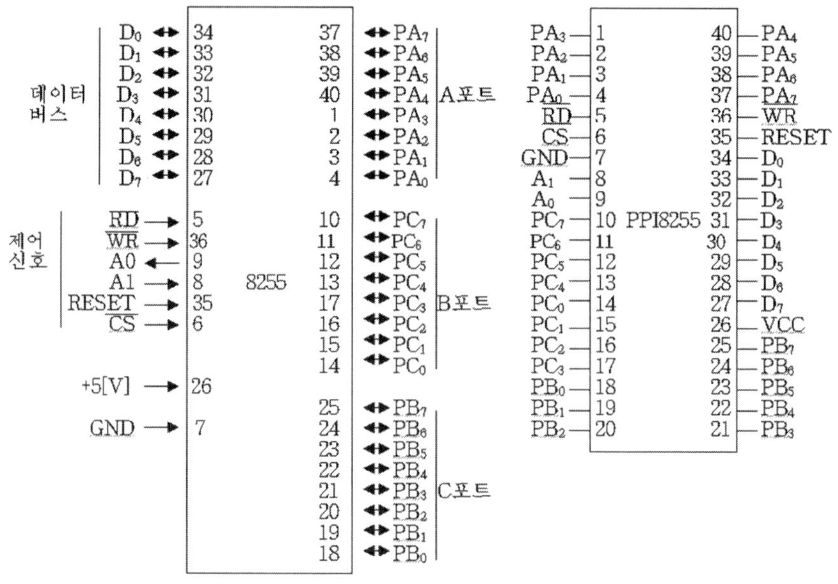

(5) RD(Read), WR(WrIte)

각각 8255로부터 데이터를 읽어 들이기 위한 신호와 CPU로부터 컨트롤 워드 및 출력 포트로 내보낼 데이터를 써넣기 위한 신호로써 IORQ 신호선이 있는 CPU의 경우에는 그림의 (a)와 같이 각각 CPU의 RD와 WR에 IORQ를 조합하여 연결한다. 그리고 PC의 CPU인 경우는 (b)와 같다.

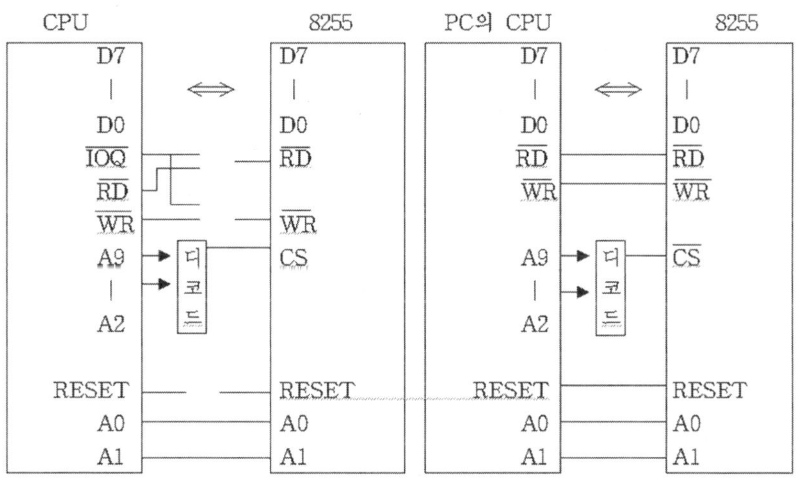

(6) A0, A1 (Address Line 0, 1)

어드레스 버스의 최하위 두 비트로서 8255 내의 A, B, C 각 포트와 컨트롤 레지스터에 어드레스를 할당하고 또 그들을 선택한다. A0와 A1에 의한 포트 선택은 아래 표와 같다.

핀 번호	8	9	기능
어드레스	A0	A1	
신호	0	0	Port A 입력 또는 출력
	0	1	Port B 입력 또는 출력
	1	0	Port C 입력 또는 출력
	1	1	콘트롤 신호(각각 입력 또는 출력) 결정

(7) RESET

8255를 초기화하는 입력 단자로 'H'일 때 액티브되며 확장 슬롯의 RESET 단자 또한 HIGH 액티브이므로 둘을 그냥 연결하면 된다.

(8) CS (Chip Select)

CPU로부터 8255 자체를 선택하기 위한 IC 칩 선택 신호로 액티브 'L'의 입력 신호다. 그림과 같이 어드레스 버스를 디코딩(해독)하여 연결한다. 이렇게 함으로써 8255에게 자신의 주소(Address)를 부여하게 된다.

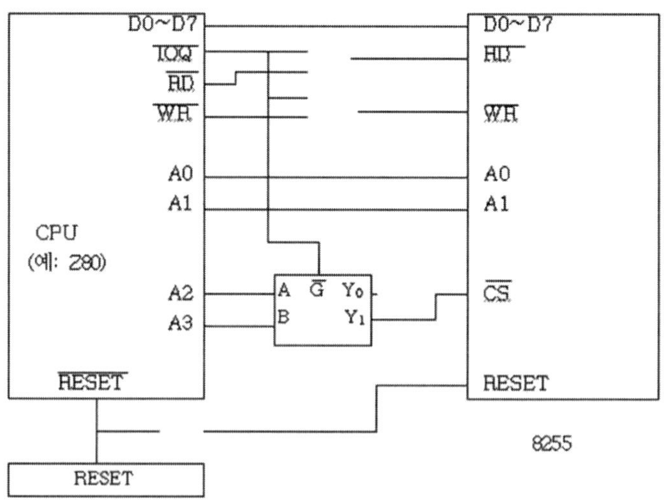

8255가 PPI(Programmable Peripheral Interface)라고 했는데 프로그래밍이 가능하다는 말은 결국 동작 규칙을 필요에 따라 바꿀 수 있다는 것을 의미한다. 바로 프로그래밍이란 모드를 설정하는 것이라고 볼 수 있다.

8255A에는 세 가지 모드가 있는데 이 모드는 컨트롤 레지스터에 어떠한 값을 써 넣음으로써 각 포트가 입력인지 출력인지 그 규칙을 정하게 되는 것이다. 컨트롤 레지스터에 써넣는 값이 바로 컨트롤 워드(CW)이다. 그러면 아래 표를 통해 CW를 만드는 방법을 살펴보자. 다음의 d0~d7은 CW의 각 비트이다.

d0	C포트 하위 4비트의 I/O지정	(0: 출력, 1: 입력)
d1	B포트 I/O지정	(0: 출력, 1: 입력)
d2	B그룹 모드 지정	(0: 모드 0, 1: 모드 1)
d3	C포트 상위 4비트의 I/O지정	(0: 출력, 1: 입력)
d4	A포트 I/O지정	(0: 출력, 1: 입력)
d5	A그룹 모드 지정	(00: 모드 0, 01: 모드 1, 10: 모드 2)
d6		
d7	모드 지정/비트 세트 리셋의 결정	(0: 비트 세트 리셋, 1: 모드 지정)

[표 3-1] 컨트롤 워드를 만드는 방법

모드 1과 2는 주로 인터럽트(가로채기) 기능이 필요할 때 사용한다. 여기서는 모드 0에 대해서만 설명하겠다. 예를 들면 A, B 포트는 출력으로 하고 C 포트는 입력으로 사용하고 모드를 0으로 하려면 다음 표와 같이 CW값이 89H가 된다.

	d7	d6	d5	d4	d3	d2	d1	d0	cw값
이진수	1	0	0	0	1	0	0	1	
16진수	8				9				89H

모드 1과 2는 주로 인터럽트(가로채기) 기능이 필요할 때 사용한다. 여기서 잠깐 인터럽트에 대해서 개념 설명을 하자면, 마이크로 마우스는 스테핑 모터에 의해서 움직인다. 스테핑 모터는 뒤에서 다루겠지만 펄스가 순차적으로 가해짐으로써 돌아가는데 이 펄스를 제공하는 것이 카운터이다. 이것은 주로 8253이란 카운터를 사용한다. 예를 들어 마우스가 곡률주행(스무스턴)을 함에 있어 미리 정해진 경로대로 커브를 돌아버리면 어떻게 될까? 금방 벽에 부딪혀 버릴 것이다. 이때 필요한 것은 수시로 자신의 상태를 점검하는 것이다. 카운터가 스테핑 모터에 펄스를 준 후 인터럽트를 걸어서 CPU에게 마우스 자신의 위치가 맞냐고 물어 확인한 후 다시 스테핑 모터를 돌리는 것이다. 이때 CPU는 자신이 하던 일을 멈추고 카운터의 요구에 응답을 한다.

바로 이와 같이 인터럽트란 말 그대로 '끼어들기', '가로채기'란 뜻인데 CPU에게 하던 일을 멈추고 잠깐 자기(카운터)에게 관심을 가져 달라는 요청이다.

모드 0에서는 8255의 각 포트를 단지 입/출력용으로 사용한다. 따라서 24개의 port를 얻을 수 있고 프로그래밍도 매우 간단하게 된다. 모드 0에서의 CW와 각 port의 입출력 상태를 아래 표와 같다.

포트 A	포트 B	포트 C		컨트롤 워드(CW)								
		상위 4비트	하위 4비트		C7	C6	C5	C4	C3	C2	C1	C0
출력	출력	출력	출력	80H	1	0	0	0	0	0	0	0
출력	출력	출력	입력	81H	1	0	0	0	0	0	0	1
출력	입력	출력	출력	82H	1	0	0	0	0	0	1	0
출력	입력	출력	입력	83H	1	0	0	0	0	0	1	1
출력	출력	입력	출력	88H	1	0	0	0	1	0	0	0
출력	출력	입력	입력	89H	1	0	0	0	1	0	0	1
출력	입력	입력	출력	8AH	1	0	0	0	1	0	1	0
출력	입력	입력	입력	8BH	1	0	0	0	1	0	1	1
입력	출력	출력	출력	90H	1	0	0	1	0	0	0	0
입력	출력	출력	입력	91H	1	0	0	1	0	0	0	1
입력	입력	출력	출력	92H	1	0	0	1	0	0	1	0
입력	입력	출력	입력	93H	1	0	0	1	0	0	1	1
입력	출력	입력	출력	98H	1	0	0	1	1	0	0	0
입력	출력	입력	입력	99H	1	0	0	1	1	0	0	1
입력	입력	입력	출력	9AH	1	0	0	1	1	0	1	0
입력	입력	입력	입력	9BH	1	0	0	1	1	0	1	1

[표 3-2] CW와 각 포트의 입출력 상태

여기서 DIP SWITCH 8Pin으로 이것을 setting함으로써, PPI인 8255의 이드레스를 310-313H 번지로 정하는 것이다. 많은 어드레스가 가능하지만 그중 예약되어 있지 않은 부분을 써야 시스템의 다른 부분과 충돌이 일어나지 않는다.

```
PP1 8255 IC의 제어
/*
* 8255 mode control.
* PA 0X00
* PB 0X01
* PC 0X02
* PW 0X03

#include <stdio.h> /*전처리문 헤디파일*/
#include <dos.h>

voide Delat(int d)
{
int i,j;  /*변수 I,j를 선언함*/
for(i=0;i<d;i++) /* for문 횟수가 정해진 반복문*/
for(j=0;j<100;j++);
```

for 문		설명
for (i=0;i<=d;i++)	초기식: i=0	변수 I에 초기값으로 0을 저장
	조건식: i<=d	조건 (i<=d)이 참이 되는 경우만 문장 반복
	증감식 i++	매 반복마다 idml 값을 1 증가시킴(i=i+1)

```
}

voide main(void)
{
 outputb(PW,0x80); //PW:16진수값 13, 0x80 콘트롤 워드 동작모드 결정//
for(;;)
```

```
{
 outputb(PA,0x01); //포트 A에 값을 출력한다,PA0 High//
delay(100);
}
}
```

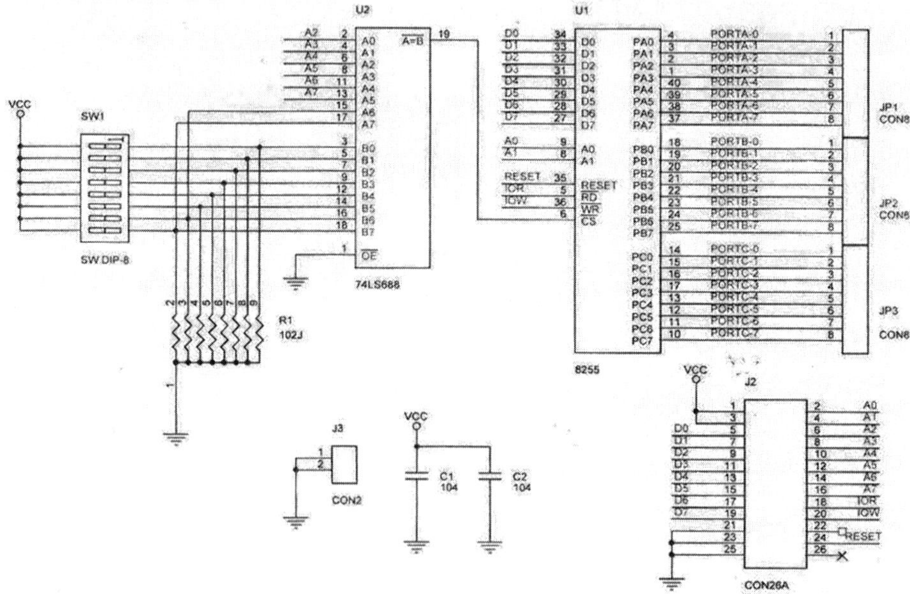

74LS688의 출력 단자 19번 핀과 연결되어 있으며 PC의 어드레스 신호와 연결되어 있다. 즉 소프트웨어 번지와 하드웨어 번지가 일치하도록 74LS688의 액티브 신호가 PPI 8255의 신호로 제공됨을 의미한다.

(9) 74688 IC의 구조와 가능

8Bit Magnitude comparator 74688 IC는 일치 게이트와 NAND 게이트의 조합으로 구성되어 있다. 두 개의 입력이 맞을 때(A와 B) 출력이 발생하도록 구성되어 있다.

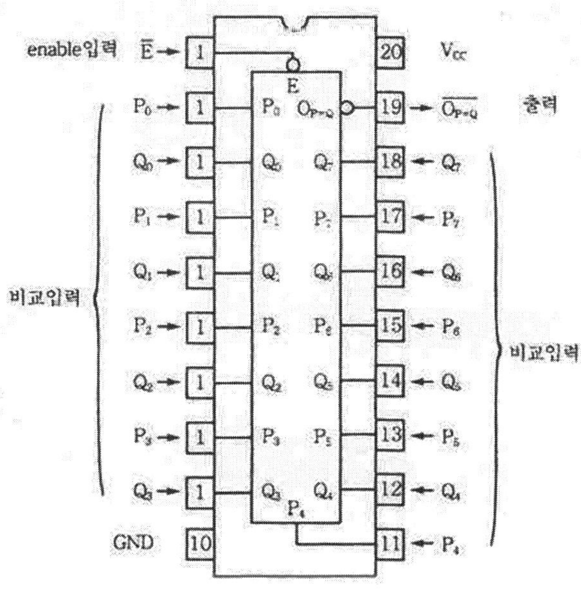

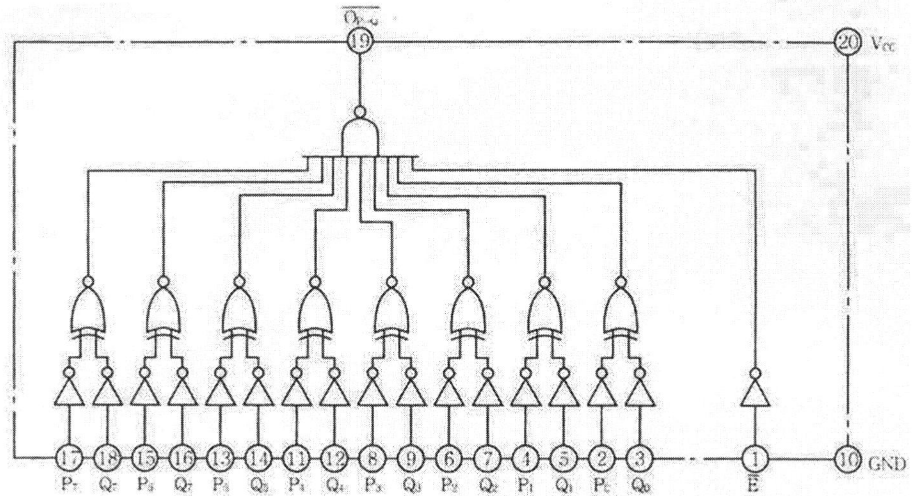

① 기본적인 구동 프로그램 작성 설명

```
Outputb(0x13,0x80); //콘트롤 코드에 써 놓음으로써 동작 모드 결정//
```

Outputb 명령은 출력을 위해서 사용되는 명령어이고 괄호 안의 콤마를 중심으로 두 부분으로 나누어서 앞부분은 번지, 뒷부분은 데이터값이다.

어드레스	A7	A6	A5	A4	A3	A2	A1	A0
2진수값(B)	0	0	0	1	0	0	0	0
16진수값(H)	1				0			

3) LED Board

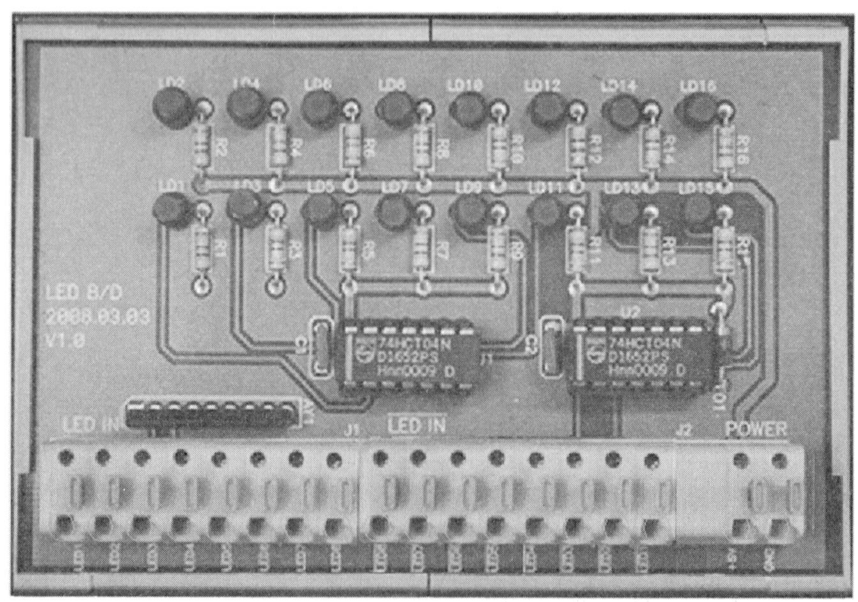

총 16개의 LED를 제공하며 HIGH(1) / LOW(0) 신호를 통해 ON/OFF 동작을 실행한다. LED 구동에는 두 가지의 구동 방법이 있는데, LED 직접 구동 방법과 Sink 구동 방법이 있다. LED 직접 구동 방법은 출력 포트를 HIGH(1)로 두면 LED가 ON 되고 LOW(0)인 경우 LED가 Off 된다. Sink 구동 방법은 직접 구동 방법과 반대로 LOW(0)인 경우 LED가 ON되고 HIGH(1)인 경우 LED가 Off 된다. LED Board는 두 가지의 구동 방법을 모두 제공한다.

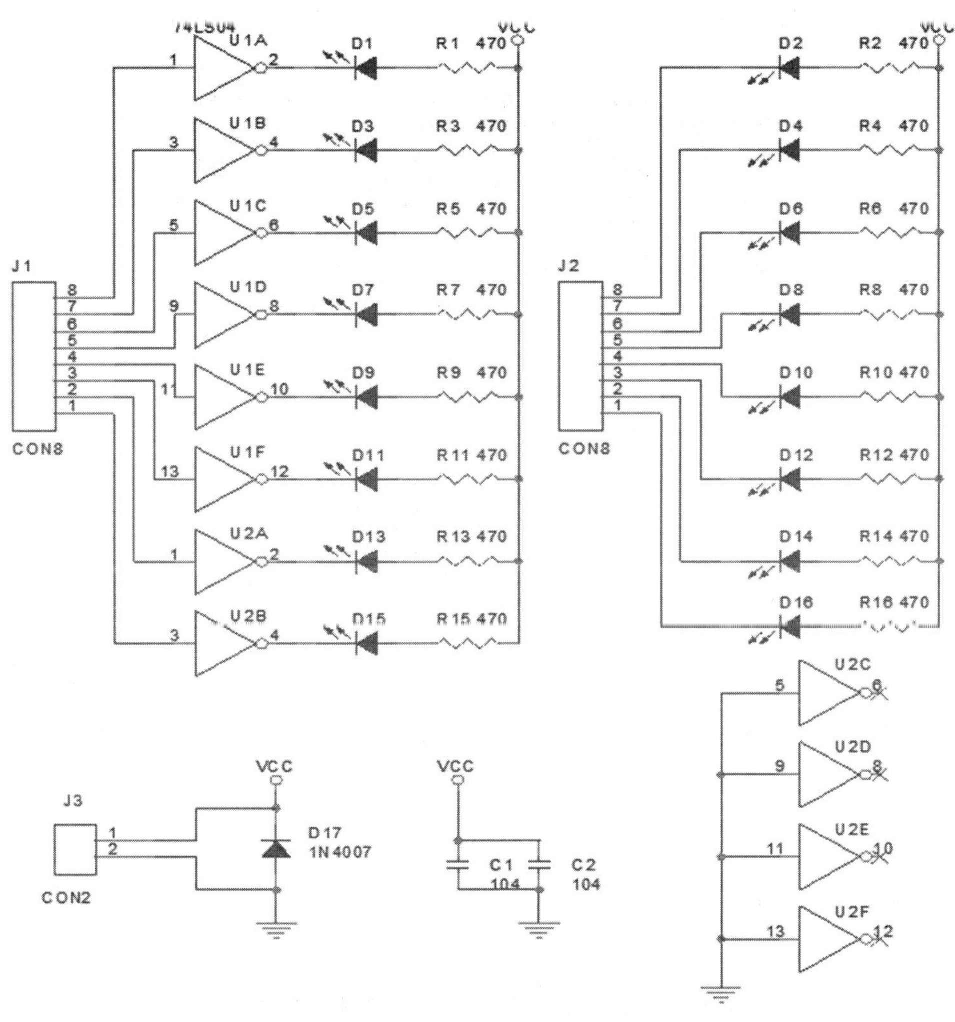
74LS04
U1A
U1B
U1C
U1D
U1E
U1F
U2A
U2B
U2C
U2D
U2E
U2F
D1
D2
D3
D4
D5
D6
D7
D8
D9
D10
D11
D12
D13
D14
D15
D16
R1 470
R2 470
R3 470
R4 470
R5 470
R6 470
R7 470
R8 470
R9 470
R10 470
R11 470
R12 470
R13 470
R14 470
R15 470
R16 470
VCC
J1
CON8
J2
CON8
J3
CON2
D17
1N4007
C1
104
C2
104

4) Switch Board

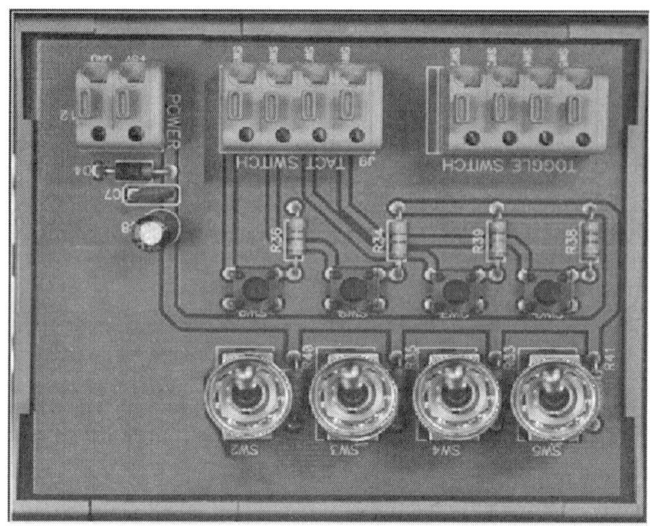

스위치는 토글 스위치 4개, 푸시 스위치 4개의 총 8개의 스위치를 제공한다. 스위치가 눌러졌을 때 0V (로직이 0), 눌러지지 않았을 때 5V (로직이 1)의 전압이 포트에 걸리게 된다.

5) Photo IN-OUT Board

포토커플러를 이용한 보드이며 기본적으로 미니 MPS 장비의 센서에서 출력된 신호를 전달하기 위해 사용된다. 24V의 신호 전압을 5V의 신호 전압으로 낮추며 안정된 신호를 PPI 8255 Board에 전달한다.

6) TR-OUT Board

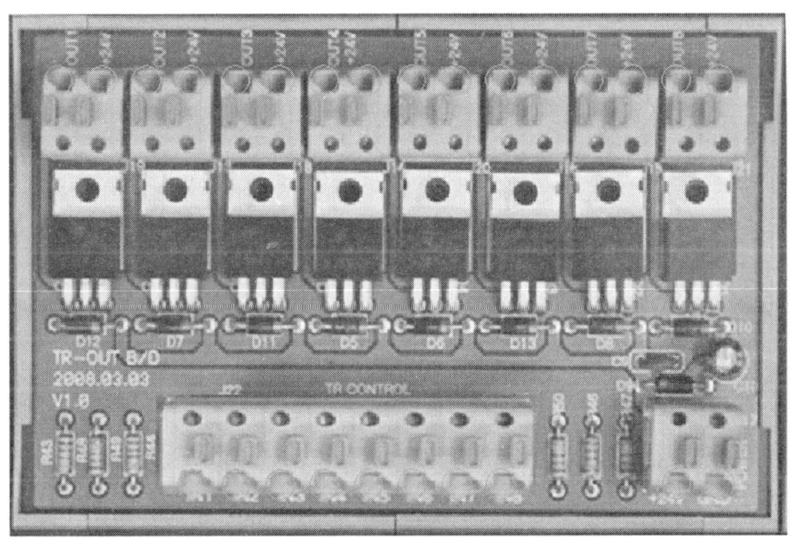

Photo IN-OUT Board와는 반대로 PPI 8255에서 출력된 신호를 미니 MPS 장비로 전달하는 역할을 한다. 출력된 5V의 신호를 24V의 신호로 증폭시켜 미니 MPS 장비에 전달한다.

7) FND Board – STATIC & DYNAMIC

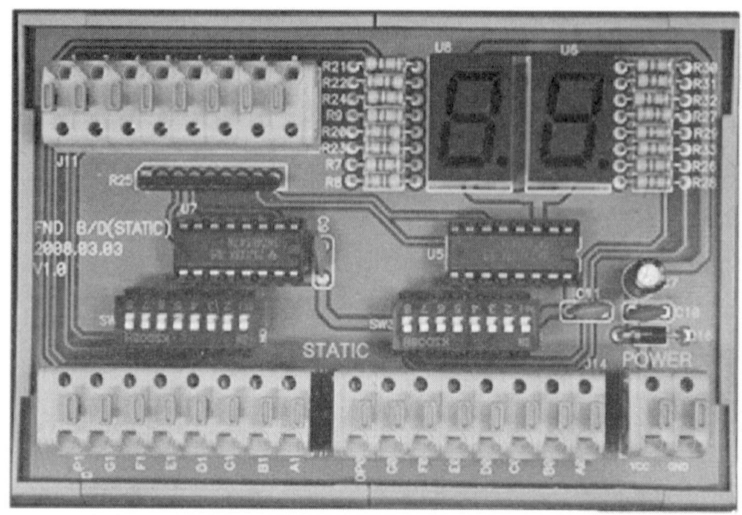

Static Display 방식은 CPU가 각 자리의 7세그먼트 LED에 표시할 데이터를 출력하여 다음 변화가 있을 때까지 유지시켜 LED의 점등이 안정되게 지속되는 방식이다. 이 표시 방식은 CPU가 각 자리의 7세그먼트 LED에 표시할 데이터를 한 번씩 출력하는 것으로 동작이 완료되므로 CPU의 부담이 적다는 것이 장점이지만, 모든 LED가 항상 동시에 점등되어 있으므로 이에 따른 소비전력이 매우 크며, 자릿수가 많아질수록 회로의 복잡성이 크게 증가한다는 단점이 있다.

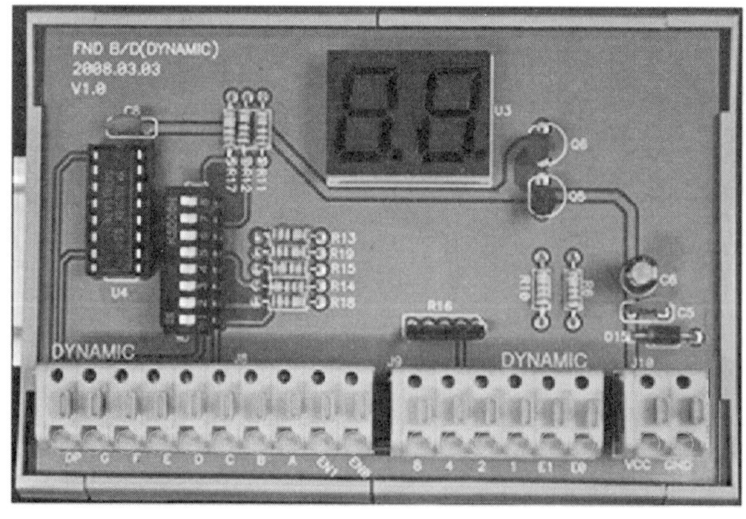

Dynamic display 방식은 CPU가 각 자리의 7세그먼트 LED에 표시할 데이터를 반복적으로 출력하면서 한 번에 한 자리씩만을 점등하는 방식이다. 즉 표시할 모든 데이터를 한 개씩 순차적으로 점등, 점멸을 반복한다. 이렇게 되면 LED 소자의 잔상 시간과 사람 눈의 잔상 효과에 의하여 모든 자리의 문자들이 동시에 점등되어 있는 것과 같은 효과를 얻을 수 있다. 이 방식은 CPU의 부담이 크다는 것이 단점이지만, 한순간에 점등되는 LED는 1개라서 소비전력이 작아지며, 표시 자릿수가 많아지더라도 회로가 간단하다는 장점을 가진다.

7세그먼트 LED는 7개의 세그먼트 LED들이 모여 숫자를 표시할 수 있으며 가격이 저렴하고 어두운 장소에서도 상태 관찰이 가능하므로 많이 사용한다. 일반적으로 7개의 세그먼트에 1개의 DOT까지 포함하여 8개의 LED로 구성되어 있다.

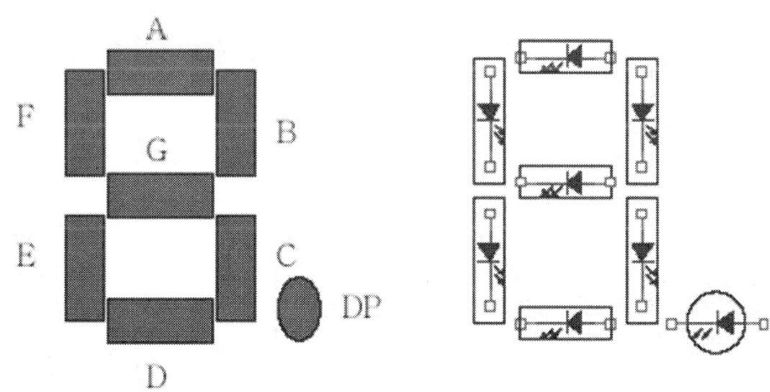

[그림 3-1] 7세그먼트 LED

위 그림에서와 같이 8개의 LED가 숫자 8의 모양으로 배치되어 있다고 생각하면 된다. 관례적으로 8개의 LED는 A, B, C, D, E, F, G, DP의 이름으로 부르며, 앞과 같이 배치되어 있다.

7세그먼트 LED는 8개 LED의 한쪽 부분이 공통으로 접속되어 있는데 Cathode(-)가 공통으로 접속되는 경우는 Common-Cathode형, Anode가 공통으로 접속되는 경우는 Common-Anode형이라 한다.

(1) 7segment 구조

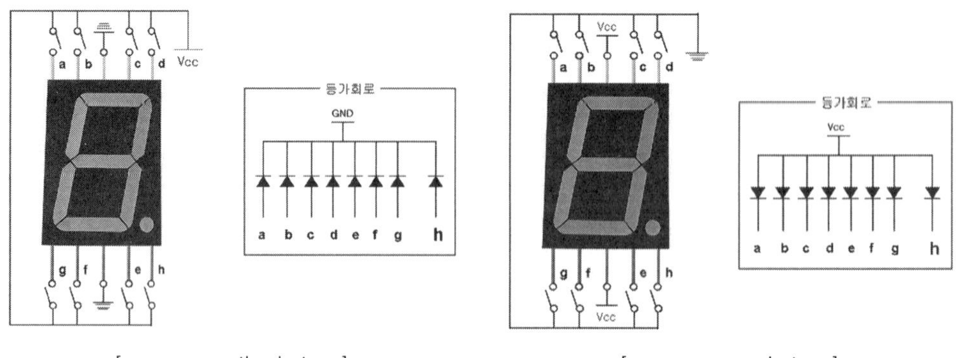

[common-cathode type] [common-anode type]

[common-cathode type]와 [common-anode type]에서 등가회로를 보면 led를 모아 놓은 회로와 같다고 볼 수 있다. 예를 들어 B와 C에만 전류가 흐르면 아래 그림과 같이 7세그먼트가 ON으로 되어 '1'을 표시하게 된다.

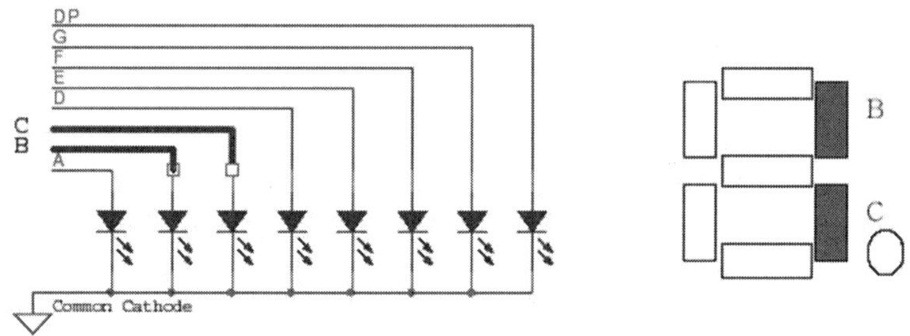

데이터값이 '0'일 때 전류가 흘러 LED를 ON으로 한 경우 Hex값을 표시하는 테이블을 작성하면 다음 표와 같다.

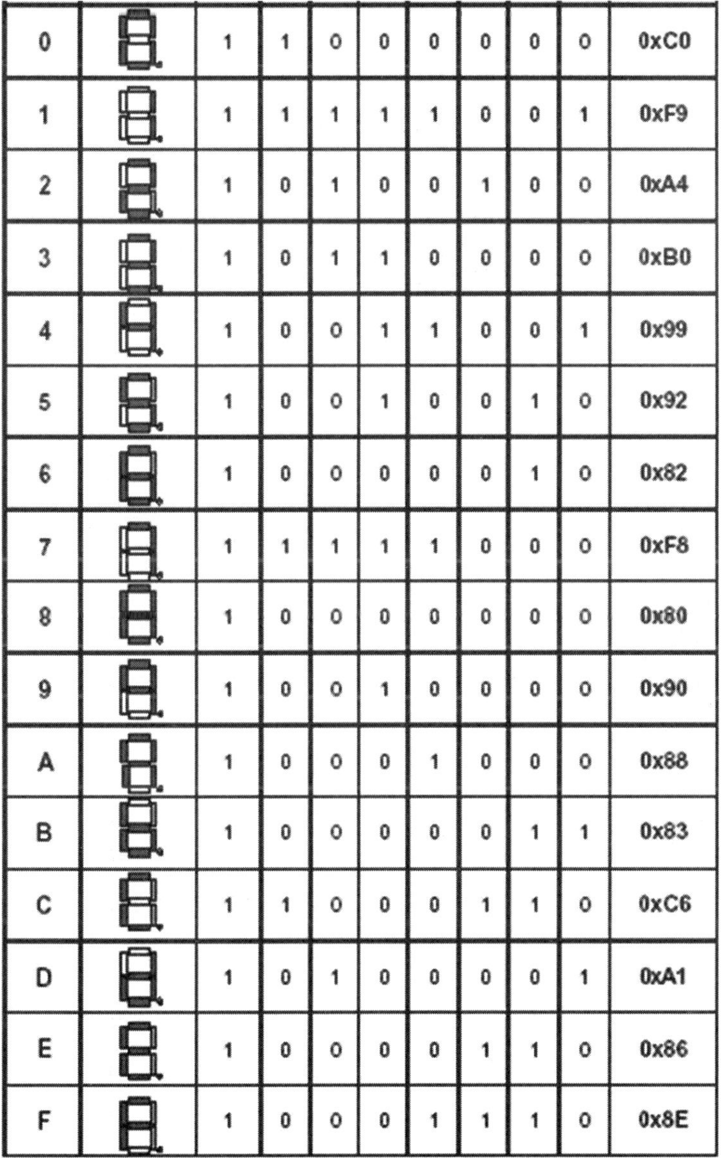

0		1	1	0	0	0	0	0	0	0xC0
1		1	1	1	1	1	0	0	1	0xF9
2		1	0	1	0	0	1	0	0	0xA4
3		1	0	1	1	0	0	0	0	0xB0
4		1	0	0	1	1	0	0	1	0x99
5		1	0	0	1	0	0	1	0	0x92
6		1	0	0	0	0	0	1	0	0x82
7		1	1	1	1	1	0	0	0	0xF8
8		1	0	0	0	0	0	0	0	0x80
9		1	0	0	1	0	0	0	0	0x90
A		1	0	0	0	1	0	0	0	0x88
B		1	0	0	0	0	0	1	1	0x83
C		1	1	0	0	0	1	1	0	0xC6
D		1	0	1	0	0	0	0	1	0xA1
E		1	0	0	0	0	1	1	0	0x86
F		1	0	0	0	1	1	1	0	0x8E

[표 3-3] Hex값을 표시하는 테이블

(2) 디스플레이 유닛

[그림 3-2] 디스플레이 유닛 외형

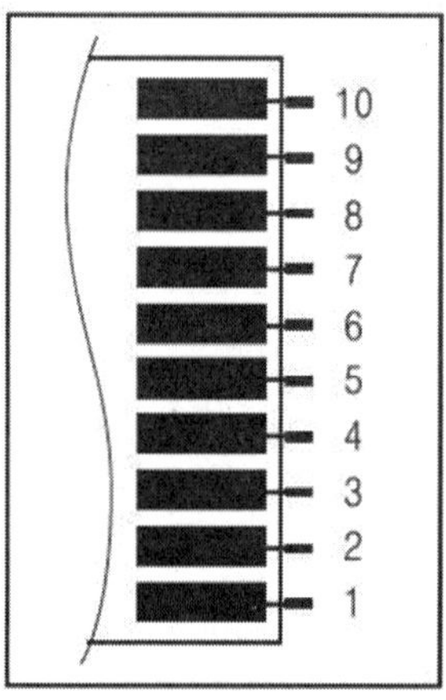

[그림 3-3]
디스플레이 유닛 단자 배치도

단자 번호	병렬 입력			직렬 입력	
	명칭	설 명		명칭	설 명
1	VCC	12~24 V		VCC	12~24 V
2	A	2^0	데이터 입력	NC	연결하지않는다
3	B	2^1		CK	Clock 입력
4	C	2^2		DI	Data 입력
5	D	2^3		DO	Data 출력
6	BI	Zero Blank 입력		BI	Zero Blank 입력
7	BO	Zero Blank 출력		BO	Zero Blank 출력
8	LE	Latch(래치) 입력		LE	Latch(래치) 입력
9	DP	소수점 표시		DP	소수점 표시
10	GND	0V		GND	0V

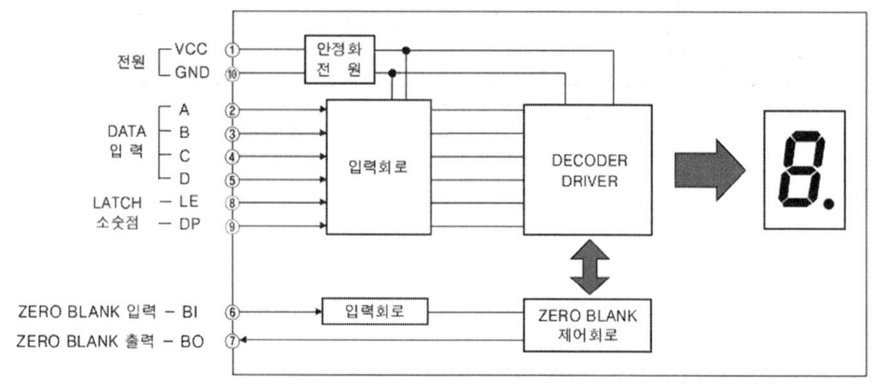

[그림 3-4] 디스플레이 유닛 블록도

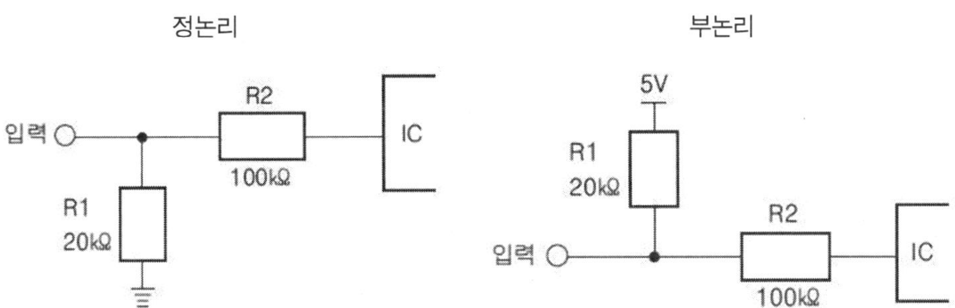

[그림 3-5] 디스플레이 유닛 입력 회로도

표시		정논리 입력				부논리 입력			
16진수	10진수	D	C	B	A	D	C	B	A
0	0	L	L	L	L	H	H	H	H
1	1	L	L	L	H	H	H	H	L
2	2	L	L	H	L	H	H	L	H
3	3	L	L	H	H	H	H	L	L
4	4	L	H	L	L	H	L	H	H
5	5	L	H	L	H	H	L	H	L
6	6	L	H	H	L	H	L	L	H
7	7	L	H	H	H	H	L	L	L
8	8	H	L	L	L	L	H	H	H
9	9	H	L	L	H	L	H	H	L
A	Blank	H	L	H	L	L	H	L	H
b	Blank	H	L	H	H	L	H	L	L
C	Blank	H	H	L	L	L	L	H	H
d	Blank	H	H	L	H	L	L	H	L
E	Blank	H	H	H	L	L	L	L	H
F	Blank	H	H	H	H	L	L	L	L

[표 3-4] 디스플레이 유닛 데이터 입력표

(3) D1SA-RN 디스플레이 유닛 '0'~'9' 표시 방법

① '0' 표시

1번 핀에 24V를 연결하고 10번 핀에 0V를 연결한다. 즉 전원 공급이 된 상태에서 데이터 신호가 없을 때 '0'을 표시한다.

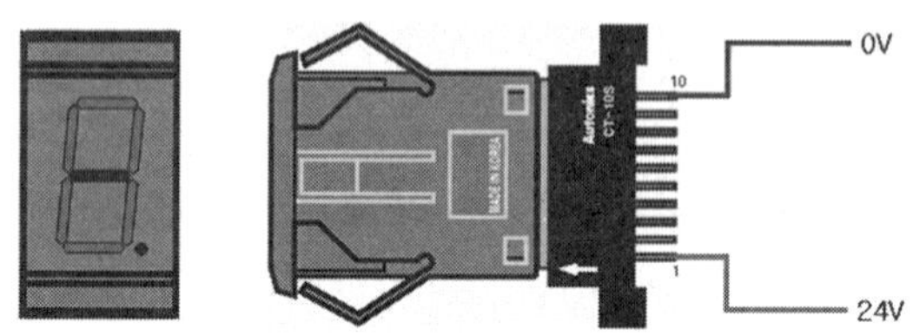

② '1' 표시

1번 핀에 24V를 연결하고 10번 핀에 0V를 연결한다. 데이터 신호를 입력하는 2번 핀에 신호를 입력한다. 신호 입력은 NPN 타입이 기본으로 출하되므로 0V를 입력 또는 PLC의 NPN 타입 출력 신호를 연결한다.

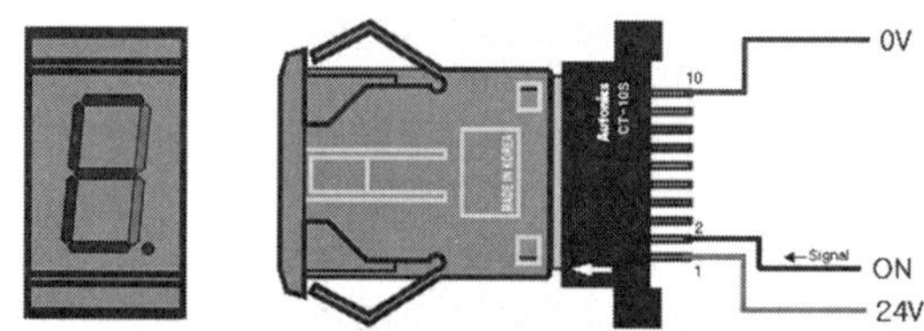

③ '2' 표시

1번 핀에 24V를 연결하고 10번 핀에 0V를 연결한다. 데이터 신호를 입력하는 3번 핀에 신호를 입력한다. 신호 입력은 NPN 타입이 기본으로 출하되므로 0V를 입력 또는 PLC의 NPN 타입 출력 신호를 연결한다.

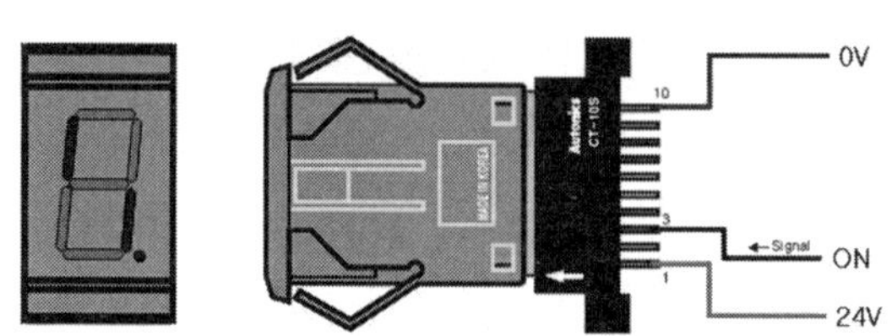

④ '3' 표시

1번 핀에 24V를 연결하고 10번 핀에 0V를 연결한다. 데이터 신호를 입력하는 2번과 3번 핀에 신호를 입력한다. 신호 입력은 NPN 타입이 기본으로 출하되므로 0V를 입력 또는 PLC의 NPN 타입 출력 신호를 연결한다.

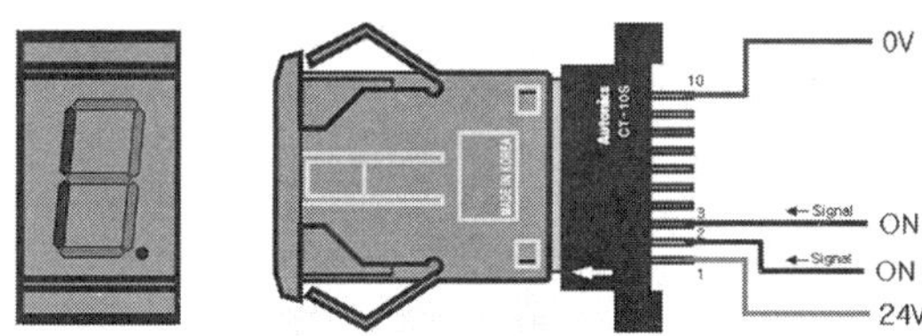

⑤ '4' 표시

1번 핀에 24V를 연결하고 10번 핀에 0V를 연결한다. 데이터 신호를 입력하는 4번 핀에 신호를 입력한다. 신호 입력은 NPN 타입이 기본으로 출하되므로 0V를 입력 또는 PLC의 NPN 타입 출력 신호를 연결한다.

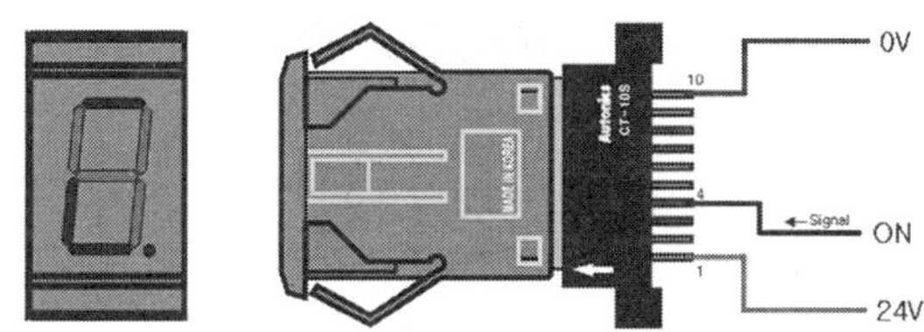

⑥ '5' 표시

1번 핀에 24V를 연결하고 10번 핀에 0V를 연결한다. 데이터 신호를 입력하는 2번과 4번 핀에 신호를 입력한다. 신호 입력은 NPN 타입이 기본으로 출하되므로 0V를 입력 또는 PLC의 NPN 타입 출력 신호를 연결한다.

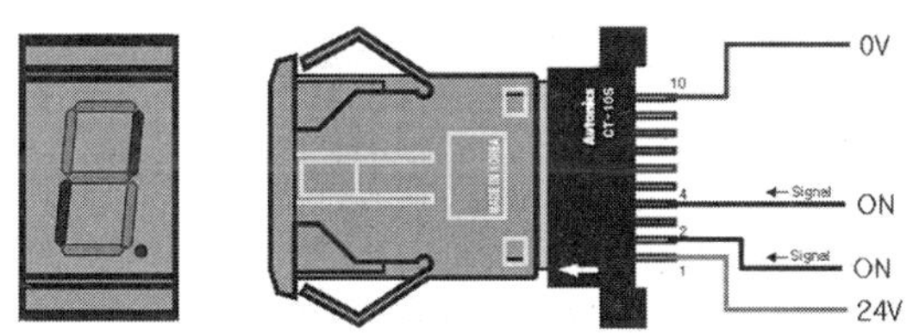

⑦ '6' 표시

1번 핀에 24V를 연결하고 10번 핀에 0V를 연결한다. 데이터 신호를 입력하는 3번과 4번 핀에 신호를 입력한다. 신호 입력은 NPN 타입이 기본으로 출하되므로 0V를 입력 또는 PLC의 NPN 타입 출력 신호를 연결한다.

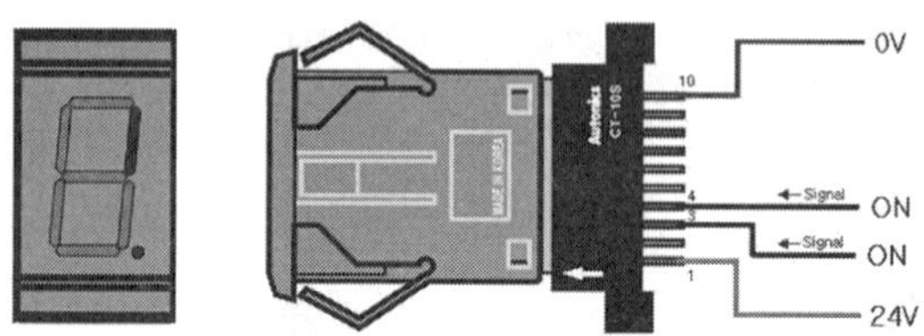

⑧ '7' 표시

1번 핀에 24V를 연결하고 10번 핀에 0V를 연결한다. 데이터 신호를 입력하는 2번, 3번, 4번 핀에 신호를 입력한다. 신호 입력은 NPN 타입이 기본으로 출하되므로 0V를 입력 또는 PLC의 NPN 타입 출력 신호를 연결한다.

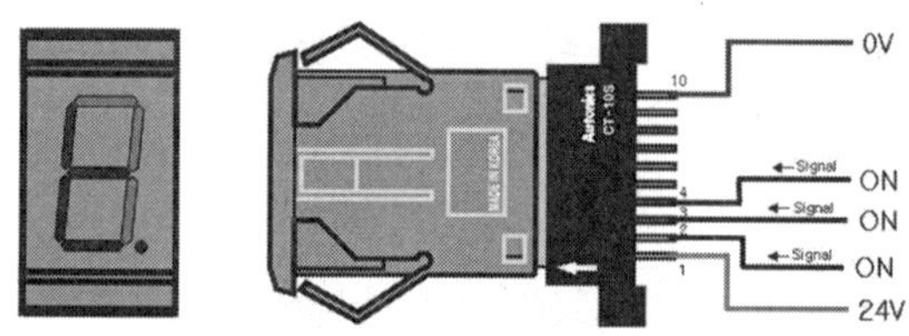

⑨ '8' 표시

1번 핀에 24V를 연결하고 10번 핀에 0V를 연결한다. 데이터 신호를 입력하는 5번 핀에 신호를 입력한다. 신호 입력은 NPN 타입이 기본으로 출하되므로 0V를 입력 또는 PLC의 NPN 타입 출력 신호를 연결한다.

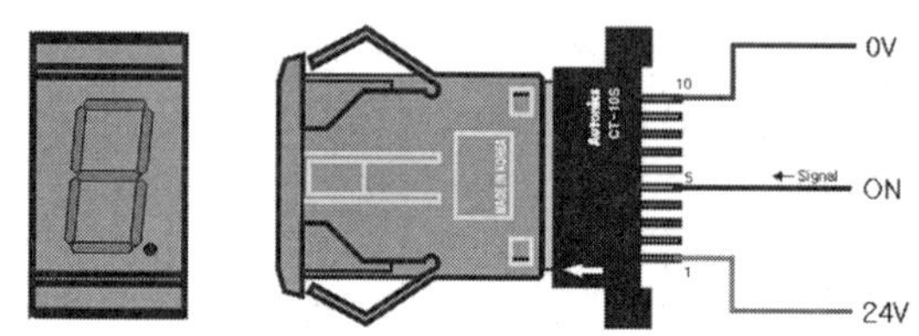

⑩ '9' 표시

1번 핀에 24V를 연결하고 10번 핀에 0V를 연결한다. 데이터 신호를 입력하는 2번과 5번 핀에 신호를 입력한다. 신호 입력은 NPN 타입이 기본으로 출하되므로 0V를 입력 또는 PLC의 NPN 타입 출력 신호를 연결한다.

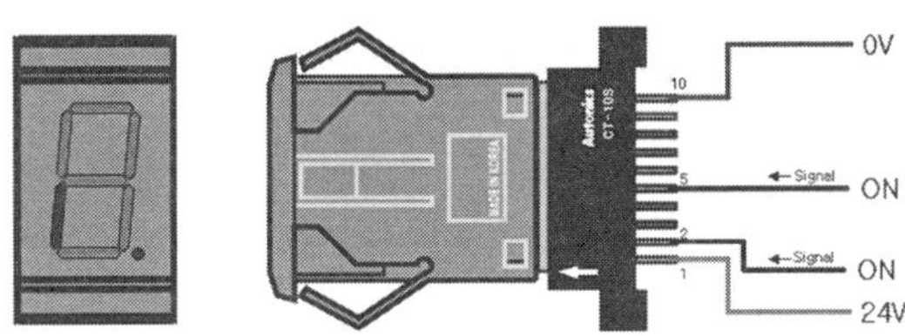

위와 같이 '0'~'9'를 표시하는데 데이터 신호가 2, 3, 4, 5번 핀에 각각 연결되어 2번 핀은 '1', 3번 핀은 '2', 4번 핀은 '4', 5번 핀은 '8'을 표시하며 1, 2, 4, 8의 숫자 조합으로 표시되는 것을 알 수 있다. 다시 말해서 디스플레이 유닛은 BCD코드로 신호를 입력받아 그 신호에 해당하는 숫자를 출력할 수 있다.

[그림 3-6] 디스플레이 유닛 D1SA-RN 외형

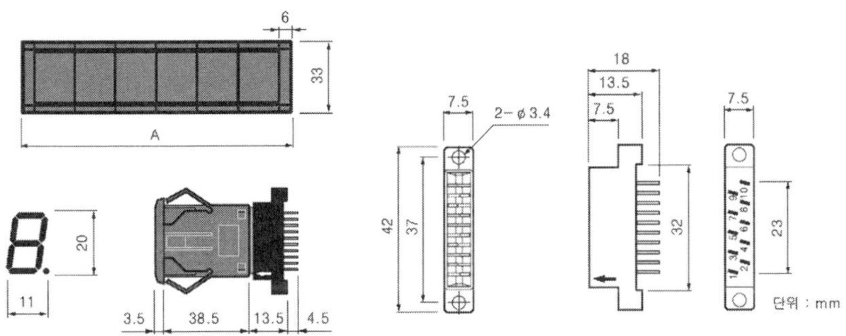

[그림 3-7] 디스플레이 유닛 · 캠 외형 치수도

표시 FND	적색(7 Segment)
전원전압	12-24VDC ±10%
입력방식	BCD Code (병렬)
표시문자	10진수: 0~9 소수점, 16진수: 0~F 소수점
출력	DATA OUT

[표 3-5] FND 기본 사양

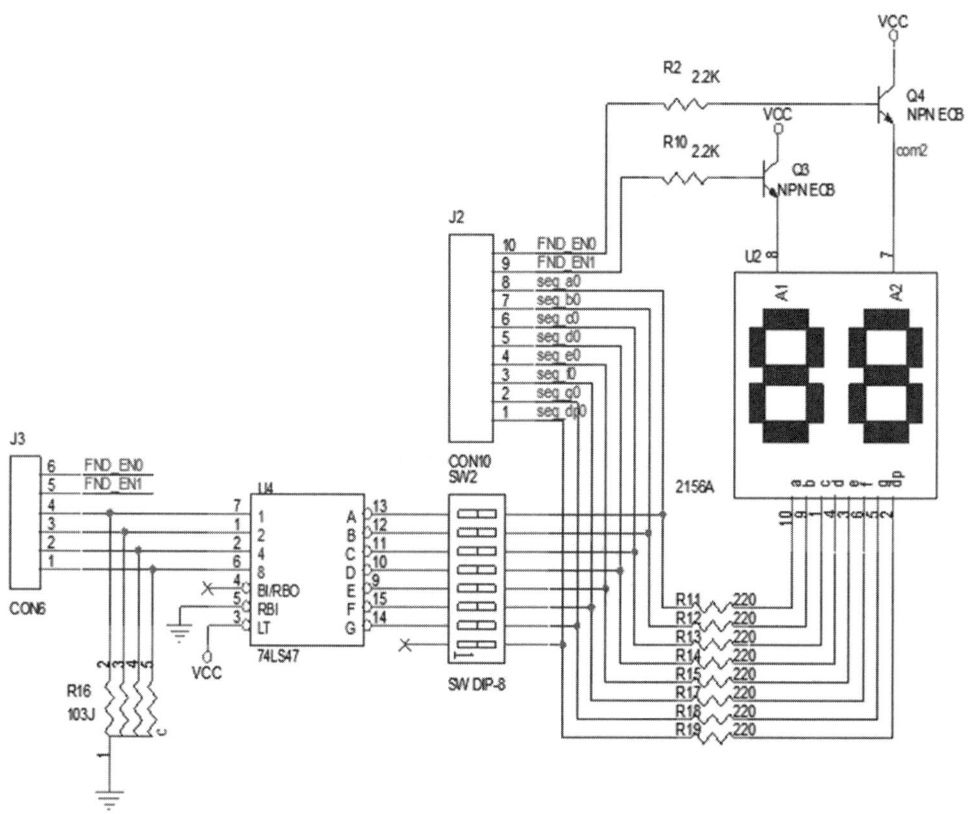

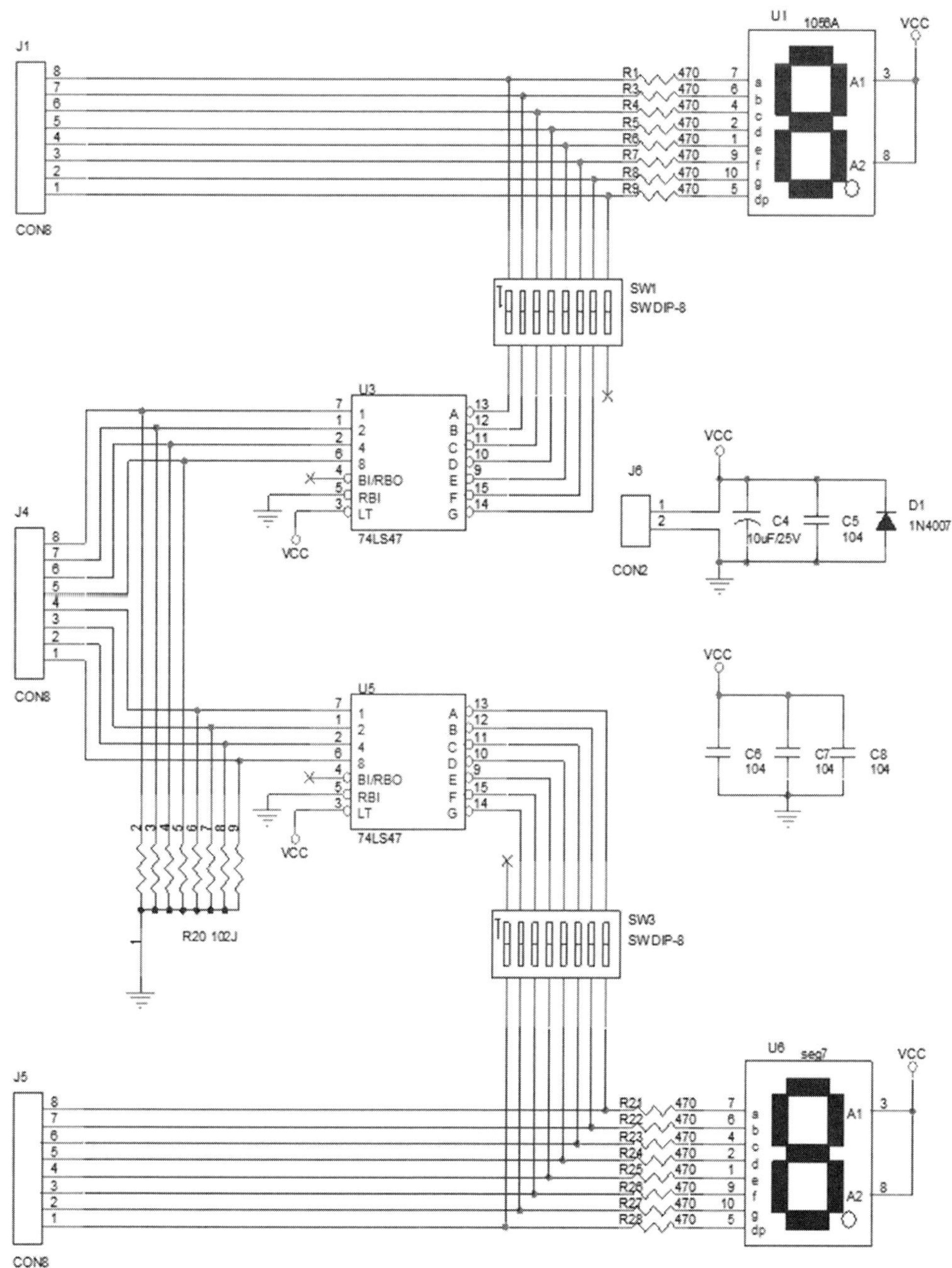
J1
CON8
U1
1056A
VCC
A1
A2
a
b
c
d
e
f
g
dp
R1
R3
R4
R5
R6
R7
R8
R9
470
SW1
SWDIP-8
U3
74LS47
BI/RBO
RBI
LT
J4
CON8
J6
CON2
C4
10uF/25V
C5
104
D1
1N4007
U5
74LS47
C6
104
C7
104
C8
104
R20 102J
SW3
SWDIP-8
J5
CON8
U6
seg7
R21
R22
R23
R24
R25
R26
R27
R28

8) DC Motor Board

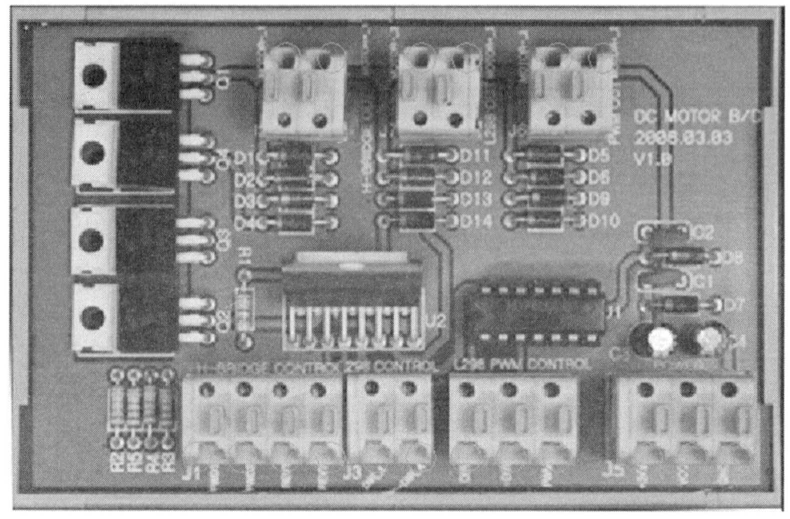

DC 모터를 구동하기 위한 보드이다. 이 보드에서 제공하는 구동 방법은 H-Bridge 회로, L298 컨트롤 방식이다. H-Bridge 회로는 기본적으로 DC 모터를 구동하기 위해 많이 쓰이는 회로인데 DC 모터의 역회전을 방지하고 전력 차단 시 지속적으로 회전하는 것을 방지한다. 이 회로에서 4개의 트랜지스터가 모터의 회전 방향을 결정하는데 다음 그림과 같은 방법으로 방향을 제어한다. 모터 정회전 시 MOTOR 1, MOTOR 4에 출력 신호를 역회전 시 MOTOR 2, MOTOR 3에 출력 신호를 주게 된다.

9) STEP Motor Board

STEP 모터를 구동하기 위한 보드이다. Stepping motor를 단순화시켜 보면 다음 그림과 같다. 그림의 1번에 코일을 감아 전류를 흘려주면 1번(고정자)의 아랫부분이 N극으로 여자(물체가 자기를 띠는 것)되고, 회전자의 S극이 시극에 끌려 시계 방향 90도만큼 회전하고 정지한다. 이와 같은 방법으로 2, 3, 4을 차례로 여자시키면 일정한 각도만큼(그림의 경우 90도)씩 움직이면서 회전하게 된다.

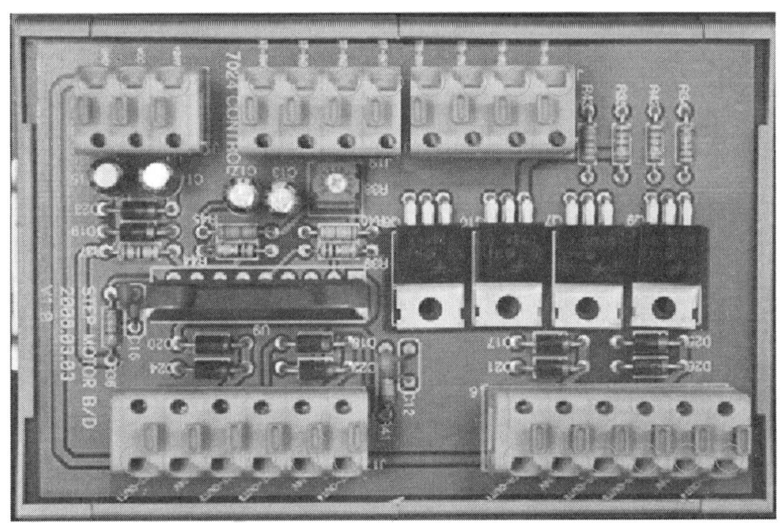

10) Digital IN OUT Device

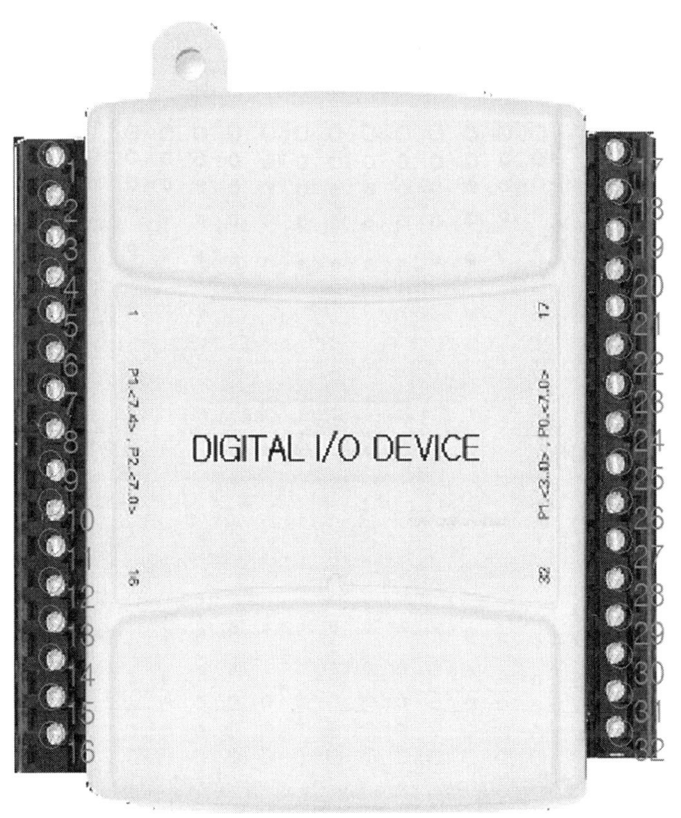

Digital In/Out Device는 기존 USB Bus Board와 8255 Board의 기능을 통합하고, 안정성 있도록 설계된 장치이다. 기존에 NI(National Instruments) 및 ADLink 등 많은 회사에서 Digital I/O 제품을 제작 판매하고 있다.

11) Power SUPPLY

사용하는 보드 등 기타 전기가 필요한 장치에 DC 전원을 공급해 준다.

PART

04

Visual C++을 이용한 MPS 장비 구동하기

- 스위치 보드를 이용한 LED 제어하기
- Check Box를 이용한 LED 제어하기
- Thread 함수를 이용한 Check Box LED 제어하기
- Keyboard를 이용한 LED 제어하기
- FND 구동
- Button 사용 및 Keyboard를 사용한 FND 제어 및 수동 증감
- FND 구동
- FND 구동
- Step Motor 구동

Visual C++을 이용한 MPS 장비 구동하기

MPS LAB을 이용한 PC 기반 제어

1 스위치 보드를 이용한 LED 제어하기

1) MPS Lab에서 아래의 그림과 같이 부품을 배치하고 배선한다.

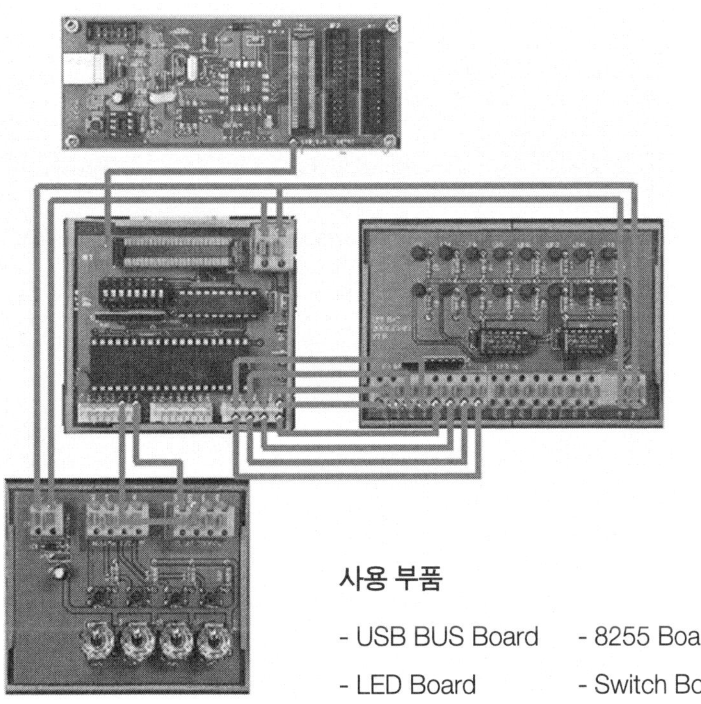

사용 부품

- USB BUS Board
- 8255 Board
- LED Board
- Switch Board

① USB 보드의 JP1과 8255 보드를 연결한다.

② 8255 보드의 전원을 LED/Switch 보드에 연결한다.

③ 8255 보드의 A 포트를 순차적으로 LED 보드의 LED0~LED7까지 연결한다.

④ 8255 보드의 C 포트 PC0, PC1을 Switch 보드의 SW0, SW1에 연결한다.

2) 프로그램 작성

(1) 프로젝트명을 LED_TEST로 설정한 뒤 'MFC 응용 프로그램'을 선택하여 새 프로젝트를 생성한다.

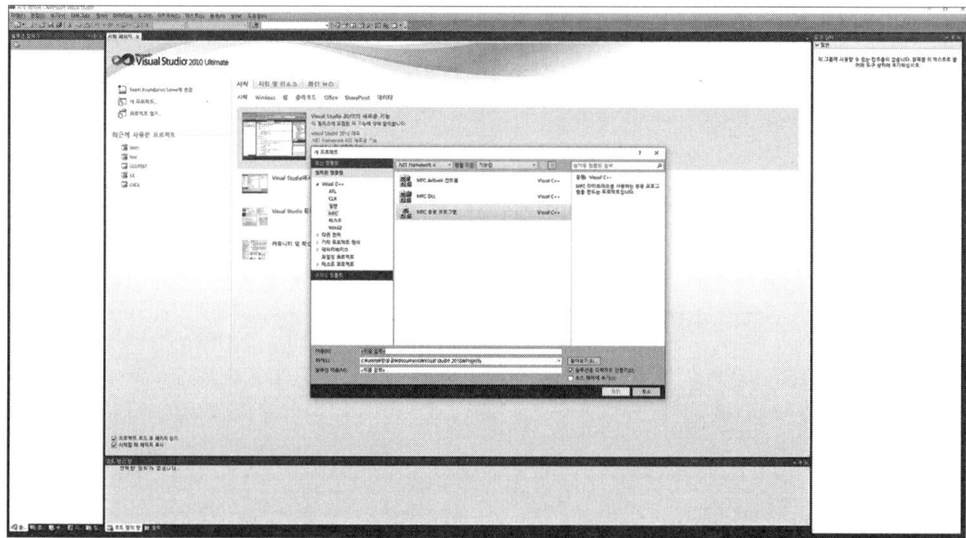

(2) 'MFC 응용 프로그램 마법사 - Step 1'에서 '대화상자 기반'을 선택하고 '마침'을 선택한다.

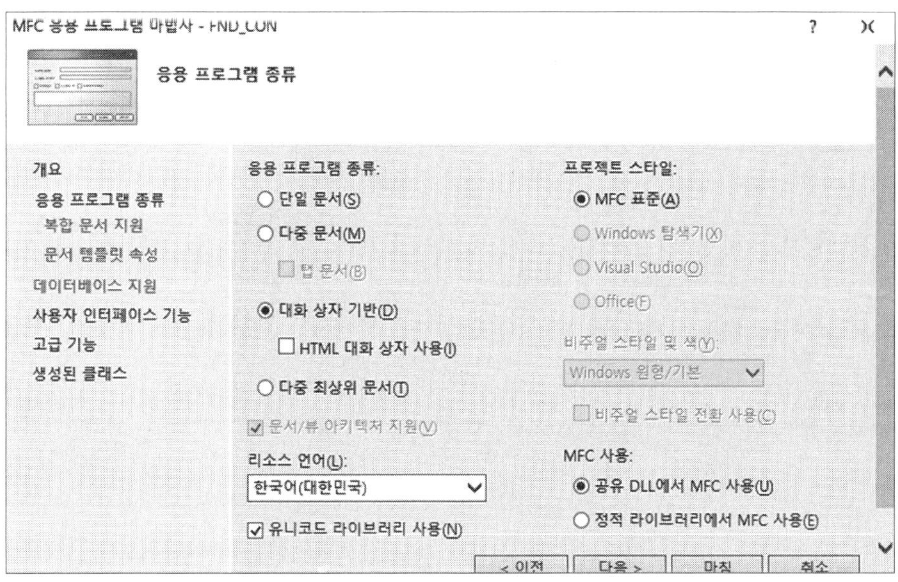
MFC 응용 프로그램 마법사 - FND_CON
응용 프로그램 종류
개요
응용 프로그램 종류
복합 문서 지원
문서 템플릿 속성
데이터베이스 지원
사용자 인터페이스 기능
고급 기능
생성된 클래스
응용 프로그램 종류:
단일 문서(S)
다중 문서(M)
탭 문서(B)
대화 상자 기반(D)
HTML 대화 상자 사용(I)
다중 최상위 문서(T)
문서/뷰 아키텍처 지원(V)
리소스 언어(L):
한국어(대한민국)
유니코드 라이브러리 사용(N)
프로젝트 스타일:
MFC 표준(A)
Windows 탐색기(X)
Visual Studio(O)
Office(F)
비주얼 스타일 및 색(Y):
Windows 원형/기본
비주얼 스타일 전환 사용(C)
MFC 사용:
공유 DLL에서 MFC 사용(U)
정적 라이브러리에서 MFC 사용(E)
< 이전
다음 >
마침
취소

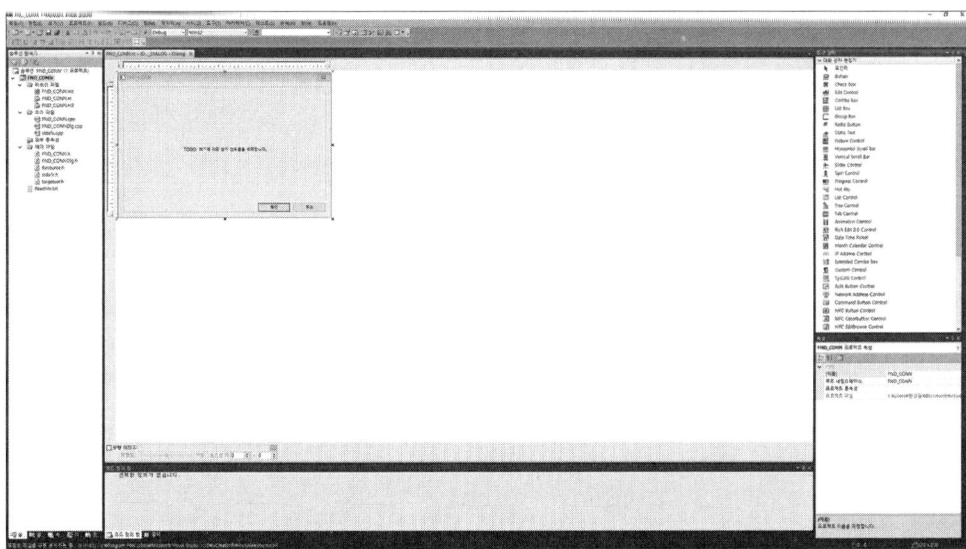

```
#include "stdafx.h"
#include <afxwin.h>
#include <stdio.h>
#include <conio.h>
#include <imechatronics_MPSLabv2.h>

#define PPI_A 0x00     //A 포트 출력
#define PPI_B 0x01     //B 포트 출력
#define PPI_C 0x02     //C 포트 출력
#define PPI_CR 0x03

int main()
{
   int i, porta=0, k=1;
   BYTE v, rl;
   //통신 연결 불통 시 에러
   if(InitDrv() <0) return -1;
   if(USBDrvInit() <0) return -1;
   // 포트의 입출력 설정
   Outputb(PPI_CR, 0x89);      //Port A :출력, Port B :출력, Port CH :입력, Port CL
:입력

   while(k)
   {
      v=Inputb(PPI_C) | 0xfc;
      if(v!= 0xff)
      {
         if(v & 0x01)
         {
            rl='l';
```

```
            for(i=0; i<8; i++)
            {
               porta = ( 1 << i );
               Sleep(1000);
               Outputb(PPI_A, porta);
               printf("\n Loop1 = %d", porta);
               if(kbhit())
               {
                  if(getch() == 27)
                  {
                     k = 0;
                     break;
                  }
               }
            }
         }
         if(v & 0x02)
         {
            rl='D';
            for(i=7; i>=0; i--)
            {
               porta = ( 1 << i );
               Sleep(1000);
               Outputb(PPI_A, porta);
               printf("\n Loop2 = %d", porta);
               if(kbhit())
               {
                  if(getch() == 27)
                  {
                     k = 0;
```

```
                    break;
                }
            }
        }
    }
}
}
USBDrvClose();
return 0;
}
```

(3) 작성 완료된 프로그램으로 시뮬레이션을 시작한다.

시뮬레이션의 순서로는 MPS Lab의 시뮬레이션 실행 버튼을 먼저 실행하고 Visual Studio에서 상단 메뉴의 빌드 탭을 클릭하여 솔루션 빌드를 클릭하고 프로그램 빌드를 시작한다.

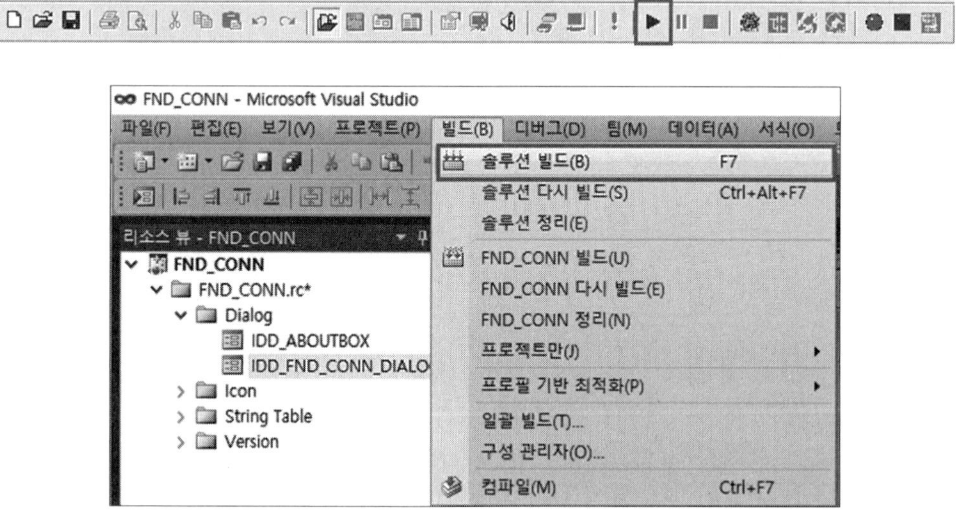

2 Check Box를 이용한 LED 제어하기

1) MPS Lab에서 아래의 그림과 같이 부품을 배치하고 배선한다.

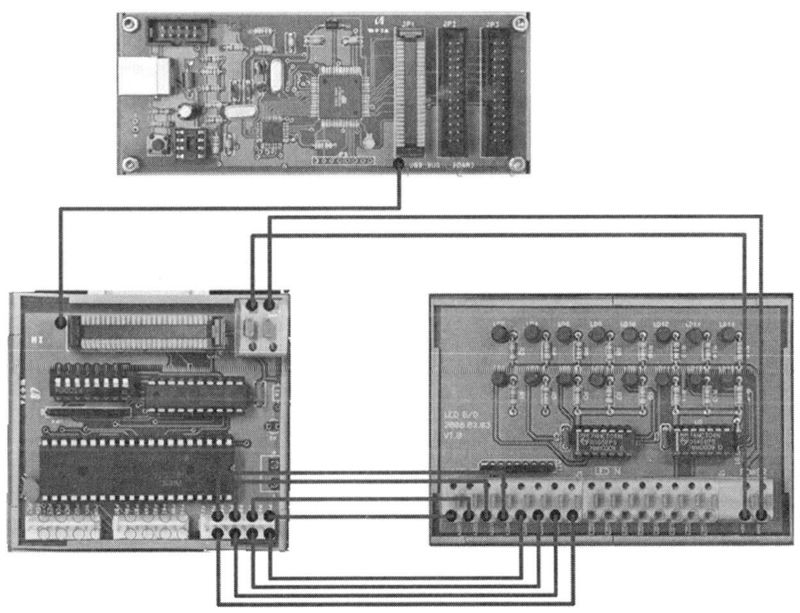

사용 부품

- USB BUS Board   - 8255 Board   - LED Board

① USB 보드의 JP1과 8255 보드를 연결한다.

② 8255 보드의 전원을 LED/Switch 보드에 연결한다.

③ 8255 보드의 포트를 순차적으로 LED 보드의 LED0~LED7까지 연결한다.

2) 프로그램 작성

(1) 프로젝트명을 Led_button로 설정한 뒤 'MFC 응용 프로그램'을 선택하여 새 프로젝트를 생성한다.

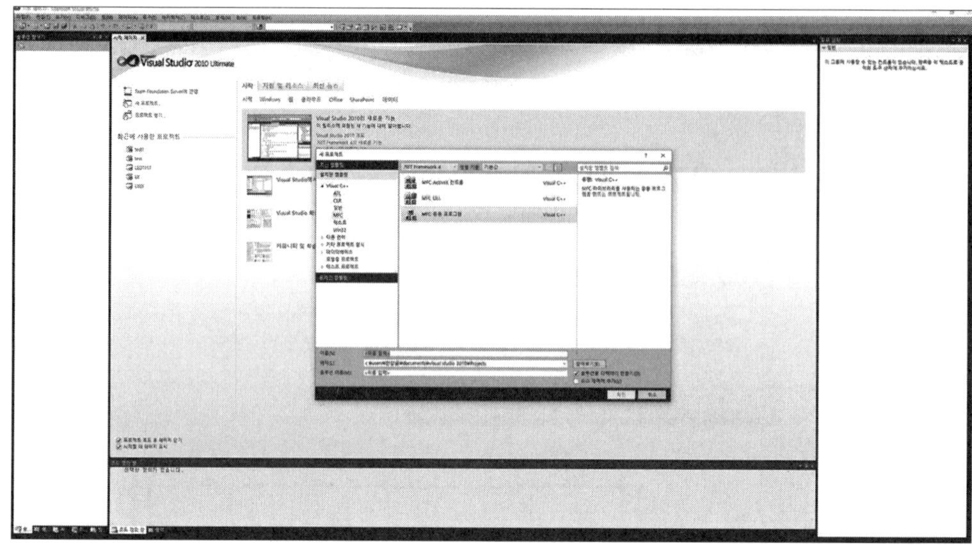

(2) 'MFC 응용 프로그램 마법사 - Step 1'에서 '대화상자 기반'을 선택하고 '마침'을 선택한다.

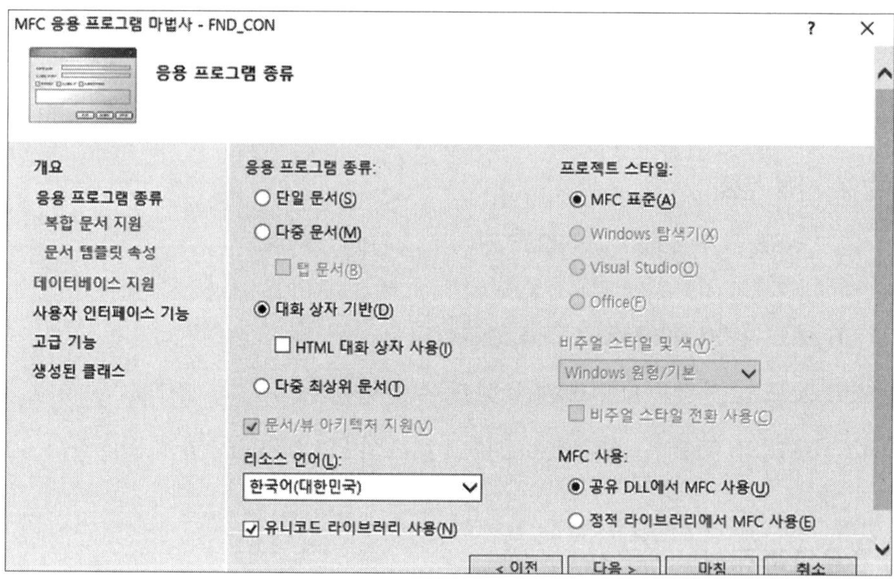

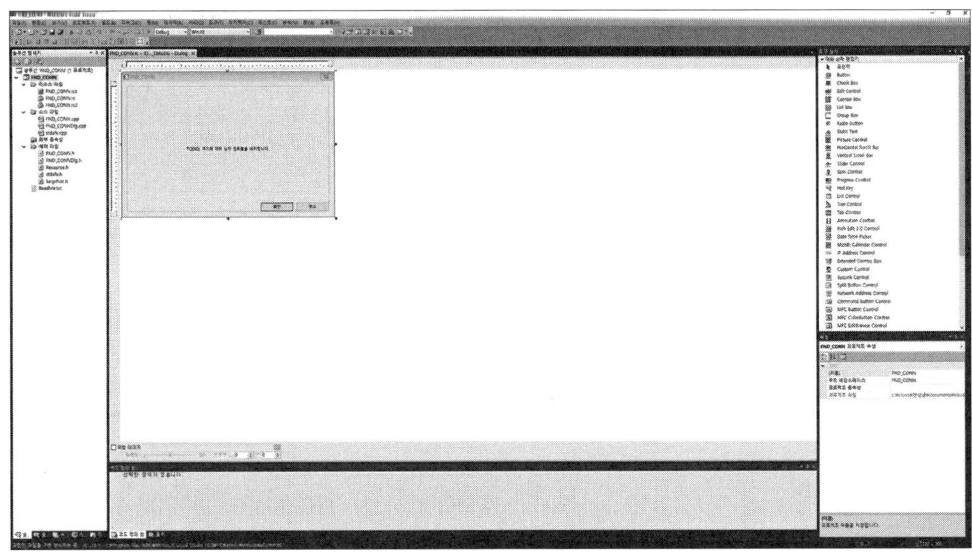

(3) 우측 상단 도구상자에서 Check Box와 Button을 선택하여 다이얼로그 박스에 버튼을 만들고 각 버튼의 Properties를 아래 표와 같이 설정한다. Properties는 우측 하단의 속성창에서 설정할 수 있다.

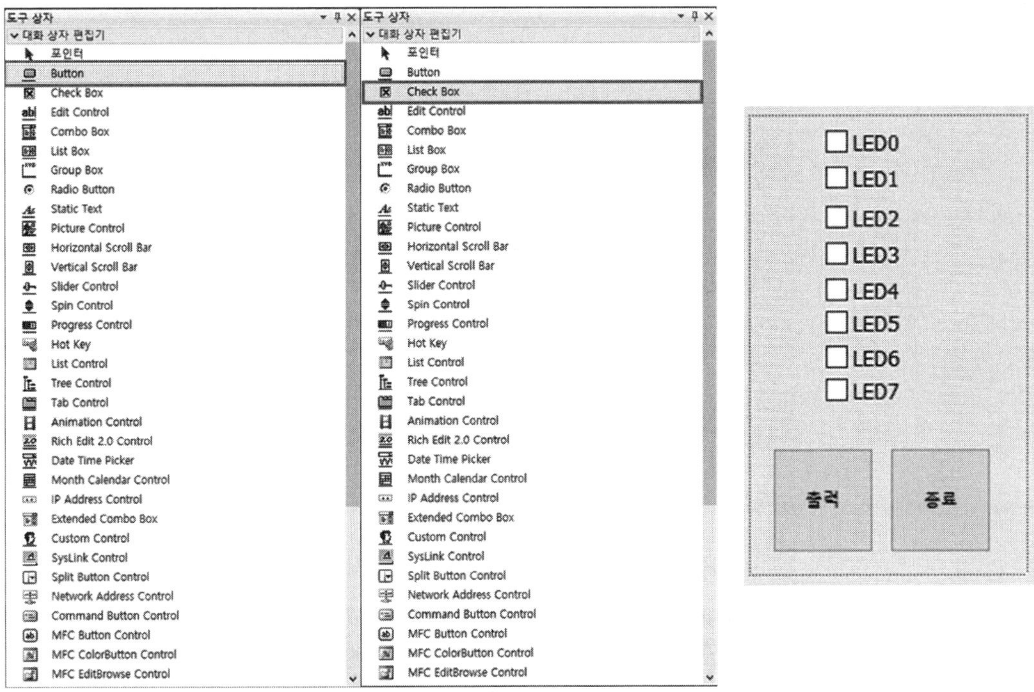

순번	컨트롤	프로퍼티	설정
1	Check Box	ID	IDC_LED0
		Caption	LED0
2	Check Box	ID	IDC_LED1
		Caption	LED1
3	Check Box	ID	IDC_LED2
		Caption	LED2
4	Check Box	ID	IDC_LED3
		Caption	LED3
5	Check Box	ID	IDC_LED4
		Caption	LED4
6	Check Box	ID	IDC_LED5
		Caption	LED5
7	Check Box	ID	IDC_LED6
		Caption	LED6
8	Check Box	ID	IDC_LED7
		Caption	LED7
9	Button	ID	IDC_ON1
		Caption	출력
10	Button	ID	IDEXIT
		Caption	종료

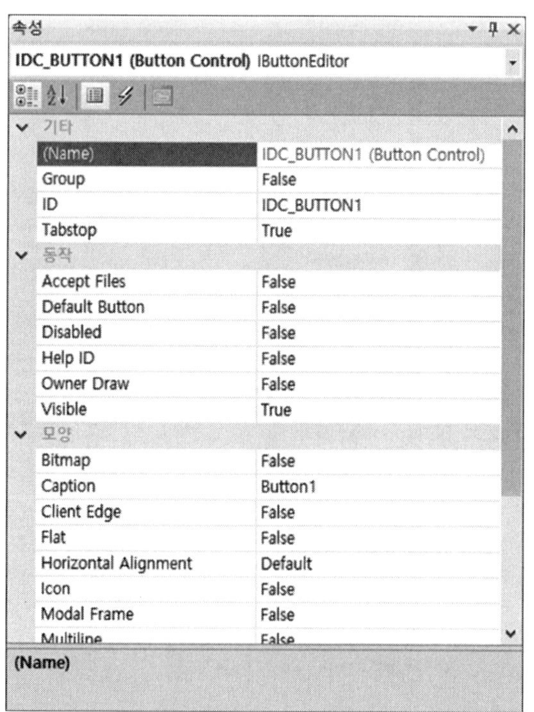

(4) 각 버튼에 해당하는 이벤트 핸들러를 생성한다. 생성한 버튼을 우클릭하고 '이벤트 처리기 추가'를 선택한다. 이벤트 핸들러 다이얼로그 박스가 생성되면 BN_CLICKED를 선택하여 이벤트를 생성한다.

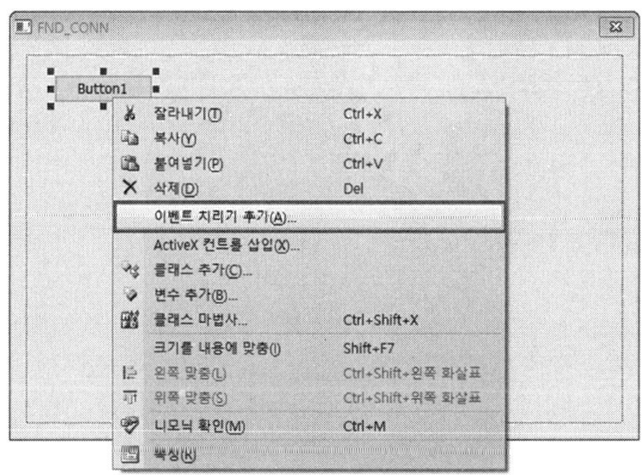

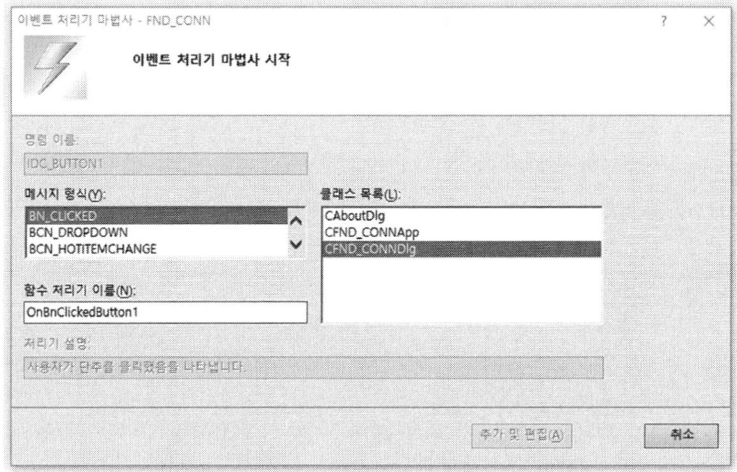

(5) 이벤트 생성을 확인한 후 아래 표와 같이 프로그램을 작성한다.

```
// led_buttonDlg.cpp : implementation file
#include "stdafx.h"
#include "led_button.h"
#include "led_buttonDlg.h"

#include "imechatronics.h"//

#ifdef _DEBUG
#define new DEBUG_NEW
#undef THIS_FILE
static char THIS_FILE[] = __FILE__;
#endif

#define ppi_a 0x00 //PPI8255 A 포트
#define ppi_b 0x01 //PPI8255 B 포트
#define ppi_c 0x02 //PPI8255 C 포트
#define ppi_cr 0x03//PPI8255 CONTROLL WORD

unsigned char outa;

BOOL CLed_buttonDlg::OnInitDialog()
{
	CDialog::OnInitDialog();

	// Add "About..." menu item to system menu.

	// IDM_ABOUTBOX must be in the system command range.
	ASSERT((IDM_ABOUTBOX & 0xFFF0) == IDM_ABOUTBOX);
	ASSERT(IDM_ABOUTBOX < 0xF000);
```

```
	CMenu* pSysMenu = GetSystemMenu(FALSE);
	if (pSysMenu != NULL)
	{
		CString strAboutMenu;
		strAboutMenu.LoadString(IDS_ABOUTBOX);
		if (!strAboutMenu.IsEmpty())
		{
			pSysMenu→AppendMenu(MF_SEPARATOR);
			pSysMenu→AppendMenu(MF_STRING, IDM_ABOUTBOX,
strAboutMenu);
		}
	}

	// Set the icon for this dialog. The framework does this automatically
	//  when the application's main window is not a dialog
	SetIcon(m_hIcon, TRUE);			// Set big icon
	SetIcon(m_hIcon, FALSE);		// Set small icon

	// TODO: Add extra initialization here

	if(InitDrv() <0 )//드라이브 초기화
	{
	   AfxMessageBox("Driver Status를 초기화할 수 없습니다.");//초기화 error 시
message 호출
		return -1;
	}

	if(USBDrvInit() <0 )//USB 드라이브 초기화
	{
		AfxMessageBox("usb Driver를 Open할 수 없습니다.");
```

```
			return -1;
		}

		Outputb(ppi_cr,0x89);//ppi8255 초기 설정 A, B 출력 C 입력,
		outa=0xff; //outa의 초깃값 0xff
		Outputb(ppi_a, outa);//a 포트에 outa의 값을 출력

		return TRUE;  // return TRUE  unless you set the focus to a control
}

void CLed_buttonDlg::OnLed0() //led0 체크 박스
{
		if(m_led0==false)//led0 체크박스 초기 상태가 false(0)인 상태라면
		{
			m_led0 = true;//led0에
			outa &= 0xfe;
		}
		else
		{
			m_led0 = false;
			outa |= 0x01;
		}
		UpdateData(true);
}

void CLed_buttonDlg::OnLed1()
{
if(m_led1==false)
		{
			m_led1 = true;
```

```
            outa &= 0xfd;
      }
      else
      {
            m_led1 = false;
            outa |= 0x02;
      }
      UpdateData(true);
}

void CLed_buttonDlg::OnLed2()
{
      if(m_led2==false)
      {
            m_led2 = true;
            outa &= 0xfb;
      }
      else
      {
            m_led2 = false;
            outa |= 0x04;
      }
      UpdateData(true);
}

void CLed_buttonDlg::OnLed3()
{
      if(m_led3==false)
      {
            m_led3 = true;
```

```
			outa &= 0xf7;
		}
		else
		{
			m_led3 = false;
			outa |= 0x08;
		}
		UpdateData(true);
}

void CLed_buttonDlg::OnLed4()
{
		if(m_led4==false)
		{
			m_led4 = true;
			outa &= 0xef;
		}
		else
		{
			m_led4 = false;
			outa |= 0x10;
		}
		UpdateData(true);
}

void CLed_buttonDlg::OnLed5()
{
		if(m_led5==false)
		{
			m_led5 = true;
```

```
            outa &= 0xdf;
      }
      else
      {
            m_led5 = false;
            outa |= 0x20;
      }
      UpdateData(true);
}

void CLed_buttonDlg::OnLed6()
{
      if(m_led6==false)
      {
            m_led6 = true;
            outa &= 0xbf;
      }
      else
      {
            m_led6 = false;
            outa |= 0x40;
      }
      UpdateData(true);
}

void CLed_buttonDlg::OnLed7()
{
      if(m_led7==false)
      {
            m_led7 = true;
```

```
            outa &= 0x7f;
        }
        else
        {
            m_led7 = false;
            outa |= 0x80;
        }
        UpdateData(true);
}
```

3) 작성 완료된 프로그램으로 시뮬레이션을 시작한다.

시뮬레이션의 순서로는 MPS Lab의 시뮬레이션 실행 버튼을 먼저 실행하고 Visual Studio에서 상단 메뉴의 빌드 탭을 클릭하고 솔루션 빌드를 클릭하여 프로그램 빌드를 시작한다.

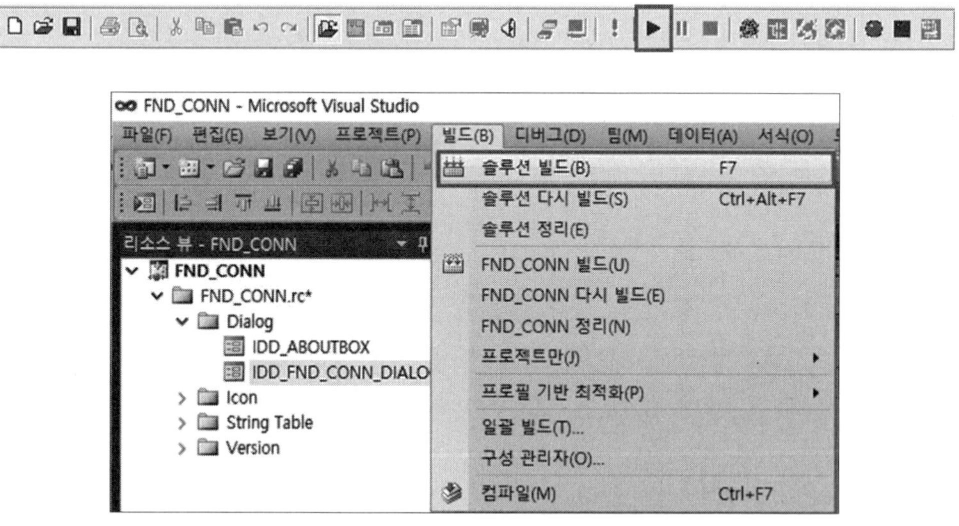

3 Thread 함수를 이용한 Check Box LED 제어하기

1) MPS Lab에서 아래의 그림과 같이 부품을 배치하고 배선한다.

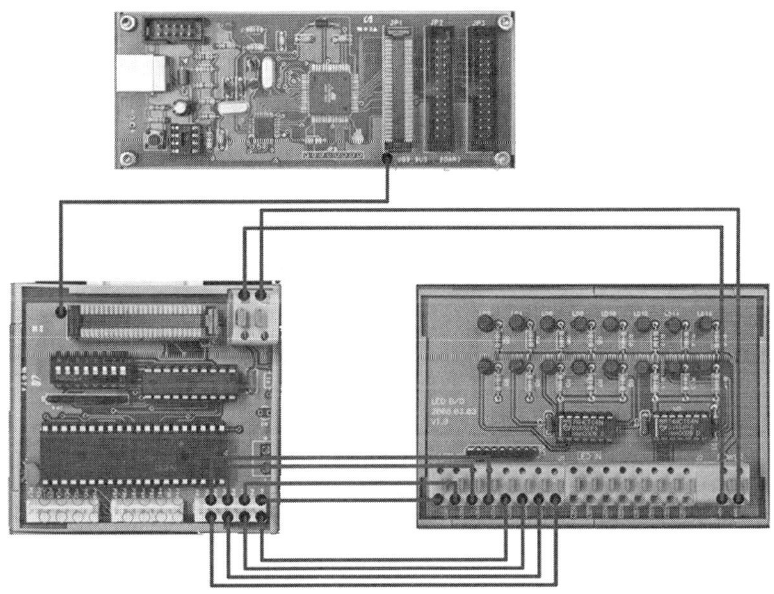

사용 부품

- USB BUS Board - 8255 Board - LED Board

① USB 보드의 JP1과 8255 보드를 연결한다.

② 8255 보드의 전원을 LED/Switch 보드에 연결한다.

③ 8255 보드의 A 포트를 순차적으로 LED 보드의 LED0~LED7까지 연결한다.

2) 프로그램 작성

(1) 프로젝트명을 LED_Thread로 설정한 뒤 'MFC 응용 프로그램'을 선택하여 새 프로젝트를 생성한다.

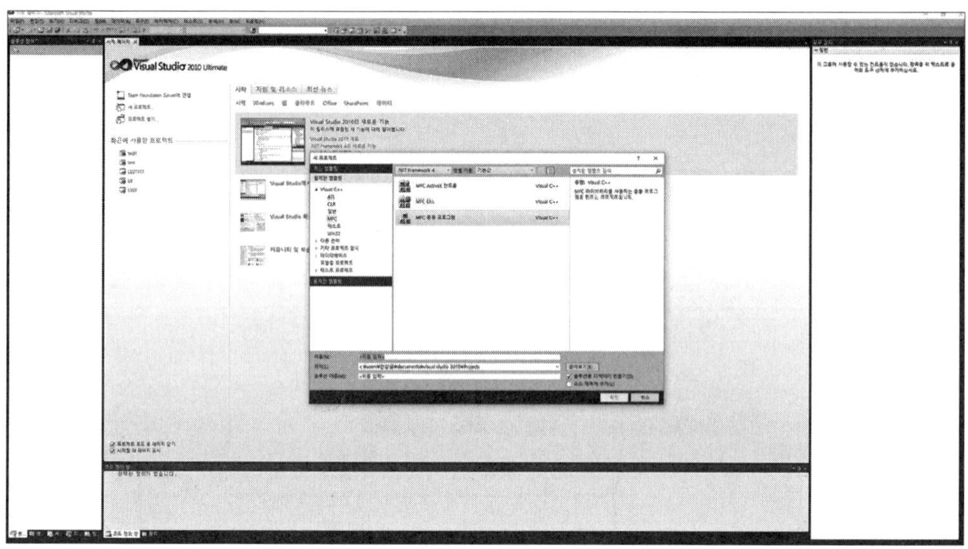

(2) 'MFC 응용 프로그램 마법사 - Step 1'에서 '대화상자 기반'을 선택하고 '마침'을 선택한다.

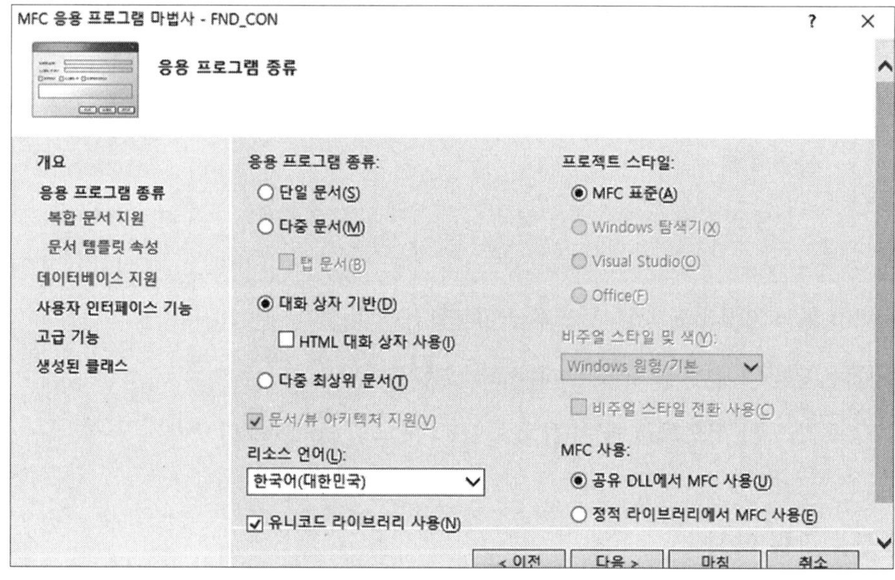

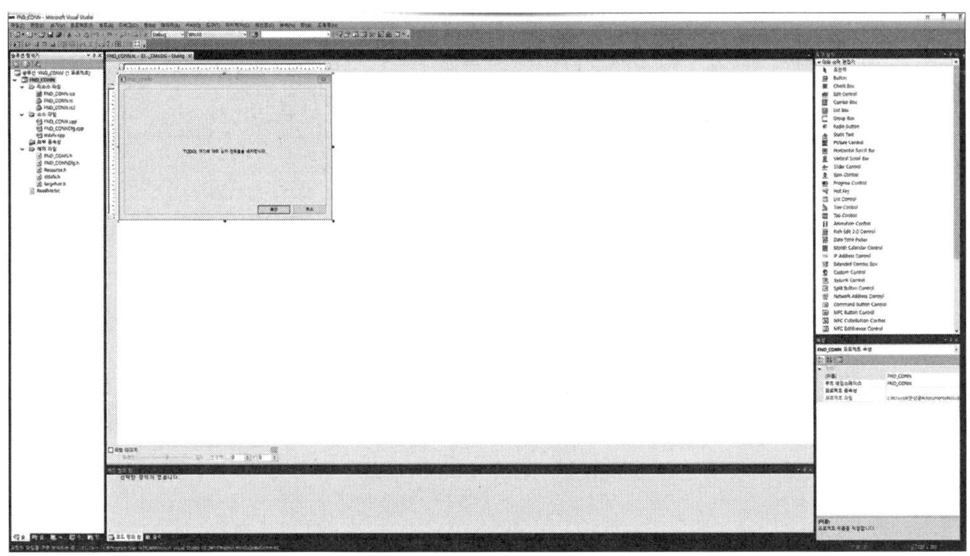

(3) 우측 상단 도구상자에서 Check Box와 Button을 선택하여 다이얼로그 박스에 버튼을 만들고 각 버튼의 Properties를 아래 표와 같이 설정한다. Properties는 우측 하단의 속성창에서 설정할 수 있다.

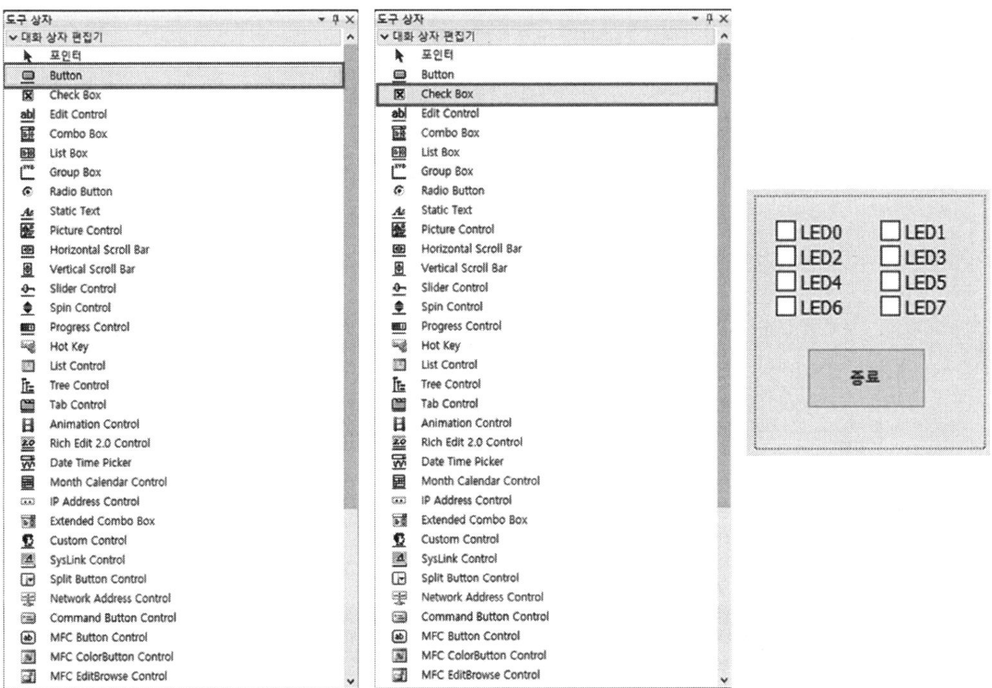

순번	컨트롤	프로퍼티	설정
1	Check Box	ID	IDC_LED0
		Caption	LED0
2	Check Box	ID	IDC_LED1
		Caption	LED1
3	Check Box	ID	IDC_LED2
		Caption	LED2
4	Check Box	ID	IDC_LED3
		Caption	LED3
5	Check Box	ID	IDC_LED4
		Caption	LED4
6	Check Box	ID	IDC_LED5
		Caption	LED5
7	Check Box	ID	IDC_LED6
		Caption	LED6
8	Check Box	ID	IDC_LED7
		Caption	LED7
9	Button	ID	IDEXIT
		Caption	종료

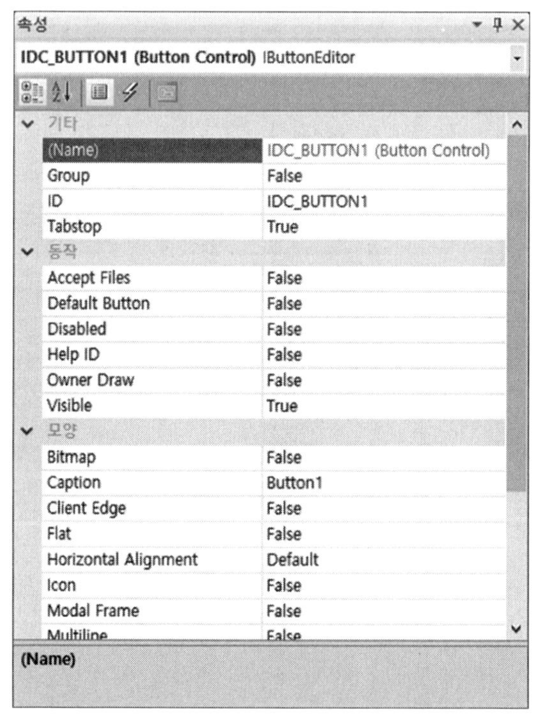

(4) 각 버튼에 해당하는 이벤트 핸들러를 생성한다. 생성한 버튼을 우클릭하고 '이벤트 처리기 추가'를 선택한다. 이벤트 핸들러 다이얼로그 박스가 생성되면 BN_CLICKED를 선택하여 이벤트를 생성한다.

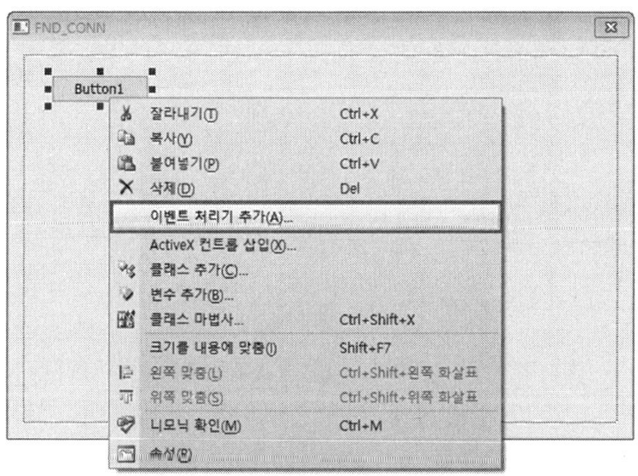

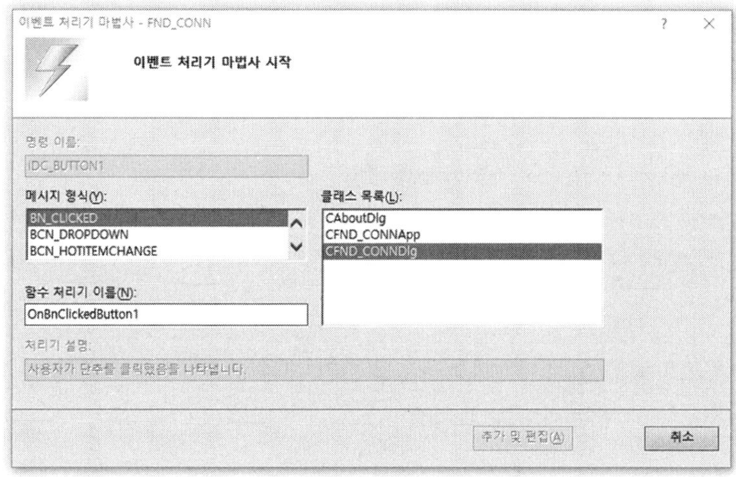

(5) 이벤트 생성을 확인한 후 아래 표와 같이 프로그램을 작성한다.

```
#include "stdafx.h"
#include "LED_Thread.h"
#include "LED_ThreadDlg.h"

#include<imechatronics.h> //header file

#ifdef _DEBUG
#define new DEBUG_NEW
#undef THIS_FILE
static char THIS_FILE[] = __FILE__;
#endif

#define PPI_A 0x00 //ppi 8255 A 포트 설정
#define PPI_B 0x01 //ppi 8255 B 포트 설정
#define PPI_C 0x02 //ppi 8255 C 포트 설정
#define PPI_CR 0x03 //ppi 8255 D 포트 설정

unsigned char LEDOUT,RunThread,flag; //변수 정의

UINT thread(LPVOID  aa);

/////////////////////////////////////////////////////////////////////////////
BOOL CLED_ThreadDlg::OnInitDialog()
{
	CDialog::OnInitDialog();

	// Add "About..." menu item to system menu.

	// IDM_ABOUTBOX must be in the system command range.
	ASSERT((IDM_ABOUTBOX & 0xFFF0) == IDM_ABOUTBOX);
```

```
	ASSERT(IDM_ABOUTBOX < 0xF000);

	CMenu* pSysMenu = GetSystemMenu(FALSE);
	if (pSysMenu != NULL)
	{
		CString strAboutMenu;
		strAboutMenu.LoadString(IDS_ABOUTBOX);
		if (!strAboutMenu.IsEmpty())
		{
			pSysMenu->AppendMenu(MF_SEPARATOR);
			pSysMenu->AppendMenu(MF_STRING, IDM_ABOUTBOX,
strAboutMenu);
		}
	}

	// Set the icon for this dialog. The framework does this automatically
	//  when the application's main window is not a dialog
	SetIcon(m_hIcon, TRUE);			// Set big icon
	SetIcon(m_hIcon, FALSE);		// Set small icon

	// TODO: Add extra initialization here

	if(InitDrv() <0)
	{
		AfxMessageBox("Driver Status를 초기화할 수 없습니다.");
		return -1;
	}

	if(USBDrvInit() <0)
	{
```

```
		AfxMessageBox("usb Driver를 Open 할 수 없습니다.");
		return -1;
	}

	Outputb(PPI_CR,0x89);
	LEDOUT=0xff;
	Outputb(PPI_A,LEDOUT);

	return TRUE;  // return TRUE  unless you set the focus to a control
}

void CLED_ThreadDlg::OnRun() //시작 Button
{
	if(RunThread==0)
	AfxBeginThread(thread, NULL);
}

void CLED_ThreadDlg::OnCancel()//종료 Button
{
	flag=0;
	USBDrvClose();
	OnCancel();
}

void CLED_ThreadDlg::OnLed0() //Check Box 프로그램
{
	if(m_led0==false)
	{
		m_led0 = true;
		LEDOUT &= 0xfe;
```

```
	}
	else
	{
		m_led0 = false;
		LEDOUT |= 0x01;
	}
	UpdateData(true);
}

void CLED_ThreadDlg::OnLed1()
{
if(m_led1==false)
	{
		m_led1 = true;
		LEDOUT &= 0xfd;
	}
	else
	{
		m_led1 = false;
		LEDOUT |= 0x02;
	}
	UpdateData(true);
}

void CLED_ThreadDlg::OnLed2()
{
	if(m_led2==false)
	{
		m_led2 = true;
		LEDOUT &= 0xfb;
```

```
	}
	else
	{
		m_led2 = false;
		LEDOUT |= 0x04;
	}
	UpdateData(true);
}

void CLED_ThreadDlg::OnLed3()
{
	if(m_led3==false)
	{
		m_led3 = true;
		LEDOUT &= 0xf7;
	}
	else
	{
		m_led3 = false;
		LEDOUT |= 0x08;
	}
	UpdateData(true);
}

void CLED_ThreadDlg::OnLed4()
{
	if(m_led4==false)
	{
		m_led4 = true;
		LEDOUT &= 0xef;
```

```
    }
    else
    {
        m_led4 = false;
        LEDOUT |= 0x10;
    }
    UpdateData(true);
}

void CLED_ThreadDlg::OnLed5()
{
    if(m_led5==false)
    {
        m_led5 = true;
        LEDOUT &= 0xdf;
    }
    else
    {
        m_led5 = false;
        LEDOUT |= 0x20;
    }
    UpdateData(true);
}

void CLED_ThreadDlg::OnLed6()
{
    if(m_led6==false)
    {
        m_led6 = true;
        LEDOUT &= 0xbf;
```

```
	}
	else
	{
		m_led6 = false;
		LEDOUT |= 0x40;
	}
	UpdateData(true);
}

void CLED_ThreadDlg::OnLed7()
{
	if(m_led7==false)
	{
		m_led7 = true;
		LEDOUT &= 0x7f;
	}
	else
	{
		m_led7 = false;
		LEDOUT |= 0x80;
	}
	UpdateData(true);
}
```

```
UINT thread(LPVOID aa)
{
	RunThread=1;
	flag=1;
	do
	{
```

```
            Outputb(PPI_A,LEDOUT);
            Sleep(30);
        }
        while(flag);
        RunThread=0;
        return 0;
}
```

3) 작성 완료된 프로그램으로 시뮬레이션을 시작한다.

시뮬레이션의 순서로는 MPS Lab의 시뮬레이션 실행 버튼을 먼저 실행하고 Visual Studio에서 상단 메뉴의 빌드 탭을 클릭하고 솔루션 빌드를 클릭하여 프로그램 빌드를 시작한다.

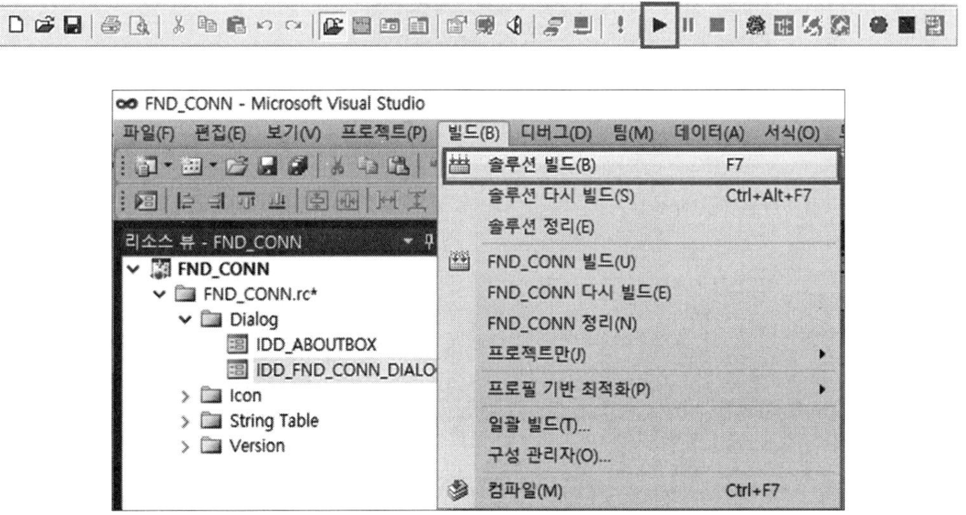

※ Thread 함수란?

Thread(스레드)란 프로그램상에서 하나의 흐름을 뜻하는 단어로서, 프로그램을 실행하는 최소 단위이다. 프로그램 안에는 여러 개의 스레드가 동시에 존재할 수 있으며, 이러한 경우를 멀티 스레드라고 한다. 스레드 함수를 사용하면 앞서 작성하였던 LED 제어 프로그램과는 달리 별도의 동작 버튼 없이 프로그램 실행만으로도 LED 제어가 가능하다. 위에서 작성한 소스 코드에서 마지막 박스 표시되어 있는 부분이 스레드 함수 부분이다.

4 Keyboard를 이용한 LED 제어하기

1) MPS Lab에서 아래의 그림과 같이 부품을 배치하고 배선한다.

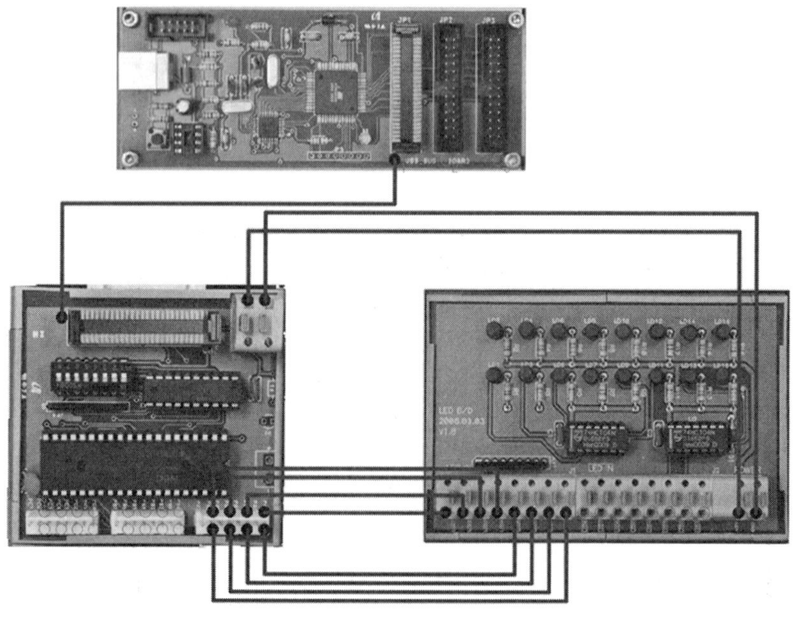

사용 부품

- USB BUS Board - 8255 Board - LED Board

① USB 보드의 JP1과 8255 보드를 연결한다.

② 8255 보드의 전원을 LED/Switch 보드에 연결한다.

③ 8255 보드의 A 포트를 순차적으로 LED 보드의 LED0~LED7까지 연결한다.

2) 프로그램 작성

(1) 프로젝트명을 Ledstepcontroll로 설정한 뒤 'MFC 응용 프로그램'을 선택하여 새 프로젝트를 생성한다.

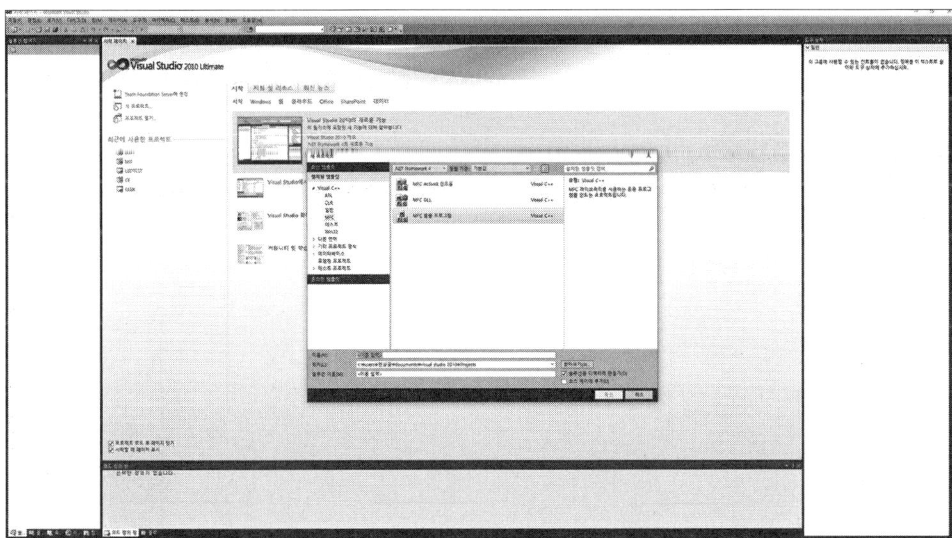

(2) 'MFC 응용 프로그램 마법사 - Step 1'에서 '대화상자 기반'을 선택하고 '마침'을 선택한다.

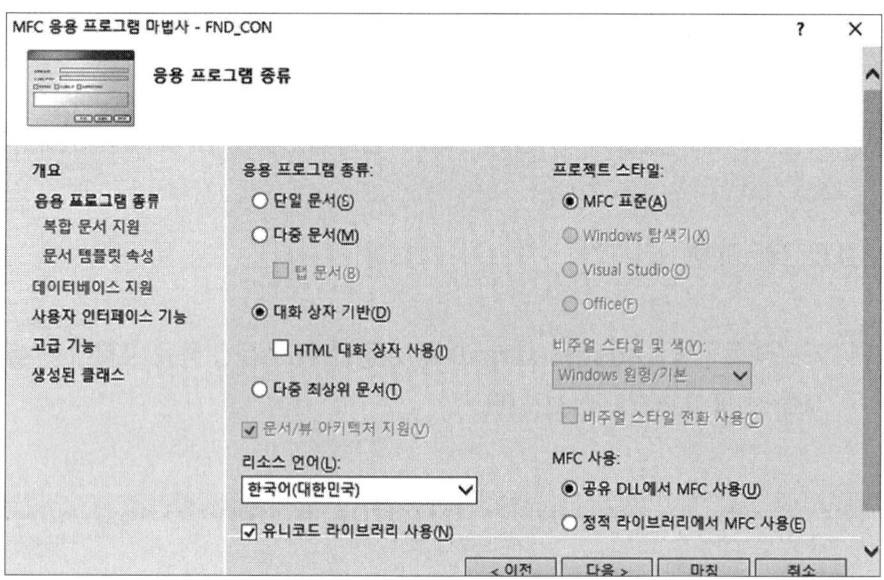

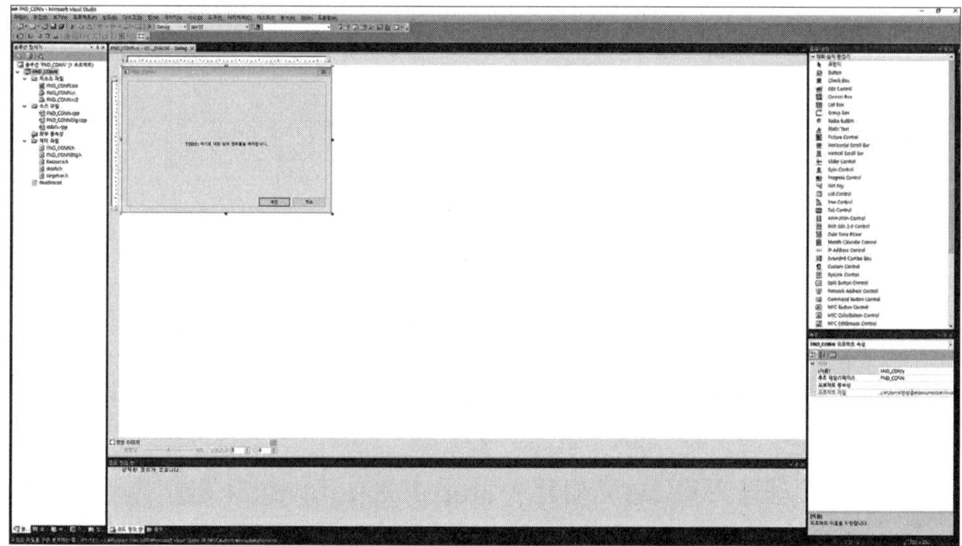

(3) 우측 상단 도구상자에서 Static Text와 Button을 선택하여 다이얼로그 박스에 버튼/텍스트를 만들고 각 버튼/텍스트의 Properties를 다음 표와 같이 설정한다. Properties는 우측 하단의 속성창에서 설정할 수 있다.

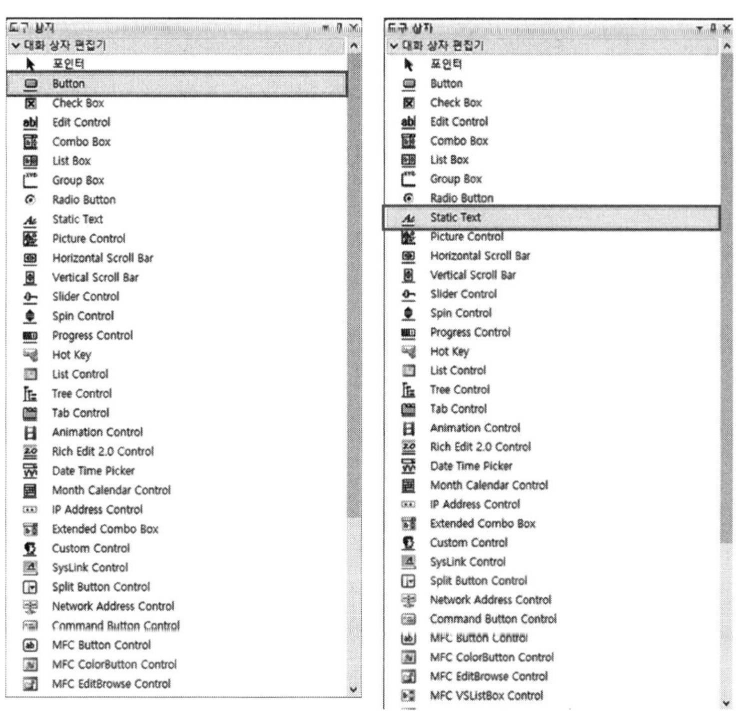

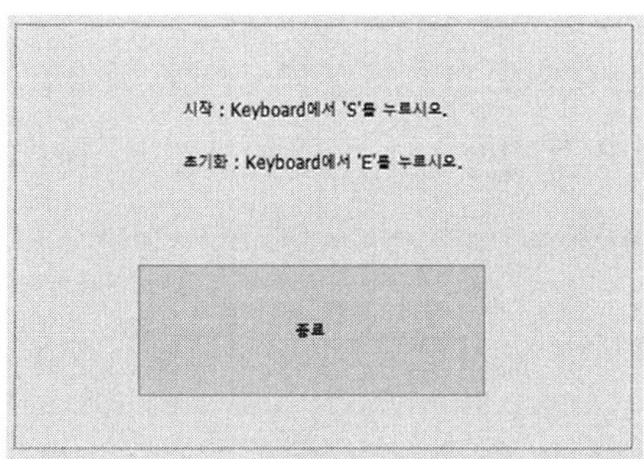

<table>
<tr><th>순번</th><th>컨트롤</th><th>프로퍼티</th><th>설정</th></tr>
<tr><td rowspan="2">1</td><td rowspan="2">Button</td><td>ID</td><td>IDEXIT</td></tr>
<tr><td>Caption</td><td>종료</td></tr>
<tr><td rowspan="2">2</td><td rowspan="2">Static Text</td><td>ID</td><td>IDC_STATIC1</td></tr>
<tr><td>Caption</td><td>시작 : ~~</td></tr>
<tr><td rowspan="2">3</td><td rowspan="2">Static Text</td><td>ID</td><td>IDC_STATIC2</td></tr>
<tr><td>Caption</td><td>초기화 : ~~</td></tr>
</table>

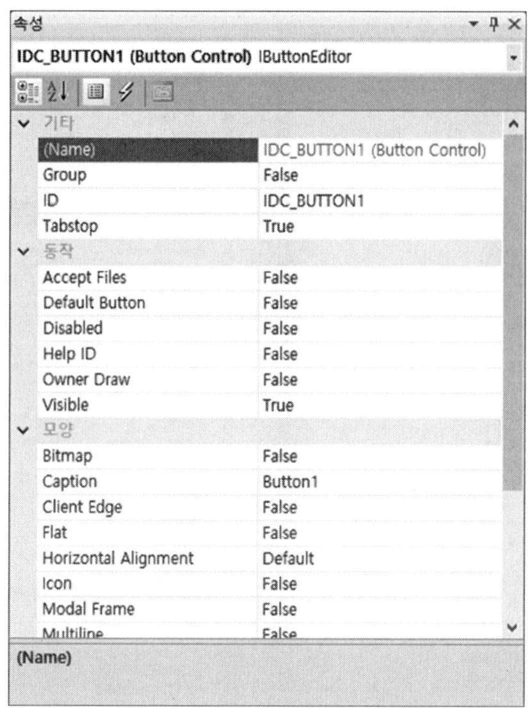

(4) 버튼에 해당하는 이벤트 핸들러를 생성한다. 생성한 버튼을 우클릭하고 '이벤트 처리기 추가'를 선택한다. 이벤트 핸들러 다이얼로그 박스가 생성되면 BN_CLICKED를 선택하여 이벤트를 생성한다.

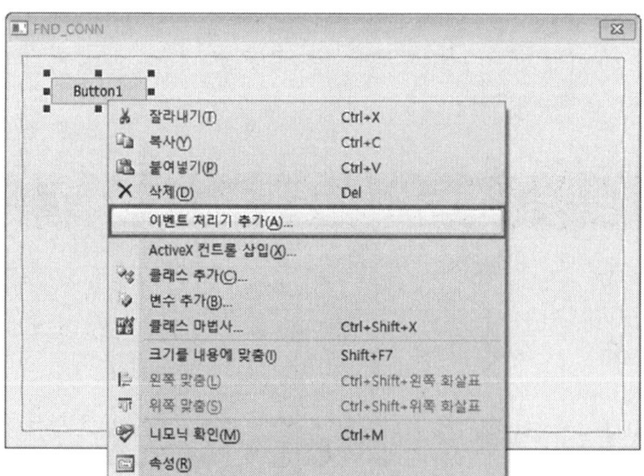

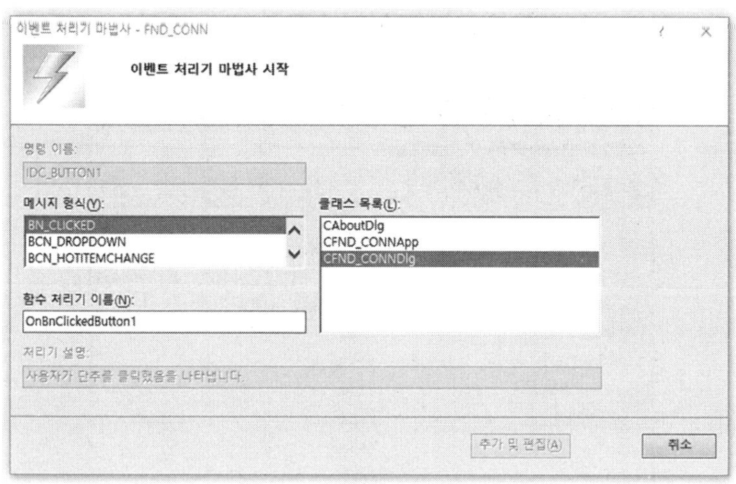

(5) Keyboard 입력을 인식하는 PreTranslate-Message를 추가해야 한다. 먼저 좌측 프로젝트 창 하단에서 '클래스 뷰'를 선택한 뒤, 클래스 뷰 목록에 있는 'CLedstepcontrollDlg'를 선택한다.

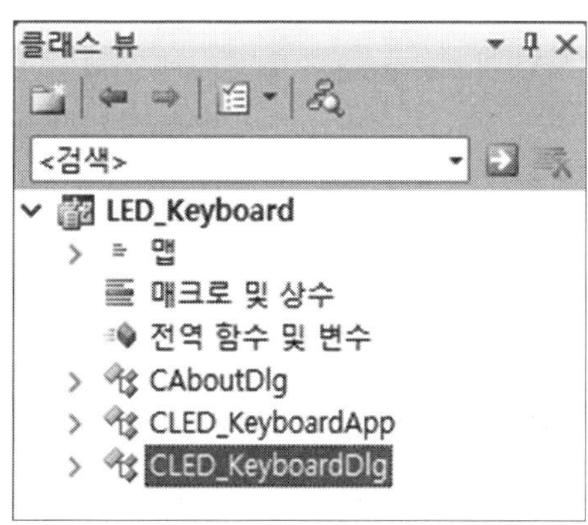

(6) 우측 하단의 속성창에서 그림에 적색으로 표시된 '재정의' 버튼을 클릭한다.

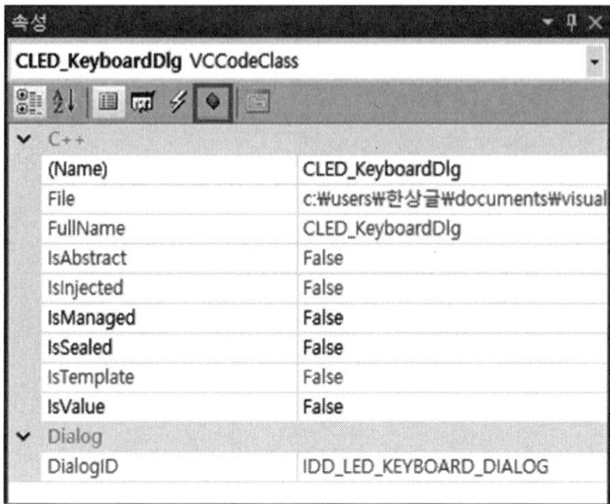

(7) 이후 목록에서 'PreTranslateMessage'를 선택한 뒤, 우측 화살표를 누르고 〈ADD〉 PreTranslateMessage를 선택한다.

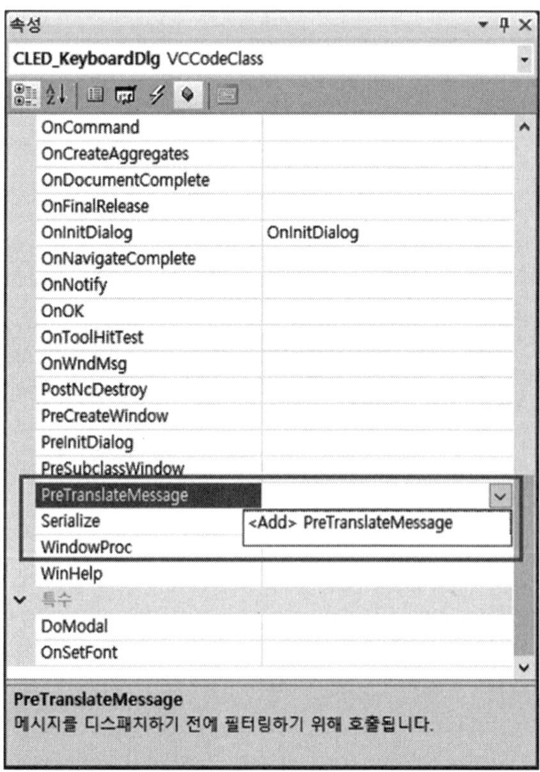

(8) 이벤트 생성을 확인한 후 아래 표와 같이 프로그램을 작성한다.

```
#include "stdafx.h"
#include "ledstepcontroll.h"
#include "ledstepcontrollDlg.h"

#include "imechatronics.h"

#define ppi_a 0
#define ppi_b 1
#define ppi_c 2
#define ppi_cr 3

unsigned char mode=0,thread=0,flag=0;

UINT THREAD(LPVOID PARAM);

#ifdef _DEBUG
#define new DEBUG_NEW
#undef THIS_FILE
static char THIS_FILE[] = __FILE__;
#endif

/////////////////////////////////////////////////////////////////////////////
// CAboutDlg dialog used for App About

class CAboutDlg : public CDialog
{
public:
	CAboutDlg();
```

```
// Dialog Data
	//{{AFX_DATA(CAboutDlg)
	enum { IDD = IDD_ABOUTBOX };
	//}}AFX_DATA

	// ClassWizard generated virtual function overrides
	//{{AFX_VIRTUAL(CAboutDlg)
	protected:
	virtual void DoDataExchange(CDataExchange* pDX);    // DDX/DDV support
	//}}AFX_VIRTUAL

// Implementation
protected:
	//{{AFX_MSG(CAboutDlg)
	//}}AFX_MSG
	DECLARE_MESSAGE_MAP()
};

CAboutDlg::CAboutDlg() : CDialog(CAboutDlg::IDD)
{
	//{{AFX_DATA_INIT(CAboutDlg)
	//}}AFX_DATA_INIT
}

void CAboutDlg::DoDataExchange(CDataExchange* pDX)
{
	CDialog::DoDataExchange(pDX);
	//{{AFX_DATA_MAP(CAboutDlg)
	//}}AFX_DATA_MAP
}
```

```
BEGIN_MESSAGE_MAP(CAboutDlg, CDialog)
	//{{AFX_MSG_MAP(CAboutDlg)
		// No message handlers
	//}}AFX_MSG_MAP
END_MESSAGE_MAP()

/////////////////////////////////////////////////////////////////////////////
// CLedstepcontrollDlg dialog

CLedstepcontrollDlg::CLedstepcontrollDlg(CWnd* pParent /*=NULL*/)
	: CDialog(CLedstepcontrollDlg::IDD, pParent)
{
	//{{AFX_DATA_INIT(CLedstepcontrollDlg)
		// NOTE: the ClassWizard will add member initialization here
	//}}AFX_DATA_INIT
	// Note that LoadIcon does not require a subsequent DestroyIcon in Win32
	m_hIcon = AfxGetApp()→LoadIcon(IDR_MAINFRAME);
}

void CLedstepcontrollDlg::DoDataExchange(CDataExchange* pDX)
{
	CDialog::DoDataExchange(pDX);
	//{{AFX_DATA_MAP(CLedstepcontrollDlg)
		// NOTE: the ClassWizard will add DDX and DDV calls here
	//}}AFX_DATA_MAP
}

BEGIN_MESSAGE_MAP(CLedstepcontrollDlg, CDialog)
	//{{AFX_MSG_MAP(CLedstepcontrollDlg)
```

```
	ON_WM_SYSCOMMAND()
	ON_WM_PAINT()
	ON_WM_QUERYDRAGICON()
	//}}AFX_MSG_MAP
END_MESSAGE_MAP()

/////////////////////////////////////////////////////////////////////////////
// CLedstepcontrollDlg message handlers

BOOL CLedstepcontrollDlg::OnInitDialog()
{
	CDialog::OnInitDialog();

	// Add "About..." menu item to system menu.

	// IDM_ABOUTBOX must be in the system command range.
	ASSERT((IDM_ABOUTBOX & 0xFFF0) == IDM_ABOUTBOX);
	ASSERT(IDM_ABOUTBOX < 0xF000);

	CMenu* pSysMenu = GetSystemMenu(FALSE);
	if (pSysMenu != NULL)
	{
		CString strAboutMenu;
		strAboutMenu.LoadString(IDS_ABOUTBOX);
		if (!strAboutMenu.IsEmpty())
		{
			pSysMenu->AppendMenu(MF_SEPARATOR);
			pSysMenu->AppendMenu(MF_STRING, IDM_ABOUTBOX,
strAboutMenu);
		}
```

```
    }

    // Set the icon for this dialog. The framework does this automatically
    //  when the application's main window is not a dialog
    SetIcon(m_hIcon, TRUE);                    // Set big icon
    SetIcon(m_hIcon, FALSE);                   // Set small icon

    if(InitDrv() <0)
    {
            AfxMessageBox("Dirve Status를 초기화할 수 없습니다.");
            return-1;
    }
    if(USBDrvInit() <0)
    {
            AfxMessageBox("USB Dirve를 Open 할 수 없습니다.");
            return -1;
    }
    Outputb(ppi_cr,0x89);
    Outputb(ppi_a,0x00);

    return TRUE;
}

void CLedstepcontrollDlg::OnSysCommand(UINT nID, LPARAM lParam)
{
    if ((nID & 0xFFF0) == IDM_ABOUTBOX)
    {
            CAboutDlg dlgAbout;
            dlgAbout.DoModal();
    }
```

```
	else
	{
		CDialog::OnSysCommand(nID, lParam);
	}
}

// If you add a minimize button to your dialog, you will need the code below
//  to draw the icon.  For MFC applications using the document/view model,
//  this is automatically done for you by the framework.

void CLedstepcontrollDlg::OnPaint()
{
	if (IsIconic())
	{
		CPaintDC dc(this); // device context for painting

		SendMessage(WM_ICONERASEBKGND, (WPARAM) dc.GetSafeHdc(), 0);

		// Center icon in client rectangle
		int cxIcon = GetSystemMetrics(SM_CXICON);
		int cyIcon = GetSystemMetrics(SM_CYICON);
		CRect rect;
		GetClientRect(&rect);
		int x = (rect.Width() - cxIcon + 1) / 2;
		int y = (rect.Height() - cyIcon + 1) / 2;

		// Draw the icon
		dc.DrawIcon(x, y, m_hIcon);
	}
	else
```

```
	{
		CDialog::OnPaint();
	}
}

// The system calls this to obtain the cursor to display while the user drags
//  the minimized window.
HCURSOR CLedstepcontrollDlg::OnQueryDragIcon()
{
	return (HCURSOR) m_hIcon;
}
UINT THREAD(LPVOID PARAM)
{
	thread = 1;
	flag = 1;
	do
	{
		switch(mode)
		{
		case 0:
				Outputb(ppi_a, 0x01);
				Sleep(1000);
				mode++;
				break;

		case 1:
				Outputb(ppi_a, 0x02);
				Sleep(1000);
				mode++;
				break;
```

```
case 2:
            Outputb(ppi_a, 0x04);
            Sleep(1000);
            mode++;
            break;

case 3:
            Outputb(ppi_a, 0x08);
            Sleep(1000);
            mode++;
            break;

case 4:
            Outputb(ppi_a, 0x10);
            Sleep(1000);
            mode++;
            break;

case 5:
            Outputb(ppi_a, 0x20);
            Sleep(1000);
            mode++;
            break;

case 6:
            Outputb(ppi_a, 0x40);
            Sleep(1000);
            mode++;
            break;
```

```
		case 7:
				Outputb(ppi_a, 0x80);
				Sleep(1000);
				mode=0;
				break;
		}

	}while(flag);
	thread=0;
	return 0;
}

BOOL CLedstepcontrollDlg::PreTranslateMessage(MSG* pMsg)
{
		if(pMsg→message == WM_KEYDOWN)
	{
		if(pMsg→wParam == 'S')
		{
			mode=0;
			if(thread==0)
				AfxBeginThread(THREAD, NULL);
		}
	}

if(pMsg→message == WM_KEYDOWN)
{
	if(pMsg→wParam == 'E')
	{
		flag=0;
			Outputb(ppi_a,0x00);
```

```
        }
}

        return CDialog::PreTranslateMessage(pMsg);
}
```

```
BOOL CLedstepcontrollDlg::PreTranslateMessage(MSG* pMsg)
{
                if(pMsg→message == WM_KEYDOWN)
        {
                if(pMsg→wParam == 'S')
                {
                        mode=0;
                        if(thread==0)
                                AfxBeginThread(THREAD, NULL);
                }
        }

if(pMsg→message == WM_KEYDOWN)
{
        if(pMsg→wParam == 'E')
        {
                flag=0;
                        Outputb(ppi_a,0x00);
        }
}

        return CDialog::PreTranslateMessage(pMsg);
}
```

```
void CLedstepcontrollDlg::OnCancel()
{
        USBDrvClose();
        CDialog::OnCancel();
}
```

3) 작성 완료된 프로그램으로 시뮬레이션을 시작한다.

시뮬레이션의 순서로는 MPS Lab의 시뮬레이션 실행 버튼을 먼저 실행하고 Visual Studio에서 상단 메뉴의 빌드 탭을 클릭하고 솔루션 빌드를 클릭하여 프로그램 빌드를 시작한다.

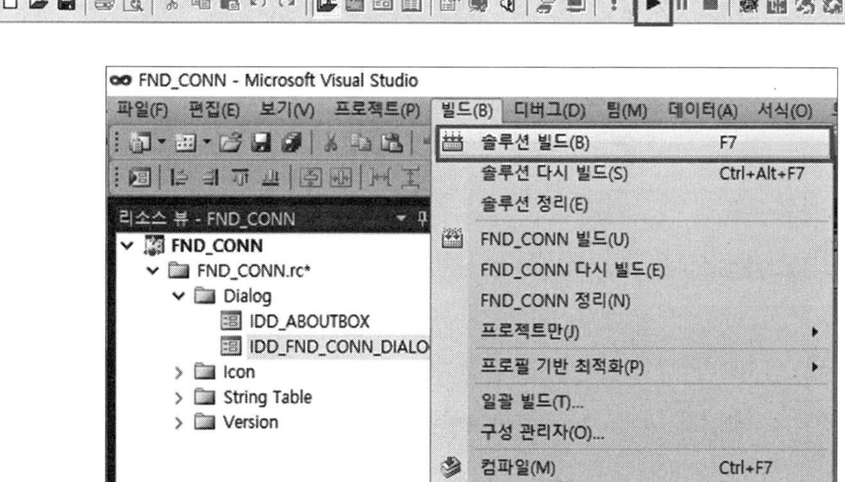

5 FND 구동

1) MPS Lab에서 아래의 그림과 같이 부품을 배치하고 배선한다.

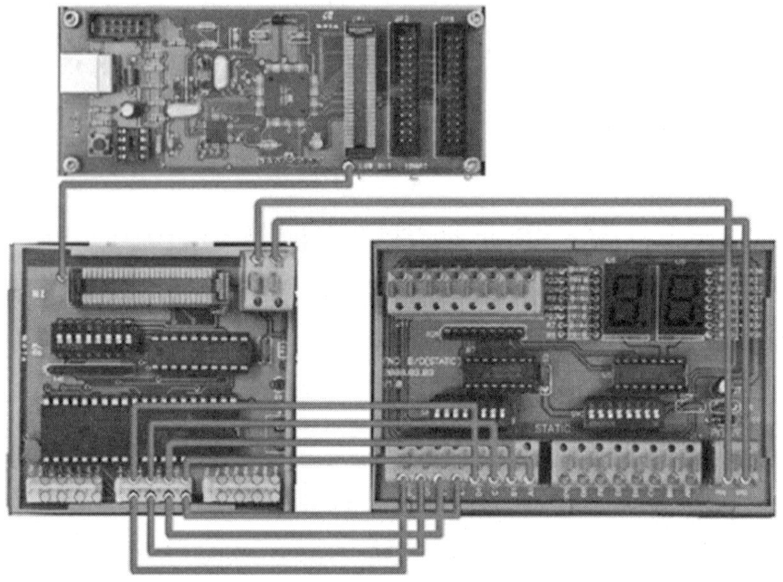

사용 부품

- USB BUS Board - 8255 Board - FND Board(STATIC)

① USB 보드의 JP1과 8255 보드를 연결한다.

② 8255 보드의 전원을 FND 보드에 연결한다.

③ 8255 보드의 B 포트를 순차적으로 FND 보드의 A1~D.P1까지 연결한다.

2) 프로그램 작성

(1) 프로젝트명을 FND_CON으로 설정한 뒤 'MFC 응용 프로그램'을 선택하여 새 프로젝트를 생성한다.

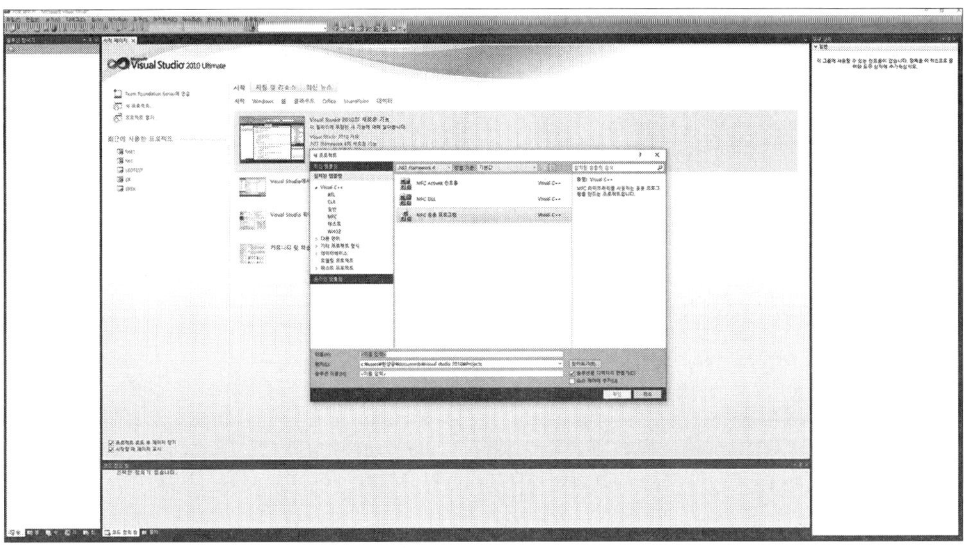

(2) 'MFC 응용 프로그램 마법사 - Step 1'에서 '대화상자 기반'을 선택하고 '마침'을 선택한다.

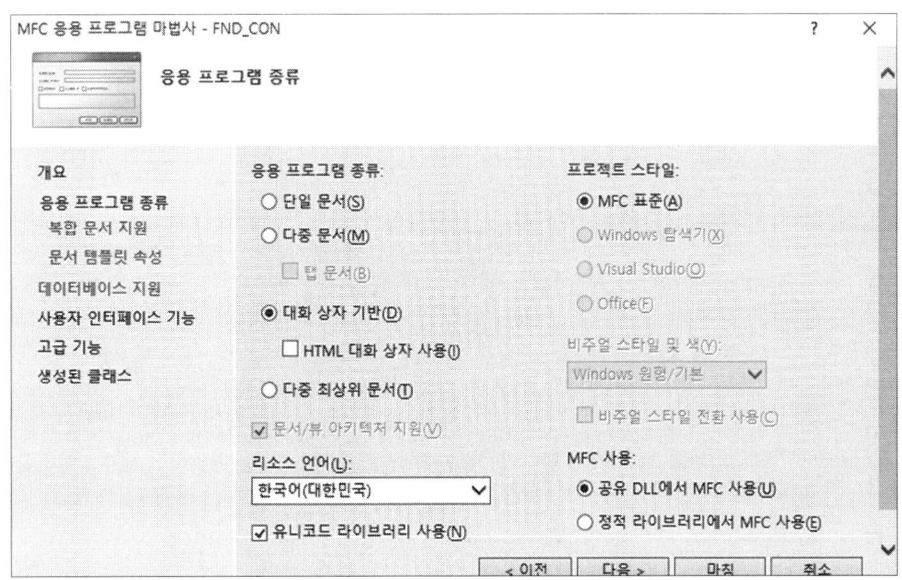

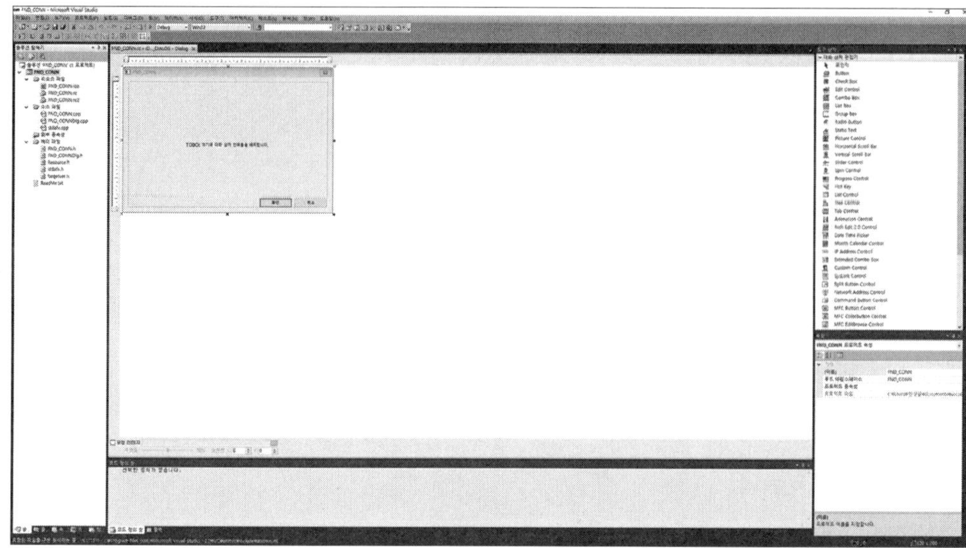

(3) 우측 상단 도구상자에서 Button을 선택하여 다이얼로그 박스에 버튼을 만들고 각 버튼의 Properties를 다음 표와 같이 설정한다. Properties는 우측 하단의 속성창에서 설정할 수 있다.

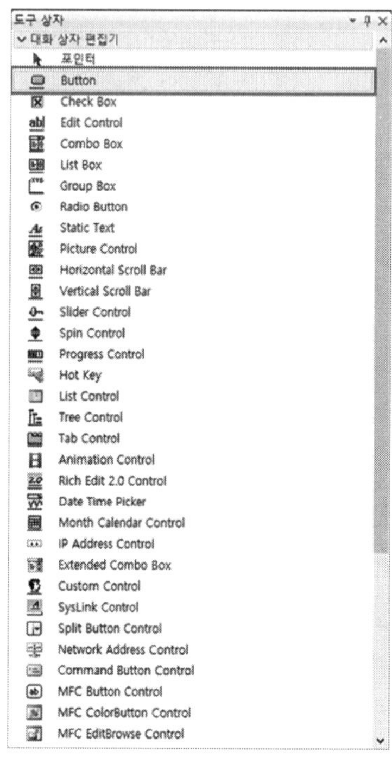

순번	컨트롤	프로퍼티	설정
1	Button	ID	IDC_NUMON0
		Caption	0
2	Button	ID	IDC_NUMON1
		Caption	1
3	Button	ID	IDC_NUMON2
		Caption	2
4	Button	ID	IDC_NUMON3
		Caption	3
5	Button	ID	IDC_NUMON4
		Caption	4
6	Button	ID	IDC_NUMON5
		Caption	5
7	Button	ID	IDC_NUMON6
		Caption	6
8	Button	ID	IDC_NUMON7
		Caption	7
9	Button	ID	IDC_NUMON8
		Caption	8
10	Button	ID	IDC_NUMON9
		Caption	9
11	Button	ID	IDC_NUMINC
		Caption	증가
12	Button	ID	IDC_NUMDEC
		Caption	감소
13	Button	ID	IDC_NUMEXIT
		Caption	종료

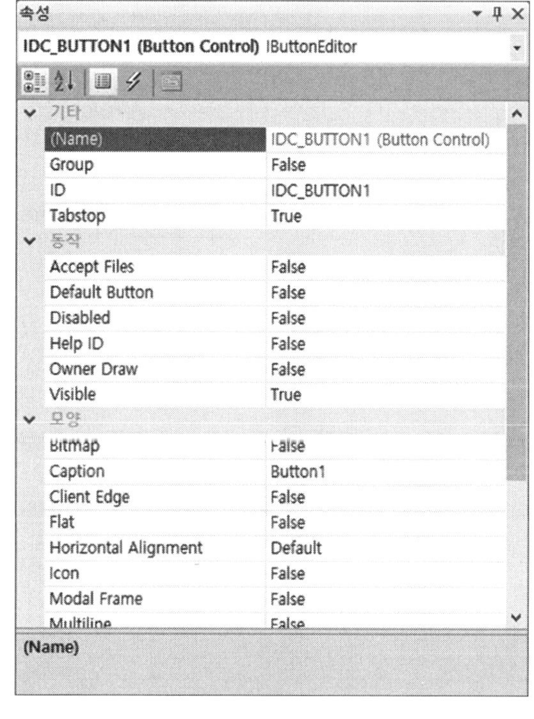

(4) 각 버튼에 해당하는 이벤트 핸들러를 생성한다. 생성한 버튼을 우클릭하고 '이벤트 처리기 추가'를 선택한다. 이벤트 핸들러 다이얼로그 박스가 생성되면 BN_CLICKED를 선택하여 이벤트를 생성한다.

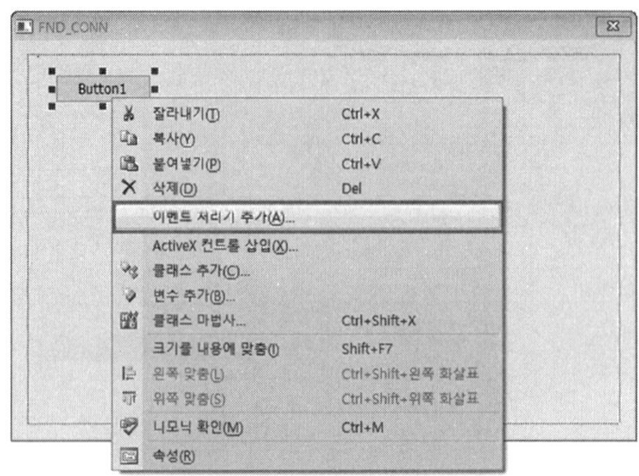

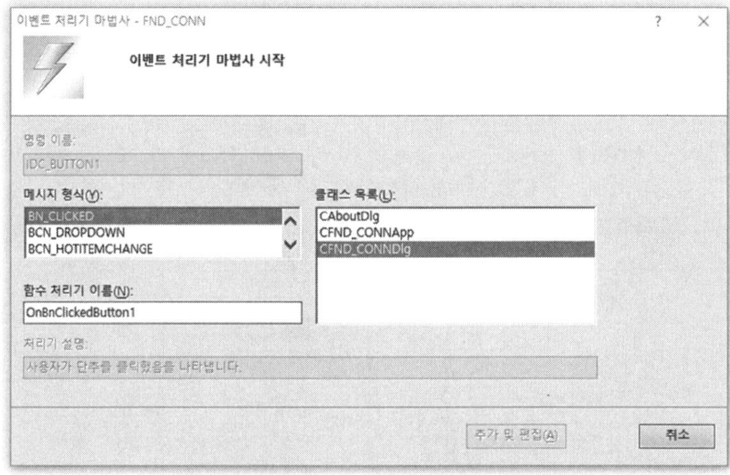

(5) 이벤트 생성을 확인한 후 다음 표와 같이 프로그램을 작성한다.

```
#include "stdafx.h"
#include "FND_CON.h"
#include "FND_CONDlg.h"
// Install CD의 PC_Control_Header_File 폴더에 위치
#include <imechatronics_MPSLabv2.h>
```

```
#ifdef _DEBUG
#define new DEBUG_NEW
#undef THIS_FILE
static char THIS_FILE[] = __FILE__;
#endif

#define    PPI_A      0
#define    PPI_B      1
#define    PPI_C      2
#define    PPI_CR      3

// FND DATA

unsigned char FND_NUM[10] = {0xc0,0xf9,0xa4,0xb0,0x99,0x92,0x83,0xf8,0x80,
0x98};
unsigned char flag;
unsigned char cnt, cnt1, cnt2;
unsigned char Dir;

UINT RunFND(LPVOID lpParam);
////////////////////////////////////////////////////////////////////////////////////////////////

BOOL CFND_CONDlg::OnInitDialog()
{
   CDialog::OnInitDialog();
   // Add "About..." menu item to system menu.
   // IDM_ABOUTBOX must be in the system command range.
   ASSERT((IDM_ABOUTBOX & 0xFFF0) == IDM_ABOUTBOX);
   ASSERT(IDM_ABOUTBOX < 0xF000);
   CMenu* pSysMenu = GetSystemMenu(FALSE);
```

```
    if (pSysMenu != NULL)
    {
        CString strAboutMenu;
        strAboutMenu.LoadString(IDS_ABOUTBOX);
        if (!strAboutMenu.IsEmpty())
        {
            pSysMenu→AppendMenu(MF_SEPARATOR);
            pSysMenu→AppendMenu(MF_STRING, IDM_ABOUTBOX, strAboutMenu);
        }
    }
    // Set the icon for this dialog. The framework does this automatically
    //  when the application's main window is not a dialog

    SetIcon(m_hIcon, TRUE);         // Set big icon
    SetIcon(m_hIcon, FALSE);        // Set small icon


    // TODO: Add extra initialization here


    if(InitDrv() < 0) return -1; // 드라이버 초기화
    if(USBDrvInit() < 0) return -1; //드라이버 사용

    Outputb(PPI_CR, 0x89); //8255 초기화 설정(A, B 출력 C 입력)
    Outputb(PPI_A, 0xff);
    Outputb(PPI_B, FND_NUM[0]);

    return TRUE;  // return TRUE  unless you set the focus to a control
}
```

```
////////////////////////////////////////////////////////////////////////////

void CFND_CONDlg::OnNumon0()
{
   // TODO: Add your control notification handler code here
   flag = 0;
   Outputb(PPI_B,FND_NUM[0]);
//  Inputb(PPI_C);
}

void CFND_CONDlg::OnNumon1()
{
   // TODO: Add your control notification handler code here
   flag = 0;
   Outputb(PPI_B,FND_NUM[1]);
}

void CFND_CONDlg::OnNumon2()
{
   // TODO: Add your control notification handler code here
   flag = 0;
   Outputb(PPI_B,FND_NUM[2]);
}

void CFND_CONDlg::OnNumon3()
```

```
{
    // TODO: Add your control notification handler code here
    flag = 0;
    Outputb(PPI_B,FND_NUM[3]);
}

void CFND_CONDlg::OnNumon4()
{
    // TODO: Add your control notification handler code here
    flag = 0;
    Outputb(PPI_B,FND_NUM[4]);
}

void CFND_CONDlg::OnNumon5()
{
    // TODO: Add your control notification handler code here
    flag = 0;
    Outputb(PPI_B,FND_NUM[5]);
}

void CFND_CONDlg::OnNumon6()
{
    // TODO: Add your control notification handler code here
    flag = 0;
    Outputb(PPI_B,FND_NUM[6]);
}
```

```
void CFND_CONDlg::OnNumon7()
{
   // TODO: Add your control notification handler code here
   flag = 0;
   Outputb(PPI_B,FND_NUM[7]);
}

void CFND_CONDlg::OnNumon8()
{
   // TODO: Add your control notification handler code here
   flag = 0;
   Outputb(PPI_B,FND_NUM[8]);
}

void CFND_CONDlg::OnNumon9()
{
   // TODO: Add your control notification handler code here
   flag = 0;
   Outputb(PPI_B,FND_NUM[9]);
}

UINT RunFND(LPVOID lpParam)
{
   flag = 1;
   do{
      Outputb(PPI_B, FND_NUM[cnt]);
      Sleep(500);
      if( Dir == 'D')
```

```
        {
            cnt--;
            if(cnt ==0xff)
                cnt= 9;
        }
        if(Dir =='I')
        {
            cnt++;
            if(cnt == 10)
                cnt = 0;
        }

    }while(flag);
    return 0;
}

void CFND_CONDlg::OnNuminc()
{
    // TODO: Add your control notification handler code here
    AfxBeginThread(RunFND,NULL);
    Dir = 'I';
}

void CFND_CONDlg::OnNumdec()
{
    // TODO: Add your control notification handler code here
    AfxBeginThread(RunFND,NULL);
    Dir = 'D';
}
```

```
void CFND_CONDlg::OnFndexit()
{
   // TODO: Add your control notification handler code here
   USBDrvClose();
   OnOK();
}
```

3) 작성 완료된 프로그램으로 시뮬레이션을 시작한다.

시뮬레이션의 순서로는 MPS Lab의 시뮬레이션 실행 버튼을 먼저 실행하고 Visual Studio에서 상단 메뉴의 빌드 탭을 클릭하고 솔루션 빌드를 클릭하여 프로그램 빌드를 시작한다.

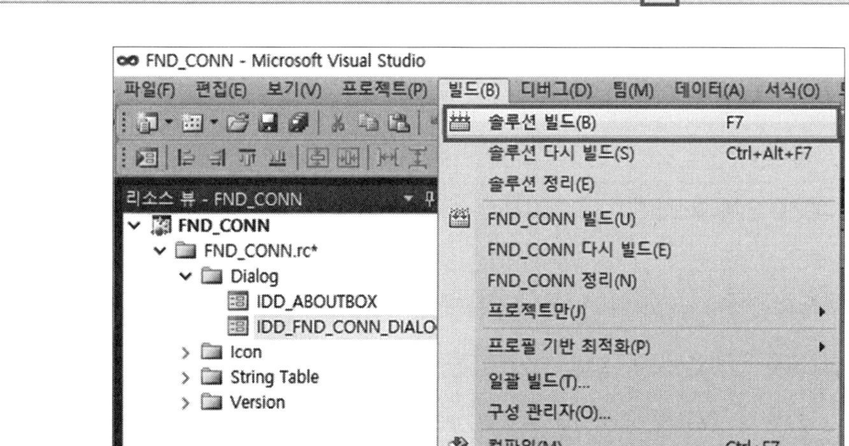

6 Button 사용 및 Keyboard를 사용한 FND 제어 및 수동 증감

1) MPS Lab에서 아래의 그림과 같이 부품을 배치하고 배선한다.

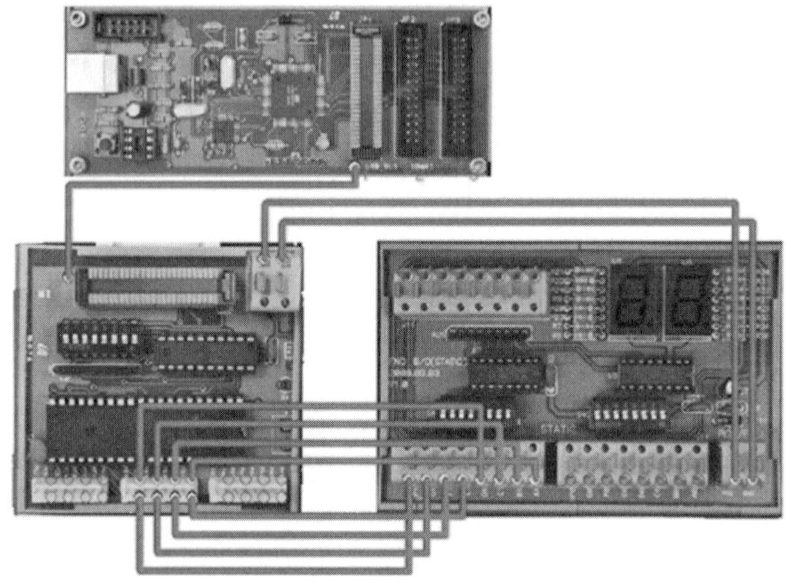

사용 부품

- USB BUS Board　　- 8255 Board　　- FND Board(STATIC)

① USB 보드의 JP1과 8255 보드를 연결한다.

② 8255 보드의 전원을 FND 보드에 연결한다.

③ 8255 보드의 B 포트를 순차적으로 FND 보드의 A1~D.P1까지 연결한다.

2) 프로그램 작성

(1) 프로젝트명을 FND으로 설정한 뒤 'MFC 응용 프로그램'을 선택하여 새 프로젝트를 생성한다.

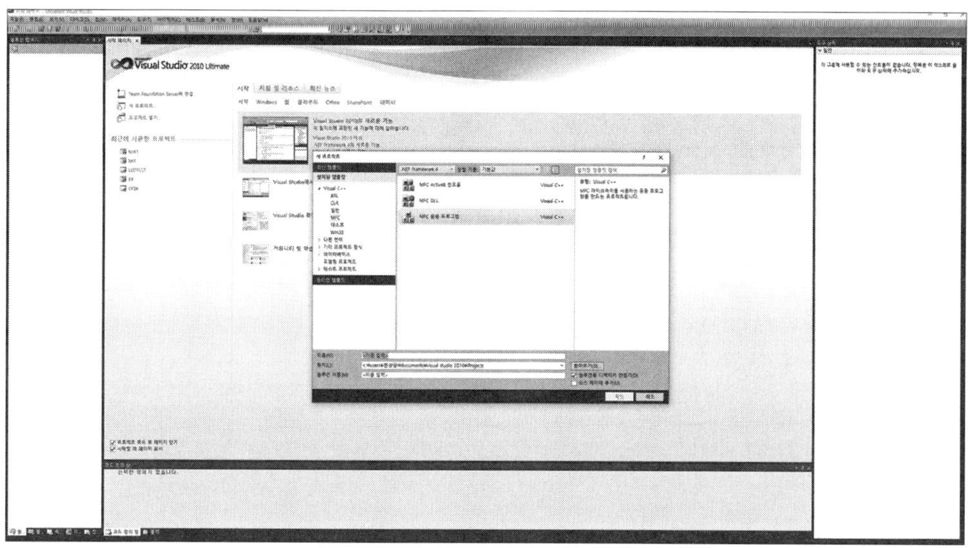

(2) 'MFC 응용 프로그램 마법사 – Step 1'에서 '대화상자 기반'을 선택하고 '마침'을 선택한다.

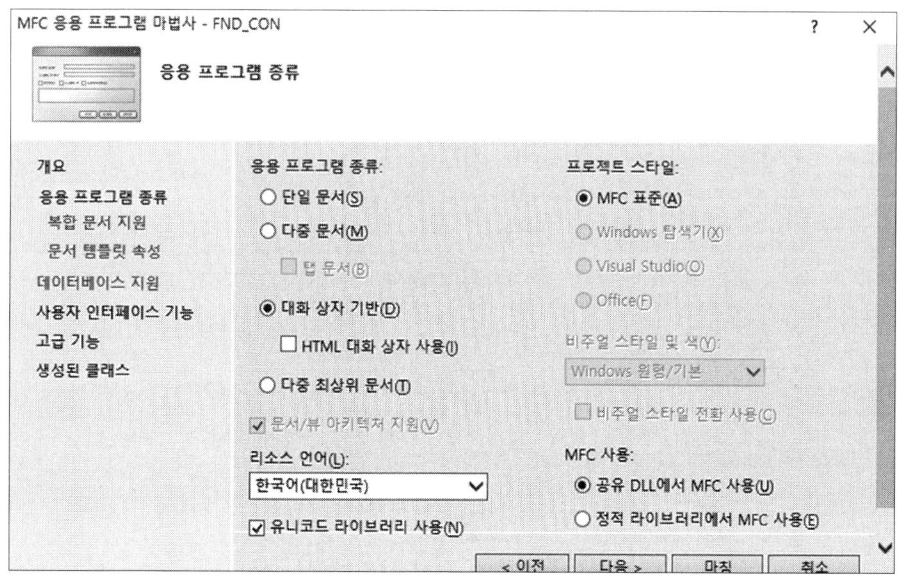

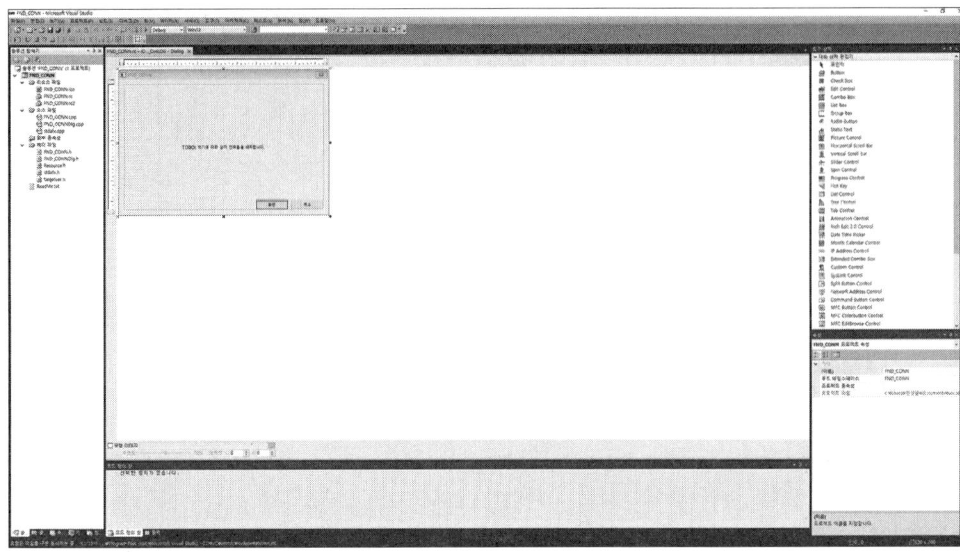

(3) 우측 상단 도구상자에서 Static Text와 Button을 선택하여 다이얼로그 박스에 버튼/텍스트를 만들고 각 버튼/텍스트의 Properties를 다음 표와 같이 설정한다. Properties는 우측 하단의 속성창에서 설정할 수 있다.

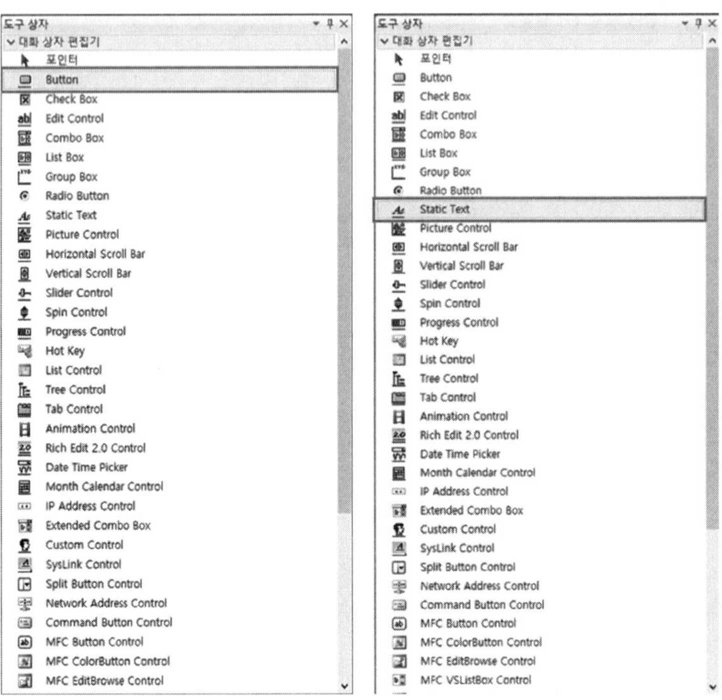

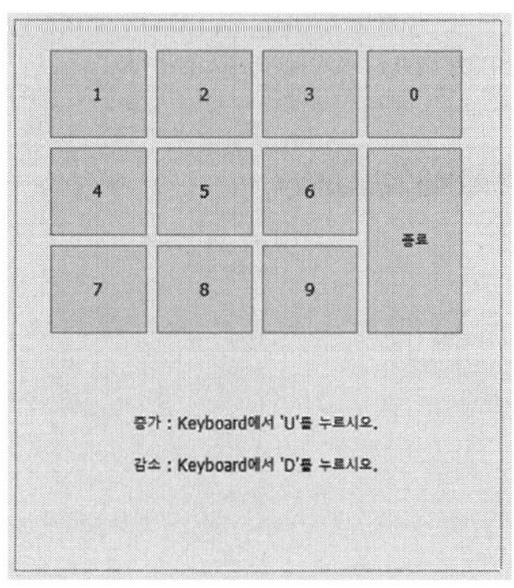

순번	컨트롤	프로퍼티	설정
1	Button	ID	IDC_BUTTON1
		Caption	1
2	Button	ID	IDC_BUTTON2
		Caption	2
3	Button	ID	IDC_BUTTON3
		Caption	3
4	Button	ID	IDC_BUTTON4
		Caption	4
5	Button	ID	IDC_BUTTON5
		Caption	5
6	Button	ID	IDC_BUTTON6
		Caption	6
7	Button	ID	IDC_BUTTON7
		Caption	7
8	Button	ID	IDC_BUTTON8
		Caption	8
9	Button	ID	IDC_BUTTON9
		Caption	9
10	Button	ID	IDC_BUTTON10
		Caption	10
11	Button	ID	IDC_OnCancel
		Caption	종료
12	Static Text	ID	IDC_STATIC1
		Caption	증가 : ~~
13	Static Text	ID	IDC_STATIC2
		Caption	감소 : ~~

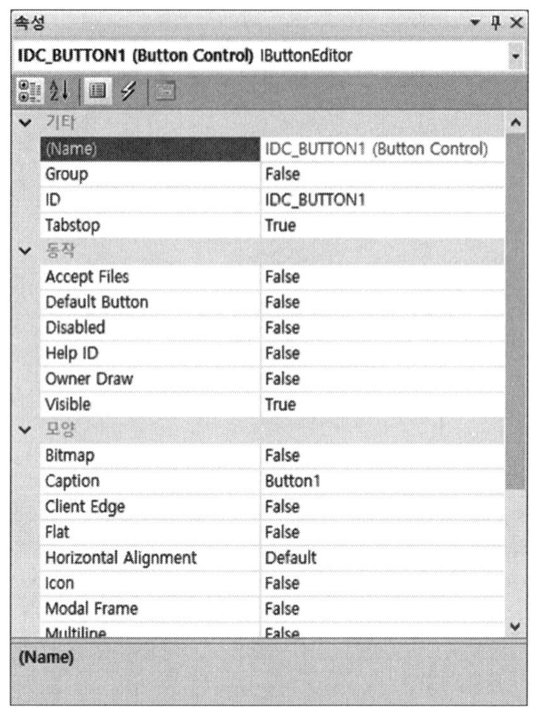

(4) 각 버튼에 해당하는 이벤트 핸들러를 생성한다. 생성한 버튼을 우클릭하고 '이벤트 처리기 추가'를 선택한다. 이벤트 핸들러 다이얼로그 박스가 생성되면 BN_CLICKED를 선택하여 이벤트를 생성한다.

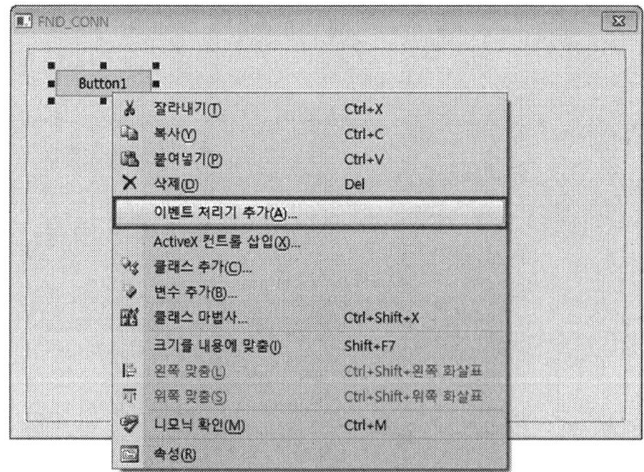

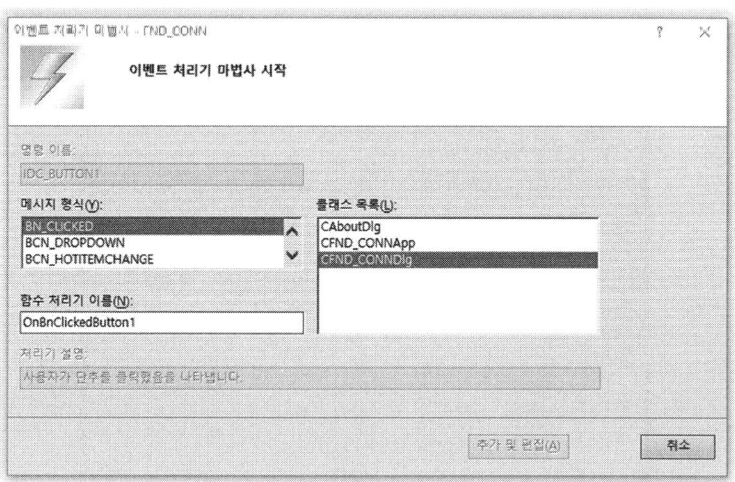

(5) Keyboard 입력을 인식하는 PreTranslate-Message를 추가해야 한다. 먼저 좌측 프로젝트 창 하단에서 '클래스 뷰'를 선택한 뒤, 클래스 뷰 목록에 있는 'CLED_KeyboardDlg'를 선택한다.

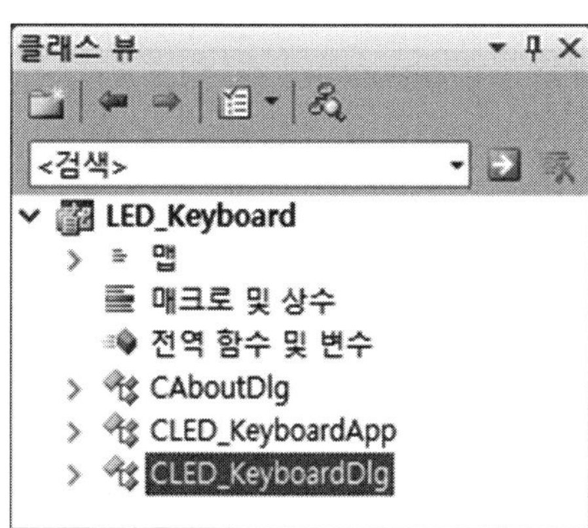

(6) 우측 하단의 속성창에서 그림에 표시된 '재정의' 버튼을 클릭한다.

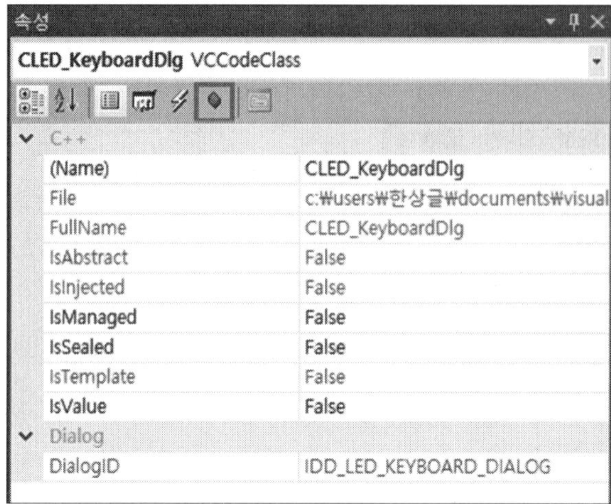

(7) 이후 목록에서 'PreTranslateMessage'를 선택한 뒤, 우측 화살표를 누르고 〈ADD〉 PreTranslateMessage를 선택한다.

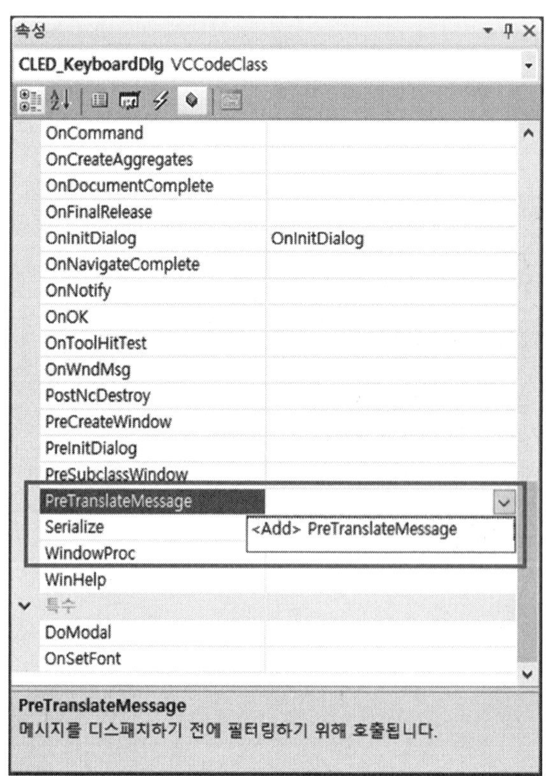

(8) 이벤트 생성을 확인한 후 아래 표와 같이 프로그램을 작성한다.

```
#include "stdafx.h"
#include "fnd.h"
#include "fndDlg.h"

#include<imechatronics.h>

#define ppi_a 0
#define ppi_b 1
#define ppi_c 2
#define ppi_cr 3

unsigned char mode=0,Thread=0,flag=0,count=0;
unsigned char fnd[]={0xc0,0xf9,0xa4,0xb0,0x99,0x92,0x83,0xf8,0x80,0x98};

UINT FND(LPVOID Param);

#ifdef _DEBUG
#define new DEBUG_NEW
#undef THIS_FILE
static char THIS_FILE[] = __FILE__;
#endif

/////////////////////////////////////////////////////////////////////////////
// CAboutDlg dialog used for App About

class CAboutDlg : public CDialog
{
public:
	CAboutDlg();
```

```
// Dialog Data
	//{{AFX_DATA(CAboutDlg)
	enum { IDD = IDD_ABOUTBOX };
	//}}AFX_DATA

	// ClassWizard generated virtual function overrides
	//{{AFX_VIRTUAL(CAboutDlg)
	protected:
	virtual void DoDataExchange(CDataExchange* pDX);    // DDX/DDV support
	//}}AFX_VIRTUAL

// Implementation
protected:
	//{{AFX_MSG(CAboutDlg)
	//}}AFX_MSG
	DECLARE_MESSAGE_MAP()
};

CAboutDlg::CAboutDlg() : CDialog(CAboutDlg::IDD)
{
	//{{AFX_DATA_INIT(CAboutDlg)
	//}}AFX_DATA_INIT
}

void CAboutDlg::DoDataExchange(CDataExchange* pDX)
{
	CDialog::DoDataExchange(pDX);
	//{{AFX_DATA_MAP(CAboutDlg)
	//}}AFX_DATA_MAP
```

```
}

BEGIN_MESSAGE_MAP(CAboutDlg, CDialog)
	//{{AFX_MSG_MAP(CAboutDlg)
		// No message handlers
	//}}AFX_MSG_MAP
END_MESSAGE_MAP()

/////////////////////////////////////////////////////////////////////////////
// CFndDlg dialog

CFndDlg::CFndDlg(CWnd* pParent /*=NULL*/)
	: CDialog(CFndDlg::IDD, pParent)
{
	//{{AFX_DATA_INIT(CFndDlg)
		// NOTE: the ClassWizard will add member initialization here
	//}}AFX_DATA_INIT
	// Note that LoadIcon does not require a subsequent DestroyIcon in Win32
	m_hIcon = AfxGetApp()→LoadIcon(IDR_MAINFRAME);
}

void CFndDlg::DoDataExchange(CDataExchange* pDX)
{
	CDialog::DoDataExchange(pDX);
	//{{AFX_DATA_MAP(CFndDlg)
		// NOTE: the ClassWizard will add DDX and DDV calls here
	//}}AFX_DATA_MAP
}

BEGIN_MESSAGE_MAP(CFndDlg, CDialog)
```

```
	//{{AFX_MSG_MAP(CFndDlg)
	ON_WM_SYSCOMMAND()
	ON_WM_PAINT()
	ON_WM_QUERYDRAGICON()
	ON_BN_CLICKED(IDC_BUTTON1, OnButton1)
	ON_BN_CLICKED(IDC_BUTTON10, OnButton10)
	ON_BN_CLICKED(IDC_BUTTON2, OnButton2)
	ON_BN_CLICKED(IDC_BUTTON3, OnButton3)
	ON_BN_CLICKED(IDC_BUTTON4, OnButton4)
	ON_BN_CLICKED(IDC_BUTTON5, OnButton5)
	ON_BN_CLICKED(IDC_BUTTON6, OnButton6)
	ON_BN_CLICKED(IDC_BUTTON7, OnButton7)
	ON_BN_CLICKED(IDC_BUTTON8, OnButton8)
	ON_BN_CLICKED(IDC_BUTTON9, OnButton9)
	//}}AFX_MSG_MAP
END_MESSAGE_MAP()

/////////////////////////////////////////////////////////////////////////////
// CFndDlg message handlers

BOOL CFndDlg::OnInitDialog()
{
	CDialog::OnInitDialog();

	// Add "About..." menu item to system menu.

	// IDM_ABOUTBOX must be in the system command range.
	ASSERT((IDM_ABOUTBOX & 0xFFF0) == IDM_ABOUTBOX);
	ASSERT(IDM_ABOUTBOX < 0xF000);
```

```
        CMenu* pSysMenu = GetSystemMenu(FALSE);
        if (pSysMenu != NULL)
        {
                CString strAboutMenu;
                strAboutMenu.LoadString(IDS_ABOUTBOX);
                if (!strAboutMenu.IsEmpty())
                {
                        pSysMenu→AppendMenu(MF_SEPARATOR);
                        pSysMenu→AppendMenu(MF_STRING, IDM_ABOUTBOX,
strAboutMenu);
                }
        }

        // Set the icon for this dialog. The framework does this automatically
        //  when the application's main window is not a dialog
        SetIcon(m_hIcon, TRUE);                 // Set big icon
        SetIcon(m_hIcon, FALSE);                // Set small icon

        // TODO: Add extra initialization here
                if(InitDrv()<0)
        {
                AfxMessageBox("Dirve Status를 초기화할 수 없습니다.");
                return-1;
        }
        if(USBDrvInit()<0)
        {
                AfxMessageBox("USB Dirve를 Open 할 수 없습니다.");
                return -1;
        }
        Outputb(ppi_cr,0x89);
```

```
	Outputb(ppi_a,fnd[0]);
	return TRUE;  // return TRUE  unless you set the focus to a control
}

void CFndDlg::OnSysCommand(UINT nID, LPARAM lParam)
{
	if ((nID & 0xFFF0) == IDM_ABOUTBOX)
	{
		CAboutDlg dlgAbout;
		dlgAbout.DoModal();
	}
	else
	{
		CDialog::OnSysCommand(nID, lParam);
	}
}

// If you add a minimize button to your dialog, you will need the code below
//  to draw the icon.  For MFC applications using the document/view model,
//  this is automatically done for you by the framework.

void CFndDlg::OnPaint()
{
	if (IsIconic())
	{
		CPaintDC dc(this); // device context for painting

		SendMessage(WM_ICONERASEBKGND, (WPARAM) dc.GetSafeHdc(), 0);

		// Center icon in client rectangle
```

```
            int cxIcon = GetSystemMetrics(SM_CXICON);
            int cyIcon = GetSystemMetrics(SM_CYICON);
            CRect rect;
            GetClientRect(&rect);
            int x = (rect.Width() - cxIcon + 1) / 2;
            int y = (rect.Height() - cyIcon + 1) / 2;

            // Draw the icon
            dc.DrawIcon(x, y, m_hIcon);
      }
      else
      {
            CDialog::OnPaint();
      }
}

// The system calls this to obtain the cursor to display while the user drags
//  the minimized window.
HCURSOR CFndDlg::OnQueryDragIcon()
{
      return (HCURSOR) m_hIcon;
}

BOOL CFndDlg::PreTranslateMessage(MSG* pMsg)
{
      if(pMsg→message == WM_KEYDOWN)
      {
            if(pMsg→wParam == 'U')
            {
                  if(Thread==0)
```

```
                        AfxBeginThread(FND,NULL);

                mode=1;
            }
    }
    if(pMsg→message == WM_KEYDOWN)
    {
            if(pMsg→wParam == 'D')
            {
                    if(Thread==0)
                            AfxBeginThread(FND,NULL);
                    mode=2;
            }
    }
    return CDialog::PreTranslateMessage(pMsg);
}

void CFndDlg::OnButton1()
{
    flag=0;
    Outputb(ppi_a,fnd[0]);
}

void CFndDlg::OnButton2()
{
    flag=0;
    Outputb(ppi_a,fnd[1]);
}

void CFndDlg::OnButton3()
```

```
{
    flag=0;
    Outputb(ppi_a,fnd[2]);
}

void CFndDlg::OnButton4()
{
    flag=0;
    Outputb(ppi_a,fnd[3]);
}

void CFndDlg::OnButton5()
{
    flag=0;
    Outputb(ppi_a,fnd[4]);
}

void CFndDlg::OnButton6()
{
    flag=0;
    Outputb(ppi_a,fnd[5]);
}

void CFndDlg::OnButton7()
{
    flag=0;
    Outputb(ppi_a,fnd[6]);
}

void CFndDlg::OnButton8()
```

```
{
        flag=0;
        Outputb(ppi_a,fnd[7]);

}

void CFndDlg::OnButton9()
{
        flag=0;
        Outputb(ppi_a,fnd[8]);

}
void CFndDlg::OnButton10()
{
        flag=0;
        Outputb(ppi_a,fnd[9]);
}

void CFndDlg::OnCancel()
{
                flag=0;
                USBDrvClose();
        CDialog::OnCancel();
}
UINT FND(LPVOID Param)
{
        Thread=1;
        flag=1;
        do
        {
```

```
			Outputb(ppi_a,fnd[count]);
			Sleep(500);
			if(mode==1)
			{
				count++;
				if(count==10)
					count=0;
			}
			if(mode==2)
			{
				count--;
				if(count==0xff)
					count=9;
			}
		}while(flag);
		Thread=0;
		return 0;
}
```

3) 작성 완료된 프로그램으로 시뮬레이션을 시작한다.

시뮬레이션의 순서로는 MPS Lab의 시뮬레이션 실행 버튼을 먼저 실행하고 Visual Studio에서 상단 메뉴의 빌드 탭을 클릭하고 솔루션 빌드를 클릭하여 프로그램 빌드를 시작한다.

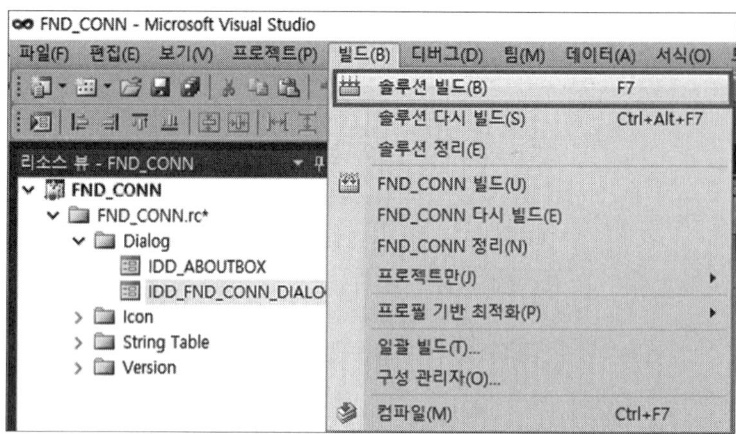

7 FND 구동

1) MPS Lab에서 아래의 그림과 같이 부품을 배치하고 배선한다.

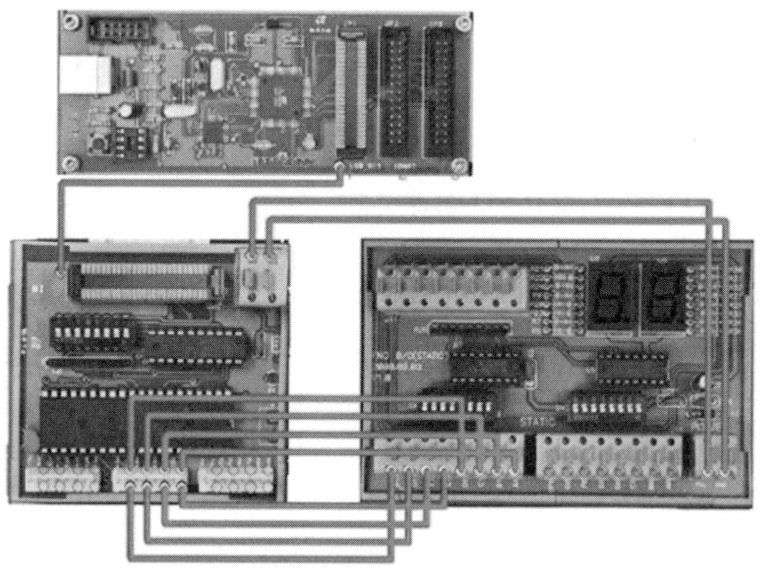

사용 부품

- USB BUS Board - 8255 Board - FND Board(STATIC)

① USB 보드의 JP1과 8255 보드를 연결한다.

② 8255 보드의 전원을 FND 보드에 연결한다.

③ 8255 보드의 B 포트를 순차적으로 FND 보드의 A1~D.P1까지 연결한다.

2) 프로그램 작성

(1) 프로젝트명을 edit_fnd으로 설정한 뒤 'MFC 응용 프로그램'을 선택하여 새 프로젝트를 생성한다.

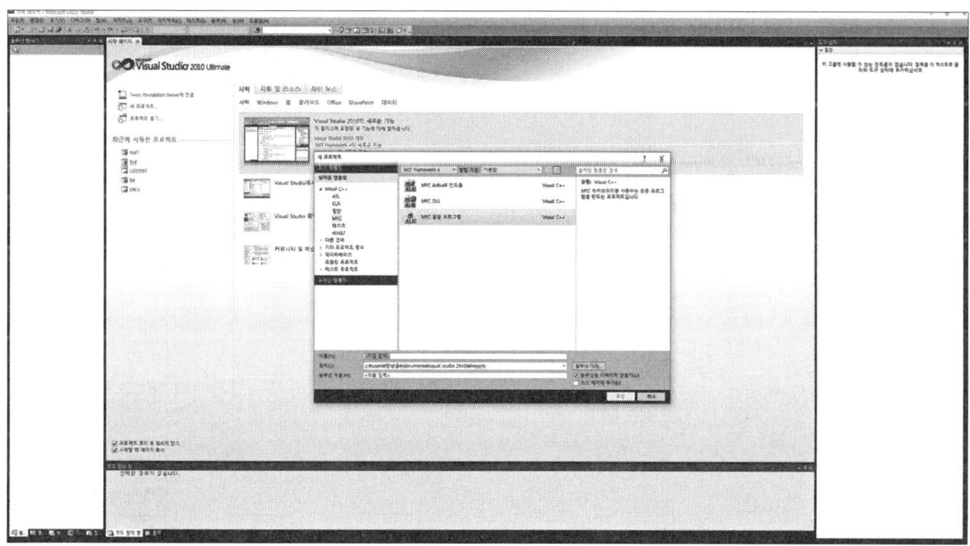

(2) 'MFC 응용 프로그램 마법사 - Step 1'에서 '대화상자 기반'을 선택하고 '마침'을 선택한다.

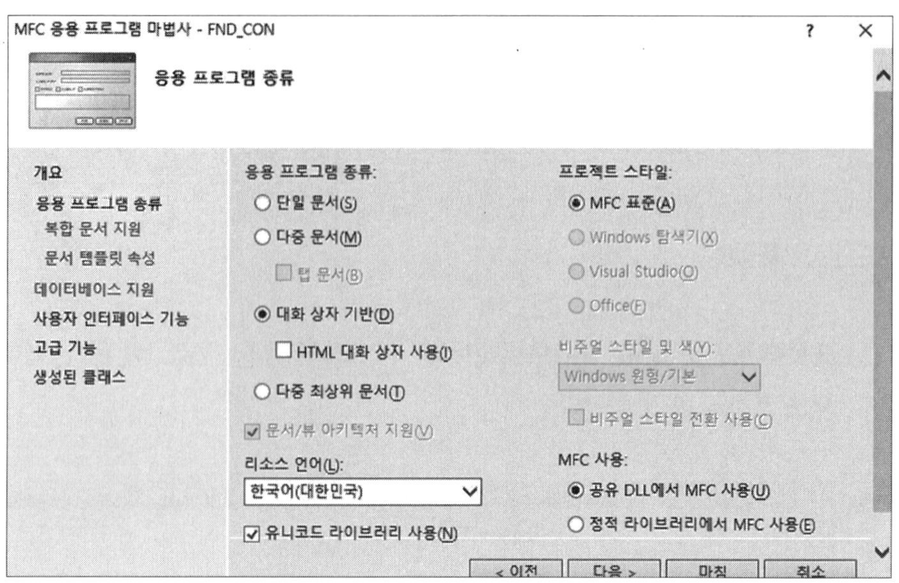

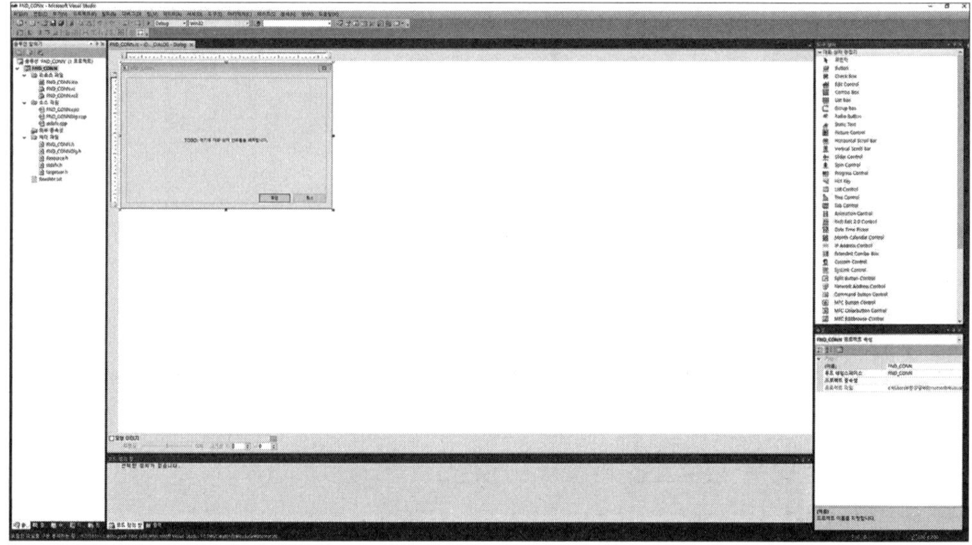

(3) 우측 상단 도구상자에서 Edit Control과 Button을 선택하여 다이얼로그 박스에 각 개체를 만들고 각 버튼의 Properties를 다음 표와 같이 설정한다. Properties는 우측 하단의 속성창에서 설정할 수 있다.

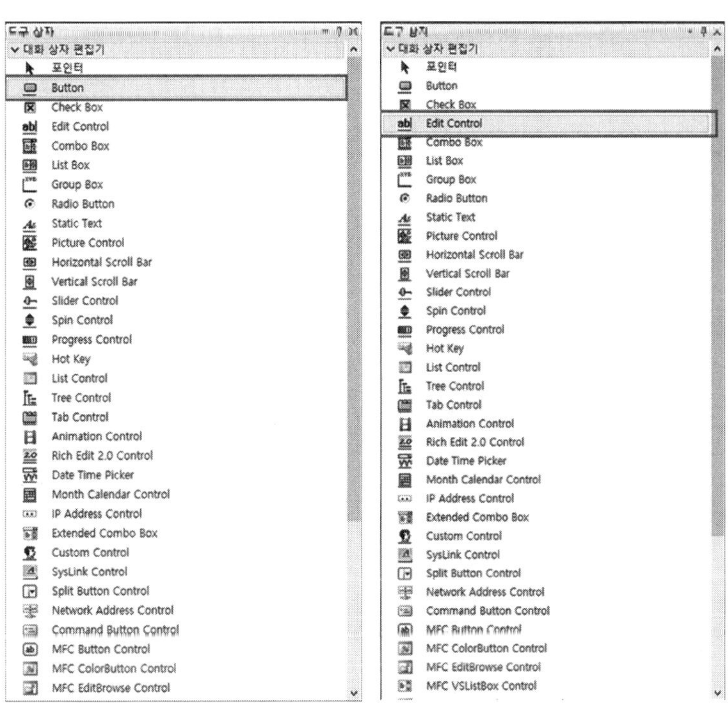

순번	컨트롤	프로퍼티	설정
1	Check Box	ID	IDC_CHECK1
		Caption	FND1
2	Check Box	ID	IDC_CHECK2
		Caption	FND2
3	Edit Control	ID	IDC_EDIT1
		Caption	
4	Edit Control	ID	IDC_EDIT2
		Caption	
5	Button	ID	IDC_BUTTON1
		Caption	출력
6	Button	ID	IDC_BUTTON2
		Caption	초기화
7	Button	ID	OnCancel
		Caption	종료

(4) 각 버튼에 해당하는 이벤트 핸들러를 생성한다. 생성한 버튼을 우클릭하고 '이벤트 처리기 추가'를 선택한다. 이벤트 핸들러 다이얼로그 박스가 생성되면 BN_CLICKED를 선택하여 이벤트를 생성한다.

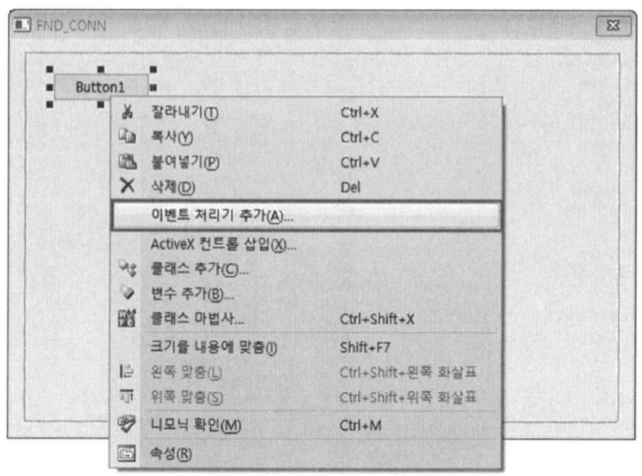

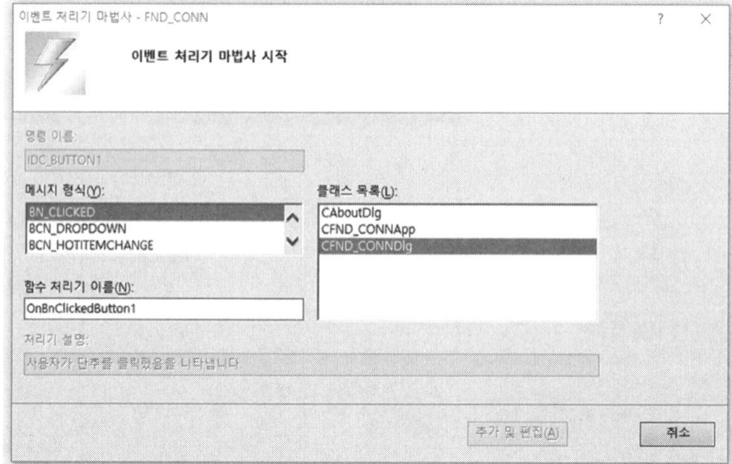

(5) 이벤트 생성을 확인한 후 다음 표와 같이 프로그램을 작성한다.

```
#include "stdafx.h"
#include "edit_fnd.h"
#include "edit_fndDlg.h"
```

```
#include "imechatronics.h"

#define ppi_a 0
#define ppi_b 1
#define ppi_c 2
#define ppi_cr 3

unsigned char fndout1=0,fndout2=0,fndselect1=0,fndselect2=0,fndrun1=0;

#ifdef _DEBUG
#define new DEBUG_NEW
#undef THIS_FILE
static char THIS_FILE[] = __FILE__;
#endif

/////////////////////////////////////////////////////////////////////////////
// CAboutDlg dialog used for App About

class CAboutDlg : public CDialog
{
public:
	CAboutDlg();

// Dialog Data
	//{{AFX_DATA(CAboutDlg)
	enum { IDD = IDD_ABOUTBOX };
	//}}AFX_DATA

	// ClassWizard generated virtual function overrides
	//{{AFX_VIRTUAL(CAboutDlg)
```

```
	protected:
	virtual void DoDataExchange(CDataExchange* pDX);    // DDX/DDV support
	//}}AFX_VIRTUAL

// Implementation
protected:
	//{{AFX_MSG(CAboutDlg)
	//}}AFX_MSG
	DECLARE_MESSAGE_MAP()
};

CAboutDlg::CAboutDlg() : CDialog(CAboutDlg::IDD)
{
	//{{AFX_DATA_INIT(CAboutDlg)
	//}}AFX_DATA_INIT
}

void CAboutDlg::DoDataExchange(CDataExchange* pDX)
{
	CDialog::DoDataExchange(pDX);
	//{{AFX_DATA_MAP(CAboutDlg)
	//}}AFX_DATA_MAP
}

BEGIN_MESSAGE_MAP(CAboutDlg, CDialog)
	//{{AFX_MSG_MAP(CAboutDlg)
		// No message handlers
	//}}AFX_MSG_MAP
END_MESSAGE_MAP()
```

```
////////////////////////////////////////////////////////////////////////
// CEdit_fndDlg dialog

CEdit_fndDlg::CEdit_fndDlg(CWnd* pParent /*=NULL*/)
	: CDialog(CEdit_fndDlg::IDD, pParent)
{
	//{{AFX_DATA_INIT(CEdit_fndDlg)
	m_select1 = FALSE;
	m_select2 = FALSE;
	m_fnd1 = _T("");
	m_fnd2 = _T("");
	//}}AFX_DATA_INIT
	// Note that LoadIcon does not require a subsequent DestroyIcon in Win32
	m_hIcon = AfxGetApp()→LoadIcon(IDR_MAINFRAME);
}

void CEdit_fndDlg::DoDataExchange(CDataExchange* pDX)
{
	CDialog::DoDataExchange(pDX);
	//{{AFX_DATA_MAP(CEdit_fndDlg)
	DDX_Check(pDX, IDC_CHECK1, m_select1);
	DDX_Check(pDX, IDC_CHECK2, m_select2);
	DDX_Text(pDX, IDC_EDIT1, m_fnd1);
	DDX_Text(pDX, IDC_EDIT2, m_fnd2);
	//}}AFX_DATA_MAP
}

BEGIN_MESSAGE_MAP(CEdit_fndDlg, CDialog)
	//{{AFX_MSG_MAP(CEdit_fndDlg)
	ON_WM_SYSCOMMAND()
```

```
	ON_WM_PAINT()
	ON_WM_QUERYDRAGICON()
	ON_BN_CLICKED(IDC_CHECK1, OnCheck1)
	ON_BN_CLICKED(IDC_CHECK2, OnCheck2)
	ON_EN_CHANGE(IDC_EDIT1, OnChangeEdit1)
	ON_EN_CHANGE(IDC_EDIT2, OnChangeEdit2)
	ON_BN_CLICKED(IDC_BUTTON1, OnButton1)
	ON_BN_CLICKED(IDC_BUTTON2, OnButton2)
	//}}AFX_MSG_MAP
END_MESSAGE_MAP()

/////////////////////////////////////////////////////////////////////////////
// CEdit_fndDlg message handlers

BOOL CEdit_fndDlg::OnInitDialog()
{
	CDialog::OnInitDialog();

	// Add "About..." menu item to system menu.

	// IDM_ABOUTBOX must be in the system command range.
	ASSERT((IDM_ABOUTBOX & 0xFFF0) == IDM_ABOUTBOX);
	ASSERT(IDM_ABOUTBOX < 0xF000);

	CMenu* pSysMenu = GetSystemMenu(FALSE);
	if (pSysMenu != NULL)
	{
		CString strAboutMenu;
		strAboutMenu.LoadString(IDS_ABOUTBOX);
		if (!strAboutMenu.IsEmpty())
```

```
		{
			pSysMenu→AppendMenu(MF_SEPARATOR);
			pSysMenu→AppendMenu(MF_STRING, IDM_ABOUTBOX,
strAboutMenu);
		}
	}

	// Set the icon for this dialog. The framework does this automatically
	//  when the application's main window is not a dialog
	SetIcon(m_hIcon, TRUE);			// Set big icon
	SetIcon(m_hIcon, FALSE);		// Set small icon

	// TODO: Add extra initialization here

	if(InitDrv()<0)
	{
		AfxMessageBox("Dirve Status를 초기화할 수 없습니다.");
		return-1;
	}
	if(USBDrvInit()<0)
	{
		AfxMessageBox("USB Dirve를 Open 할 수 없습니다.");
		return -1;
	}
	Outputb(ppi_cr,0x89);
	fndout1=0xff;
	fndout2=0xff;

	return TRUE;  // return TRUE  unless you set the focus to a control
}
```

```
void CEdit_fndDlg::OnSysCommand(UINT nID, LPARAM lParam)
{
	if ((nID & 0xFFF0) == IDM_ABOUTBOX)
	{
		CAboutDlg dlgAbout;
		dlgAbout.DoModal();
	}
	else
	{
		CDialog::OnSysCommand(nID, lParam);
	}
}

// If you add a minimize button to your dialog, you will need the code below
//  to draw the icon.  For MFC applications using the document/view model,
//  this is automatically done for you by the framework.

void CEdit_fndDlg::OnPaint()
{
	if (IsIconic())
	{
		CPaintDC dc(this); // device context for painting

		SendMessage(WM_ICONERASEBKGND, (WPARAM) dc.GetSafeHdc(), 0);

		// Center icon in client rectangle
		int cxIcon = GetSystemMetrics(SM_CXICON);
		int cyIcon = GetSystemMetrics(SM_CYICON);
		CRect rect;
```

```
		GetClientRect(&rect);
		int x = (rect.Width() - cxIcon + 1) / 2;
		int y = (rect.Height() - cyIcon + 1) / 2;

		// Draw the icon
		dc.DrawIcon(x, y, m_hIcon);
	}
	else
	{
		CDialog::OnPaint();
	}
}

// The system calls this to obtain the cursor to display while the user drags
//  the minimized window.
HCURSOR CEdit_fndDlg::OnQueryDragIcon()
{
	return (HCURSOR) m_hIcon;
}

void CEdit_fndDlg::OnCheck1()
{
	// TODO: Add your control notification handler code here
	if(m_select1==false)
	{
		m_select1=true;
		fndselect1=1;
		MessageBox("FND 1선택, 0 ~15까지 16진수의 값을 입력하시오.");
	}
	else
```

```
	{
		m_select1=false;
		fndselect1=0;
	}
}

void CEdit_fndDlg::OnCheck2()
{
	if(m_select2==false)
	{
		m_select2=true;
		fndselect2=1;
		MessageBox("FND 2선택, 0 ~15까지 16진수의 값을 입력하시오.");
	}

}

void CEdit_fndDlg::OnChangeEdit1()
{
	// TODO: If this is a RICHEDIT control, the control will not
	// send this notification unless you override the CDialog::OnInitDialog()
	// function and call CRichEditCtrl().SetEventMask()
	// with the ENM_CHANGE flag ORed into the mask.

	// TODO: Add your control notification handler code here

}

void CEdit_fndDlg::OnChangeEdit2()
{
```

```
        // TODO: If this is a RICHEDIT control, the control will not
        // send this notification unless you override the CDialog::OnInitDialog()
        // function and call CRichEditCtrl().SetEventMask()
        // with the ENM_CHANGE flag ORed into the mask.

        // TODO: Add your control notification handler code here

}

void CEdit_fndDlg::OnButton1()
{
        UpdateData(true);
        if(fndselect1)
        {
                fndout1=atoi(m_fnd1);
                switch(fndout1)
                {
                        case 0  : Outputb(ppi_a,0xc0); break; //0
                        case 1  : Outputb(ppi_a,0xf9); break; //1
                        case 2  : Outputb(ppi_a,0xa4); break; //2
                        case 3  : Outputb(ppi_a,0xb0); break; //3
                        case 4  : Outputb(ppi_a,0x99); break; //4
                        case 5  : Outputb(ppi_a,0x92); break; //5
                        case 6  : Outputb(ppi_a,0x83); break; //6
                        case 7  : Outputb(ppi_a,0xd8); break; //7
                        case 8  : Outputb(ppi_a,0x80); break; //8
                        case 9  : Outputb(ppi_a,0x90); break; //9
                        case 10 : Outputb(ppi_a,0x88); break; //A
                        case 11 : Outputb(ppi_a,0x83); break; //b
                        case 12 : Outputb(ppi_a,0xc6); break; //C
```

```
                case 13 : Outputb(ppi_a,0xa1); break; //d
                case 14 : Outputb(ppi_a,0x86); break; //E
                case 15 : Outputb(ppi_a,0x8e); break; //F
                default : break;
        }
}
else
{
        MessageBox("FND 선택1이 CHECK되지 않았습니다.");
}
if(fndselect2)
{
        fndout1=atoi(m_fnd2);
        switch(fndout2)
        {
                case 0  : Outputb(ppi_b,0xc0); break; //0
                case 1  : Outputb(ppi_b,0xf9); break; //1
                case 2  : Outputb(ppi_b,0xa4); break; //2
                case 3  : Outputb(ppi_b,0xb0); break; //3
                case 4  : Outputb(ppi_b,0x99); break; //4
                case 5  : Outputb(ppi_b,0x92); break; //5
                case 6  : Outputb(ppi_b,0x83); break; //6
                case 7  : Outputb(ppi_b,0xd8); break; //7
                case 8  : Outputb(ppi_b,0x80); break; //8
                case 9  : Outputb(ppi_b,0x90); break; //9
                case 10 : Outputb(ppi_b,0x88); break; //A
                case 11 : Outputb(ppi_b,0x83); break; //b
                case 12 : Outputb(ppi_b,0xc6); break; //C
                case 13 : Outputb(ppi_b,0xa1); break; //d
                case 14 : Outputb(ppi_b,0x86); break; //E
```

```
                case 15 : Outputb(ppi_b,0x8e); break; //F
                default : break;
            }
        }
        else
        {
            MessageBox("FND 선택2가 CHECK 되지 않았습니다.");
        }

}

void CEdit_fndDlg::OnButton2()
{
        m_fnd1=" ";
        m_fnd2=" ";
        UpdateData(false);
        Outputb(ppi_a,0xff);
        Outputb(ppi_b,0xff);
}

void CEdit_fndDlg::OnCancel()
{
        USBDrvClose();
        CDialog::OnCancel();
}
```

3) 작성 완료된 프로그램으로 시뮬레이션을 시작한다.

시뮬레이션의 순서로는 MPS Lab의 시뮬레이션 실행 버튼을 먼저 실행하고 Visual Studio에서 상단 메뉴의 빌드 탭을 클릭하고 솔루션 빌드를 클릭하여 프로그램 빌드를 시작한다.

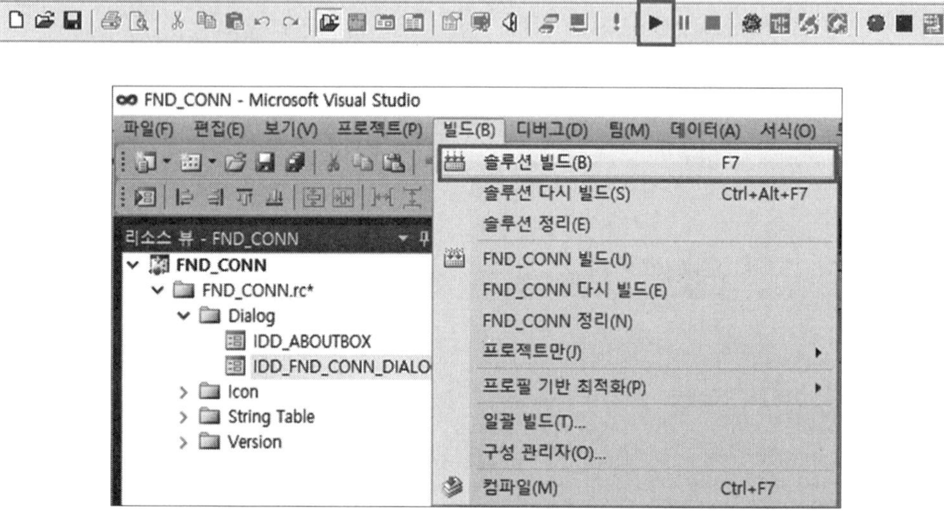

8 FND 구동

1) MPS Lab에서 아래의 그림과 같이 부품을 배치하고 배선한다.

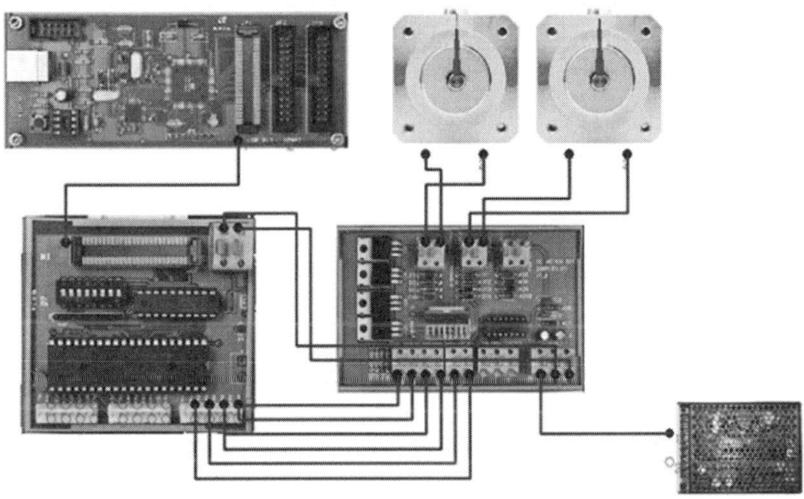

사용 부품

- USB BUS Board - 8255 Board - DC Motor Board
- Power Supply - DC Motor

① USB 보드의 JP1과 8255 보드를 연결한다.

② 8255 보드의 5V/GND와 파워 서플라이의 24V를 DC MotorBoard에 연결한다.

③ 8255 보드 A 포트 PA0을 DC Motor Board의 FWD1, FWD2에 연결한다.

④ 8255 보드 A 포트 PA1을 DC Motor Board의 REV1, REV2에 연결한다.

⑤ 8255 보드 A 포트 PA2를 DC Motor Board의 +DIR_A에 연결한다.

⑥ 8255 보드 A 포트 PA3을 DC Motor Board의 -DIR_A에 연결한다.

2) 프로그램 작성

(1) 프로젝트명을 DCmotor로 설정한 뒤 'MFC 응용 프로그램'을 선택하여 새 프로젝트를 생성한다.

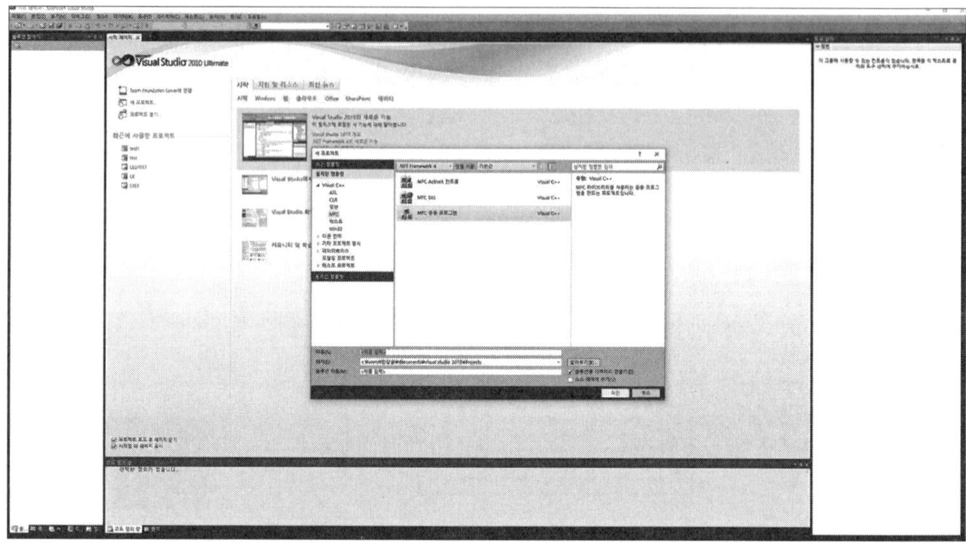

(2) 'MFC 응용 프로그램 마법사 – Step 1'에서 '대화상자 기반'을 선택하고 '마침'을 선택한다.

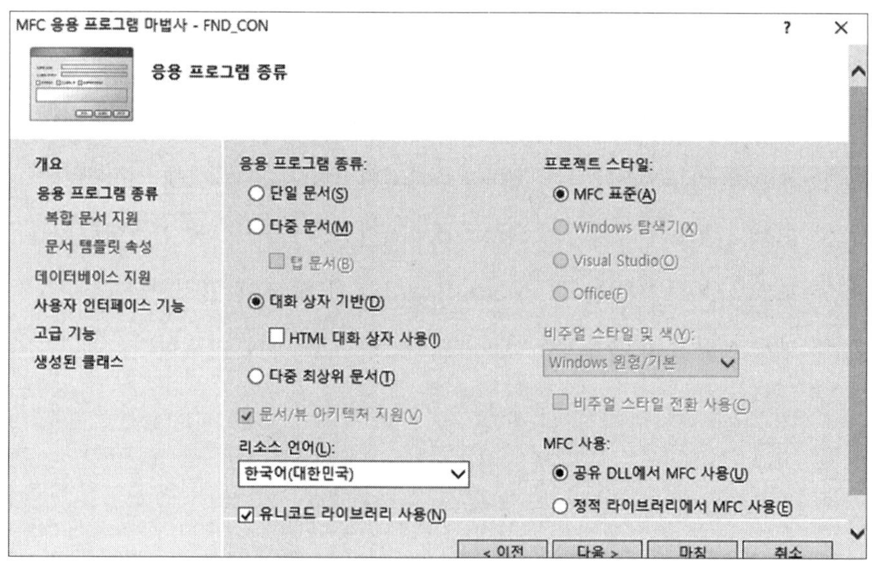

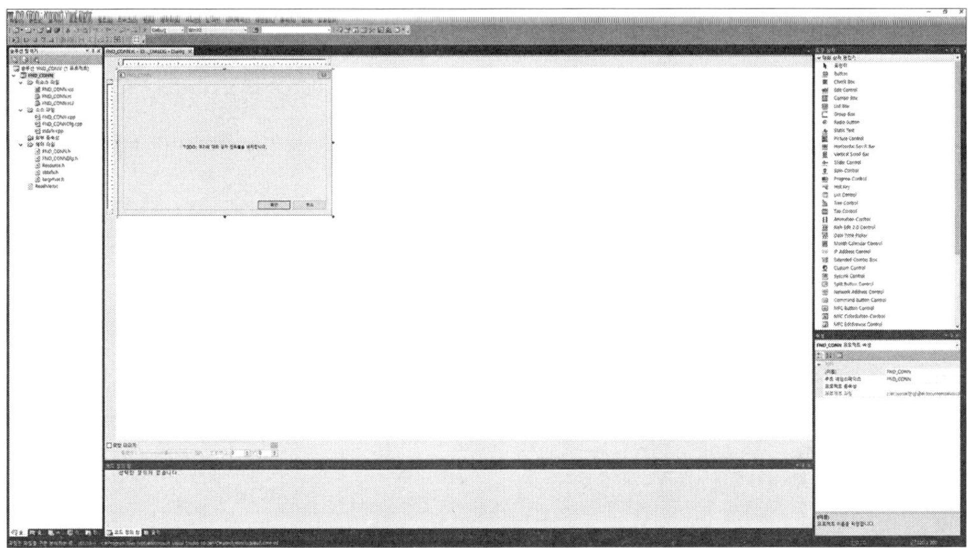

(3) 우측 상단 도구상자에서 Button을 선택하여 다이얼로그 박스에 버튼을 만들고 각 버튼의 Properties를 아래 표와 같이 설정한다. Properties는 우측 하단의 속성창에서 설정할 수 있으며, 버튼을 묶어 주는 박스는 우측 상단 도구상자의 Group Box를 선택하여 생성할 수 있다.

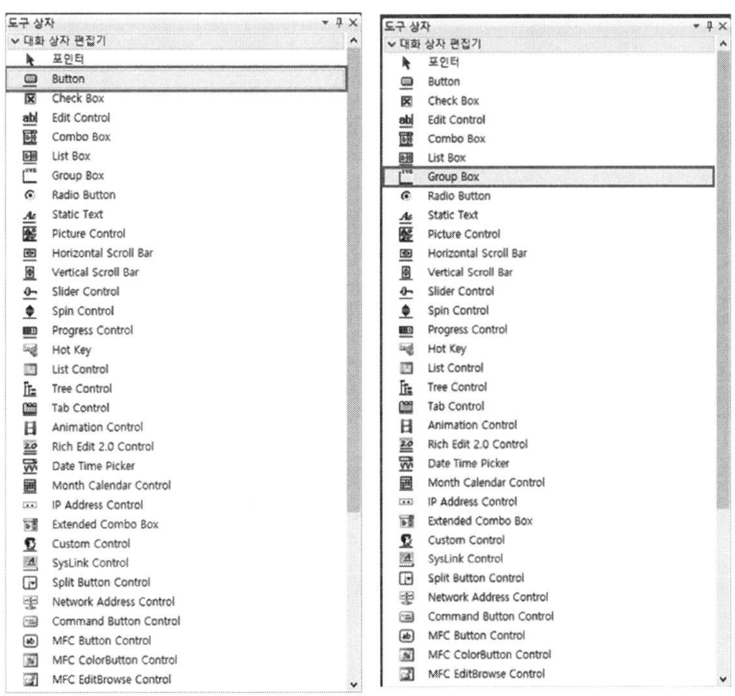

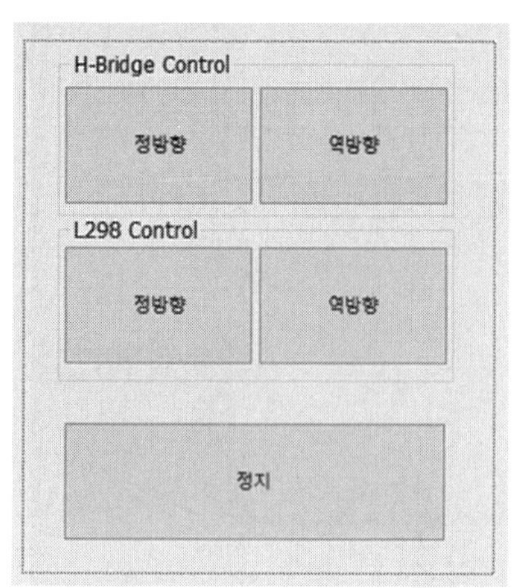

순번	컨트롤	프로퍼티	설정
1	Group Box	ID	IDC_STATIC
		Caption	H-Bridge Control
2	Button	ID	IDC_H_CW
		Caption	정방향
3	Button	ID	IDC_H_CCW
		Caption	역방향
4	Group Box	ID	IDC_STATIC
		Caption	L298 Control
5	Button	ID	IDC_L298_CW
		Caption	정방향
6	Button	ID	IDC_L298_CCW
		Caption	역방향
7	Button	ID	IDSTOP
		Caption	정지

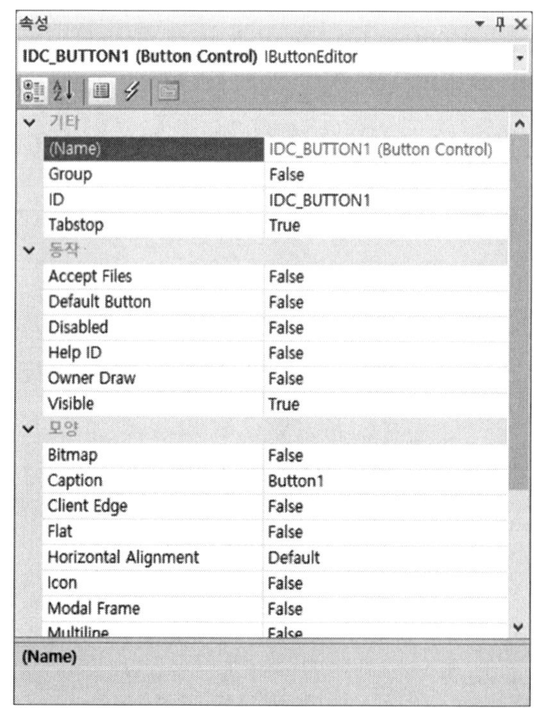

(4) 각 버튼에 해당하는 이벤트 핸들러를 생성한다. 생성힌 버튼을 우클릭하고 '이벤트 처리기 추가'를 선택한다. 이벤트 핸들러 다이얼로그 박스가 생성되면 BN_CLICKED를 선택하여 이벤트를 생성한다.

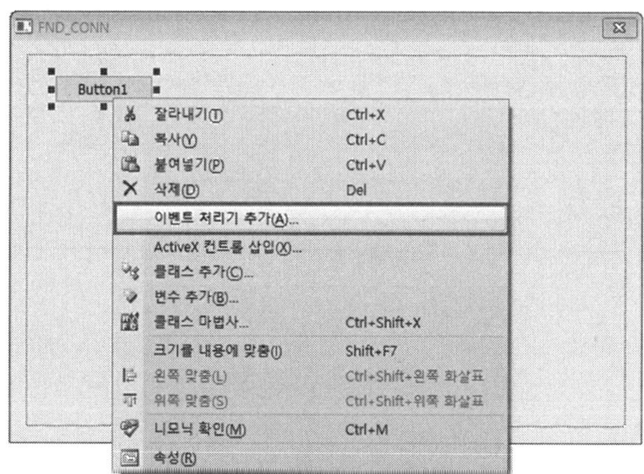

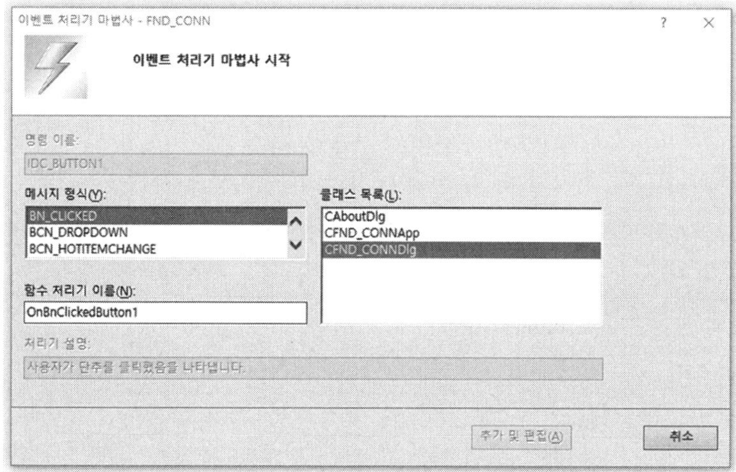

(5) 이벤트 생성을 확인한 후 다음 표와 같이 프로그램을 작성한다.

```
#include "stdafx.h"
#include "DCmotor.h"
#include "DCmotorDlg.h"
// Install CD의 PC_Control_Header_File 폴더에 위치
```

```
#include <imechatronics_MPSLabv2.h>



#ifdef _DEBUG
#define new DEBUG_NEW
#undef THIS_FILE
static char THIS_FILE[] = __FILE__;
#endif



#define PPI_A  0
#define PPI_B  1
#define PPI_C  2
#define PPI_CR 3
/////////////////////////////////////////////////////////////////////////////


BOOL CDCmotorDlg::OnInitDialog()

{

   CDialog::OnInitDialog();


   // Add "About..." menu item to system menu.
```

```
// IDM_ABOUTBOX must be in the system command range.

ASSERT((IDM_ABOUTBOX & 0xFFF0) == IDM_ABOUTBOX);

ASSERT(IDM_ABOUTBOX 〈 0xF000);


CMenu* pSysMenu = GetSystemMenu(FALSE);

if (pSysMenu != NULL)

{

    CString strAboutMenu;

    strAboutMenu.LoadString(IDS_ABOUTBOX);

    if (!strAboutMenu.IsEmpty())

    {

        pSysMenu→AppendMenu(MF_SEPARATOR);

        pSysMenu→AppendMenu(MF_STRING, IDM_ABOUTBOX, strAboutMenu);

    }
```

```
}

// Set the icon for this dialog. The framework does this automatically
//  when the application's main window is not a dialog
SetIcon(m_hIcon, TRUE);         // Set big icon
SetIcon(m_hIcon, FALSE);        // Set small icon

// TODO: Add extra initialization here
if(InitDrv()<0)
   return -1;
if(USBDrvInit()<0)
   return -1;

Outputb(PPI_CR,0x89);
```

```
    return TRUE;  // return TRUE  unless you set the focus to a control
}
//////////////////////////////////////////////////////////////////////////////
void CDCmotorDlg::OnStop()
{
    // TODO: Add your control notification handler code here
    Outputb(PPI_A,0x00);
}


void CDCmotorDlg::OnHCcw()
{
    // TODO: Add your control notification handler code here
    Outputb(PPI_A,0x01);
```

```
}

void CDCmotorDlg::OnHCw()
{
    // TODO: Add your control notification handler code here
    Outputb(PPI_A,0x02);
}

void CDCmotorDlg::OnL298Ccw()
{
    // TODO: Add your control notification handler code here
    Outputb(PPI_A,0x04);
}

void CDCmotorDlg::OnL298Cw()
```

```
{
   // TODO: Add your control notification handler code here
   Outputb(PPI_A,0x08);
}
```

3) 작성 완료된 프로그램으로 시뮬레이션을 시작한다.

시뮬레이션의 순서로는 MPS Lab의 시뮬레이션 실행 버튼을 먼저 실행하고 Visual Studio에서 상단 메뉴의 빌드 탭을 클릭하고 솔루션 빌드를 클릭하여 프로그램 빌드를 시작한다.

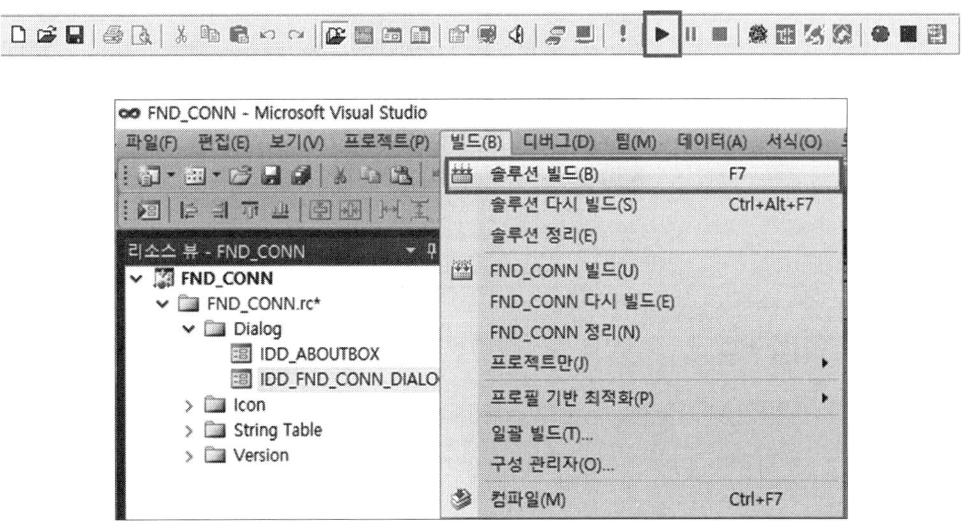

9 Step Motor 구동

1) MPS Lab에서 아래의 그림과 같이 부품을 배치하고 배선한다.

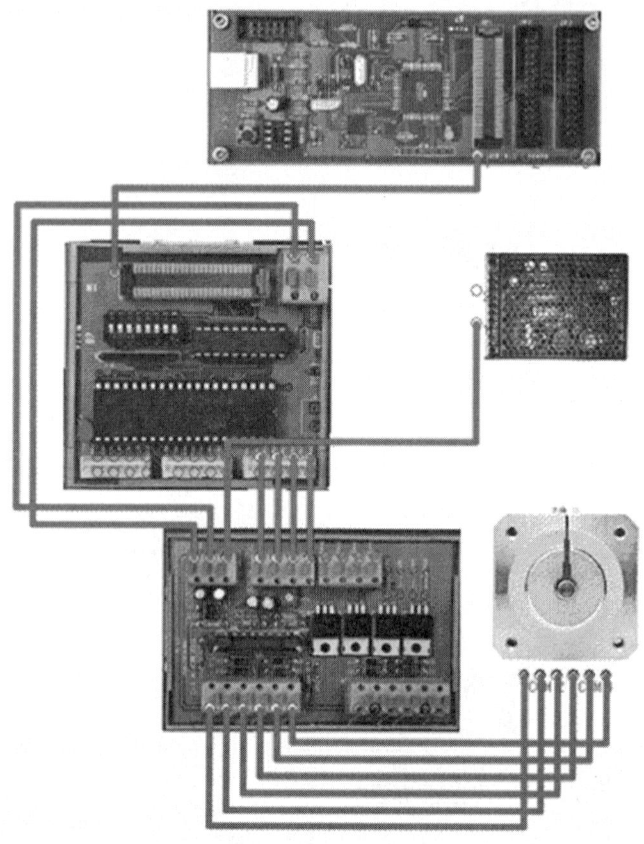

사용 부품

- USB BUS Board - 8255 Board - Step Motor Board
- Power Supply - Step Motor

① USB 보드의 JP1과 8255 보드를 연결한다.

② 8255 보드의 5V/GND와 파워 서플라이의 24V를 Step Motor Board에 연결한다.

③ 8255 보드 A 포트 PA0~PA3을 Step Motor Board의 ST_IN1~ST_IN4에 연결한다.

④ Step Motor Board의 ST_OUT1을 Step Motor의 1번 포트에 연결한다.

⑤ Step Motor Board의 ST_OUT1을 Step Motor의 2번 포트에 연결한다.

⑥ Step Motor Board의 ST_OUT1을 Step Motor의 3번 포트에 연결한다.

⑦ Step Motor Board의 ST_OUT1을 Step Motor의 4번 포트에 연결한다.

⑧ Step Motor Board의 24V 전압을 Step Motor의 COM 포트에 연결한다.

2) 프로그램 작성

(1) 프로젝트명을 Stepmotor로 설정한 뒤 'MFC 응용 프로그램'을 선택하여 새 프로젝트를 생성한다.

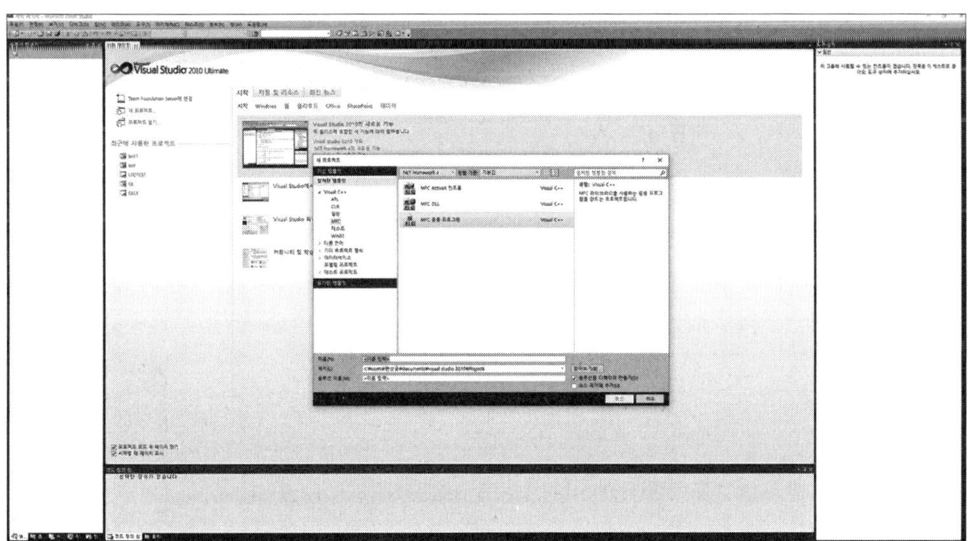

(2) 'MFC 응용 프로그램 마법사 - Step 1'에서 '대화상자 기반'을 선택하고 '마침'을 선택한다.

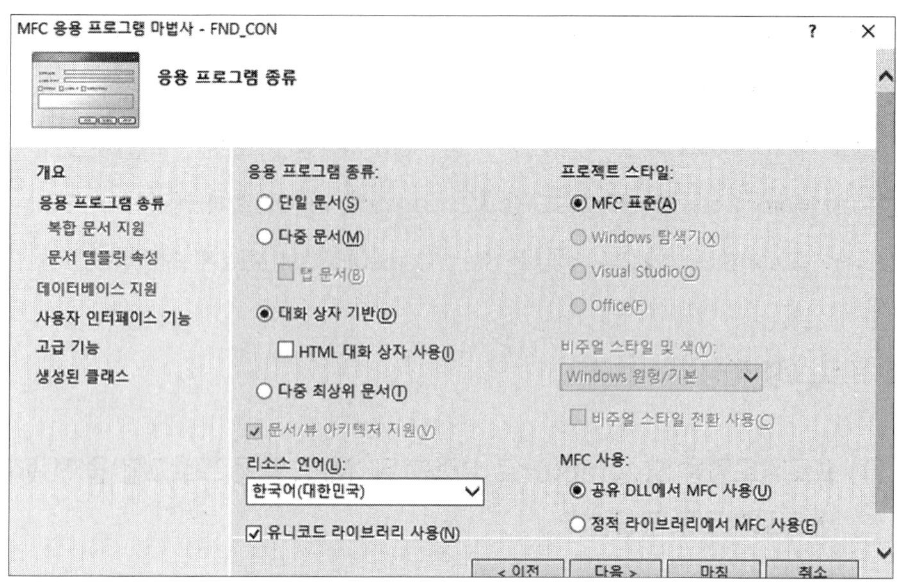

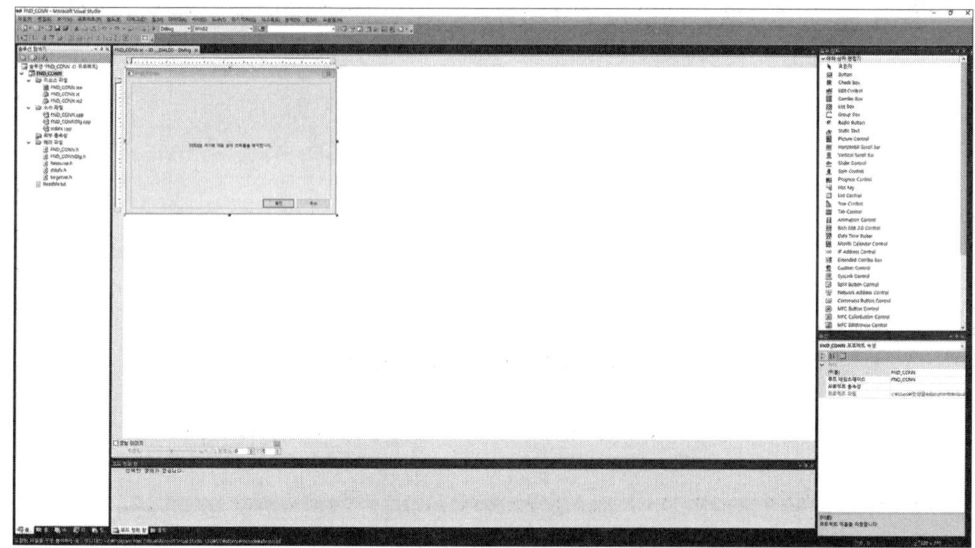

(3) 우측 상단 도구상자에서 Button을 선택하여 다이얼로그 박스에 버튼을 만들고 각 버튼의 Properties를 다음 표와 같이 설정한다. Properties는 우측 하단의 속성창에서 설정할 수 있다.

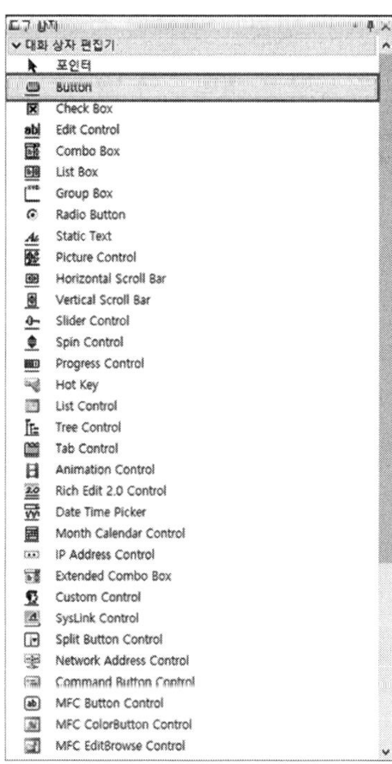

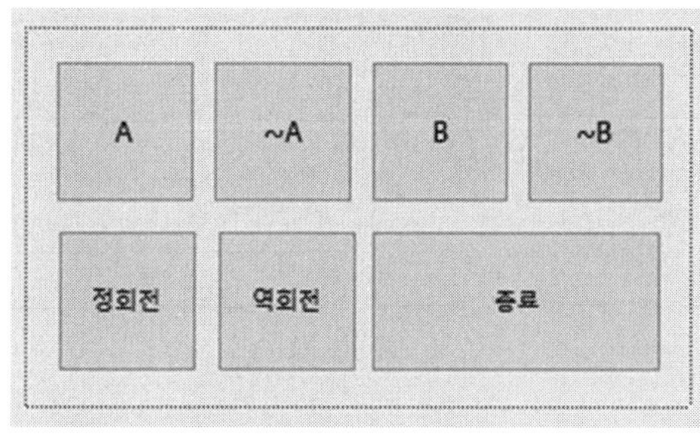

순번	컨트롤	프로퍼티	설정
1	Button	ID	IDC_STEP_A
		Caption	A
2	Button	ID	IDC_STEP_AN
		Caption	~A
3	Button	ID	IDC_STEP_B
		Caption	B
4	Button	ID	IDC_STEP_BN
		Caption	~B
5	Button	ID	ID_CW
		Caption	정방향
6	Button	ID	ID_CCW
		Caption	역방향
7	Button	ID	IDEXIT
		Caption	종료

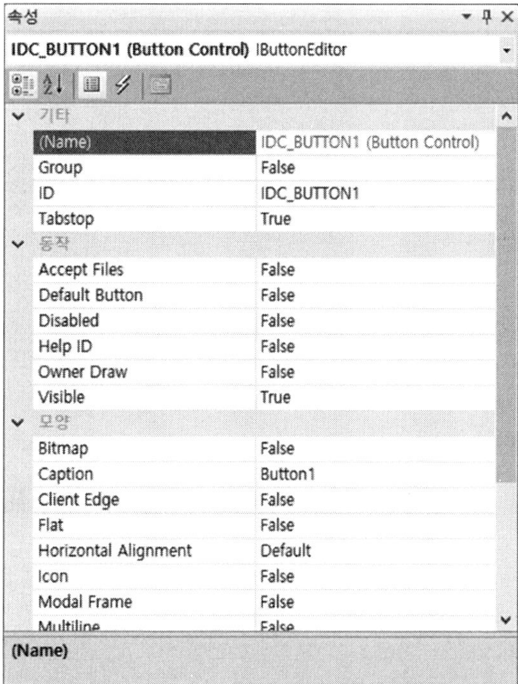

(4) 각 버튼에 해당하는 이벤트 핸들러를 생성한다. 생성한 버튼을 우클릭하고 '이벤트 처리기 추가'를 선택한다. 이벤트 핸들러 다이얼로그 박스가 생성되면 BN_CLICKED를 선택하여 이벤트를 생성한다.

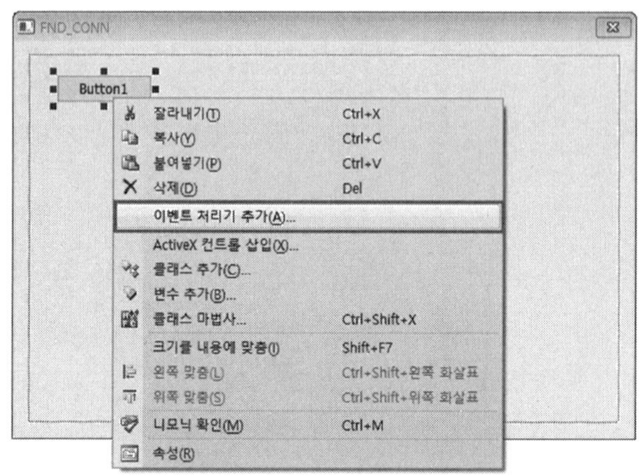

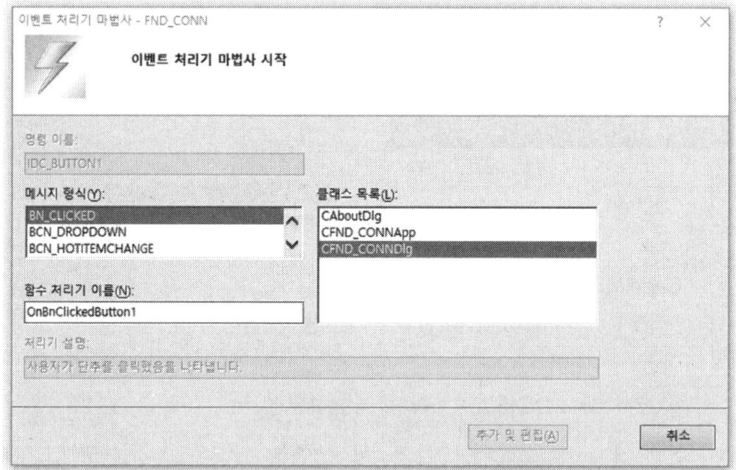

(5) 이벤트 생성을 확인한 후 다음 표와 같이 프로그램을 작성한다.

```
#include "stdafx.h"

#include "Stepmoter.h"
```

```
#include "StepmoterDlg.h"

// Install CD의 PC_Control_Header_File 폴더에 위치

#include <imechatronics_MPSLabv2.h>


#ifdef _DEBUG

#define new DEBUG_NEW

#undef THIS_FILE

static char THIS_FILE[] = __FILE__;

#endif


#define PPI_A  0

#define PPI_B  1

#define PPI_C  2

#define PPI_CR  3
```

```
unsigned int count;

/////////////////////////////////////////////////////////////////////////////

BOOL CStepmoterDlg::OnInitDialog()

{

   CDialog::OnInitDialog();



   // Add "About..." menu item to system menu.



   // IDM_ABOUTBOX must be in the system command range.

   ASSERT((IDM_ABOUTBOX & 0xFFF0) == IDM_ABOUTBOX);

   ASSERT(IDM_ABOUTBOX < 0xF000);



   CMenu* pSysMenu = GetSystemMenu(FALSE);

   if (pSysMenu != NULL)

   {
```

```
    CString strAboutMenu;
    strAboutMenu.LoadString(IDS_ABOUTBOX);
    if (!strAboutMenu.IsEmpty())
    {
        pSysMenu→AppendMenu(MF_SEPARATOR);
        pSysMenu→AppendMenu(MF_STRING, IDM_ABOUTBOX, strAboutMenu);
    }
}

// Set the icon for this dialog. The framework does this automatically
//  when the application's main window is not a dialog
SetIcon(m_hIcon, TRUE);         // Set big icon
SetIcon(m_hIcon, FALSE);        // Set small icon

// TODO: Add extra initialization here
```

```
    if(InitDrv()<0)
        return -1;
    if(USBDrvInit()<0)
        return -1;


    Outputb(PPI_CR,0x89);
    return TRUE;  // return TRUE  unless you set the focus to a control
}
/////////////////////////////////////////////////////////////////////////////
void CStepmoterDlg::OnExit()
{
    // TODO: Add your control notification handler code here
    USBDrvClose();
    OnOK();
}
```

```
void CStepmoterDlg::OnStepA()
{
   // TODO: Add your control notification handler code here
   Outputb(PPI_A,0x01);
}

void CStepmoterDlg::OnStepAn()
{
   // TODO: Add your control notification handler code here
   Outputb(PPI_A,0x02);
}

void CStepmoterDlg::OnStepB()
{
```

```
    // TODO: Add your control notification handler code here

    Outputb(PPI_A,0x04);

}



void CStepmoterDlg::OnStepBn()

{

    // TODO: Add your control notification handler code here

    Outputb(PPI_A,0x08);

}



void CStepmoterDlg::OnCw()

{

    // TODO: Add your control notification handler code here

        for(count=0;count<10;count++)

    {
```

```
    Outputb(PPI_A,0x01);

    Sleep(100);

    Outputb(PPI_A,0x04);

    Sleep(100);

    Outputb(PPI_A,0x02);

    Sleep(100);

    Outputb(PPI_A,0x08);

    Sleep(100);

    }

    Outputb(PPI_A,0x00);

}
```

```
void CStepmoterDlg::OnCcw()
{
    // TODO: Add your control notification handler code here
        for(count=0;count<10;count++)
    {
    Outputb(PPI_A,0x08);
    Sleep(100);


    Outputb(PPI_A,0x02);
    Sleep(100);


    Outputb(PPI_A,0x04);
    Sleep(100);
```

```
    Outputb(PPI_A,0x01);

    Sleep(100);

    }

    Outputb(PPI_A,0x00);

}
```

3) 작성 완료된 프로그램으로 시뮬레이션을 시작한다.

시뮬레이션의 순서로는 MPS Lab의 시뮬레이션 실행 버튼을 먼저 실행하고 Visual Studio에서 상단 메뉴의 빌드 탭을 클릭하고 솔루션 빌드를 클릭하여 프로그램 빌드를 시작한다.

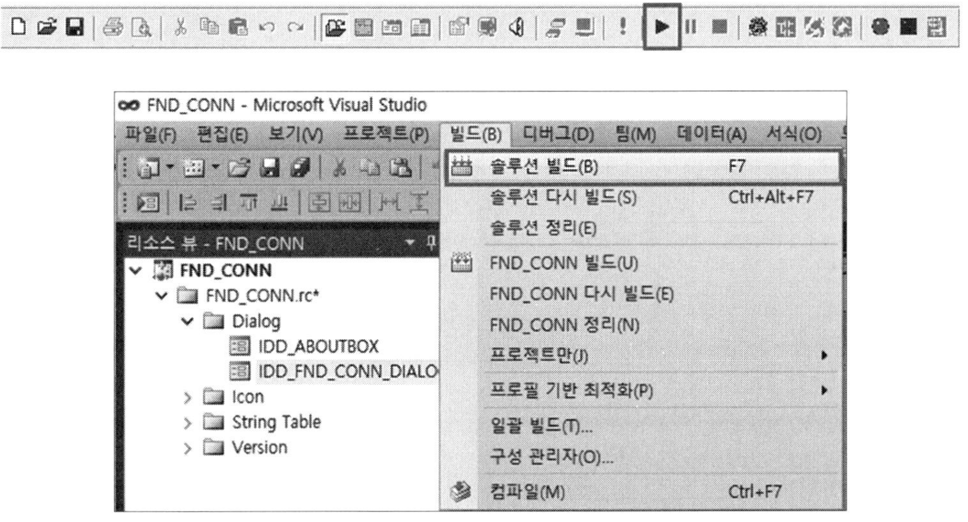

PART

05

Visual C++을 이용한 MPS 장비 구동하기 심화과정

- MPS 제어하기 1
- MPS 제어하기 2
- MPS 제어하기 3
- MPS 제어하기 4
- MPS 제어하기 5
- MPS 제어하기 6
- MPS 제어하기 7

Visual C++을 이용한 MPS 장비 구동하기 심화과정

MPS LAB을 이용한 PC 기반 제어

1 MPS 제어하기 1

1) MPS Lab에서 아래의 그림과 같이 부품을 배치하고 배선한다.

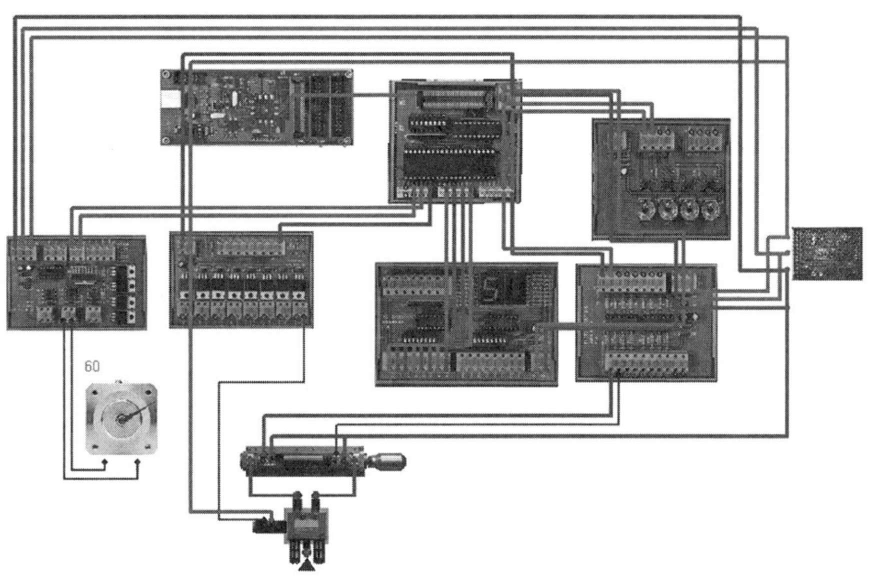

사용 부품

- USB BUS Board
- 8255 Board
- Power Supply
- TR Board
- FND Board
- Switch Board
- DC Motor board
- DC Motor
- Cylinder

① USB 보드의 JP1과 8255 보드를 연결한다.

② 8255 보드의 5V/GND와 파워 서플라이의 24V를 TR Board와 FND Board, Switch Board에 연결한다.

③ 8255 보드 A 포드 PA0~PA1을 TR Board(TR_1)의 IN1~IN2에 연결한다.

④ 8255 보드 A 포트 PA4~PA5을 Photo_Board의 OUT_1, OUT_2에 연결한다.

⑤ 8255 보드 Switch Board의 Push1, Push2에 연결한다.

⑥ 8255 보드 Switch Board의 Push1, Push2에 연결한다.

⑦ 8255 보드 C 포드 PC0를 TR Board의 IN1에 연결한다.

⑧ 8255 보드 C 포드 PC1~PC2를 DC Board -DIR_A, +DIR_A에 연결한다.

⑨ 모터는 DC Board의 Motor+_2 Motor-_2의 단자에 연결한다.

⑩ 실린더 후진 센서는 Photo Board의 IN_1과 전원 GND에 연결한다.

⑪ 실린더 전진 센서는 Photo Board의 IN_2과 전원 GND에 연결한다.

⑫ 실린더 솔레노이드 전원은 24V전원과 TR Board OUT1에 연결한다.

2) 프로그램 작성

(1) 프로젝트명을 MPS1로 설정한 뒤 'MFC 응용 프로그램'을 선택하여 새 프로젝트를 생성한다.

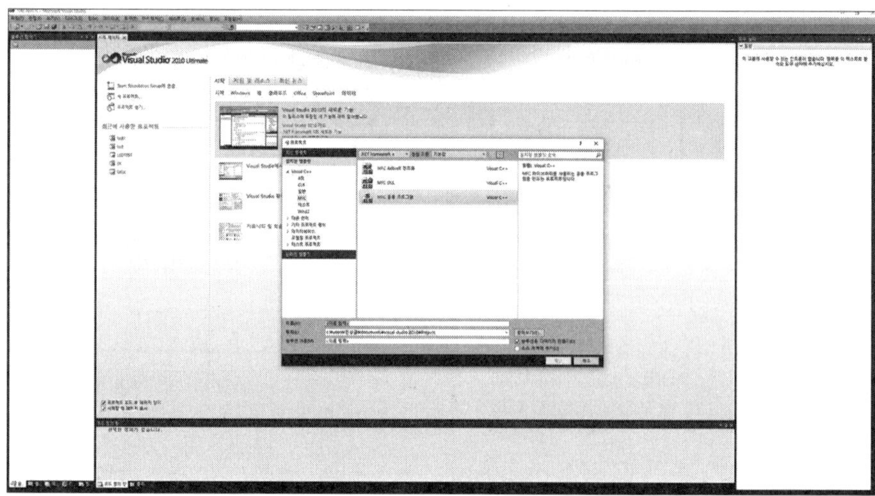

(2) 'MFC 응용 프로그램 마법사 - Step 1'에서 '대화상자 기반'을 선택하고 '마침'을 선택한다.

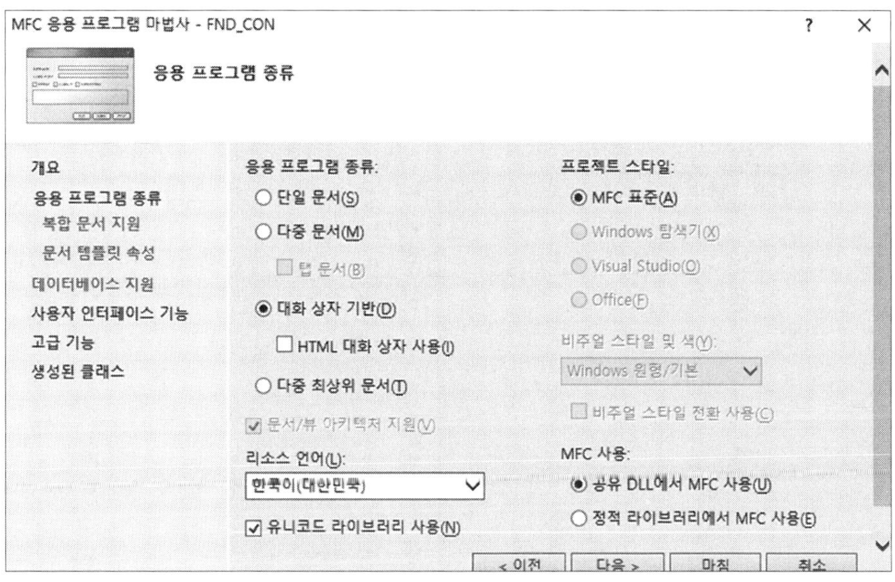

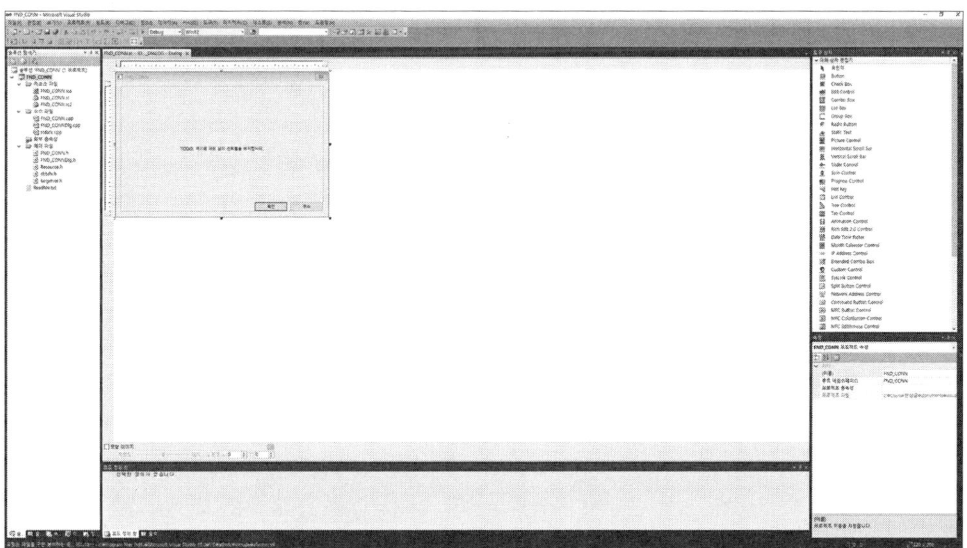

(3) 우측 상단 도구상자에서 Button을 선택하여 다이얼로그 박스에 버튼을 만들고 각 버튼의 Properties를 아래 표와 같이 설정한다. Properties는 우측 하단의 속성창에서 설정할 수 있으며, 버튼을 묶어 주는 박스는 우측 상단 도구상자의 Group Box를 선택하여 생성할 수 있다.

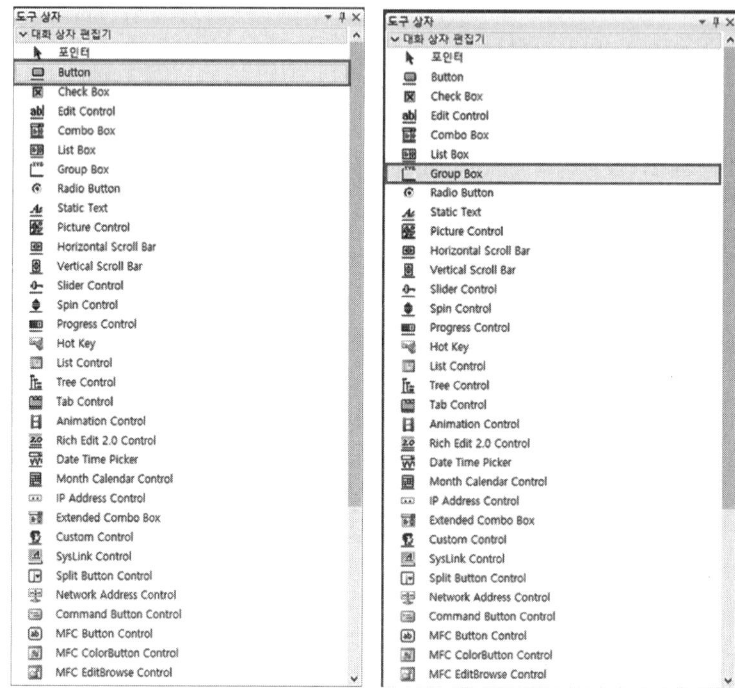

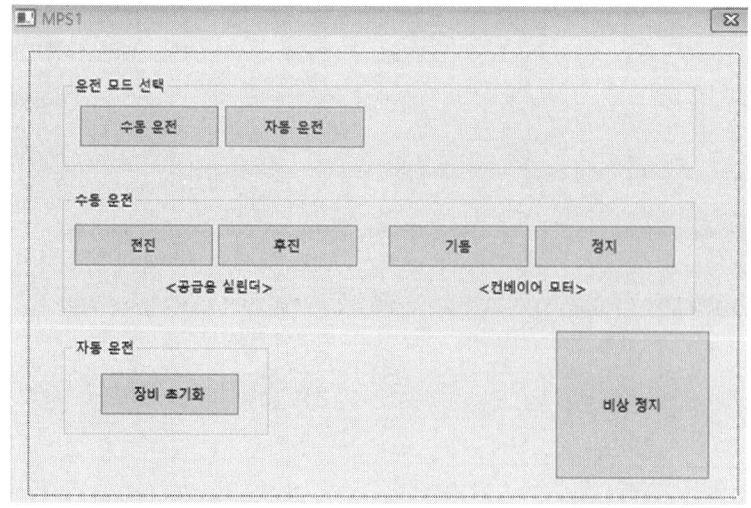

순번	컨트롤	프로퍼티	설정
1	Button	ID	ID_MODE1
		Caption	수동 운전
2	Button	ID	ID_MODE2
		Caption	자동운전
3	Button	ID	ID_FWD
		Caption	전진
4	Button	ID	ID_BWD
		Caption	후진
5	Button	ID	ID_START
		Caption	기동
6	Button	ID	ID_STOP
		Caption	정지
7	Button	ID	ID_RESET
		Caption	장비 초기화
8	Button	ID	ID_EM
		Caption	비상 정지
9	Group Box	ID	IDC_STATIC1
		Caption	운전 모드 선택
10	Group Box	ID	IDC_STATIC2
		Caption	수동 운전
11	Group Box	ID	IDC_STATIC3
		Caption	자동 운전
12	Static Text	ID	IDC_STATIC4
		Caption	〈공급용 실린더〉
13	Static Text	ID	IDC_STATIC5
		Caption	〈컨베이어 모터〉

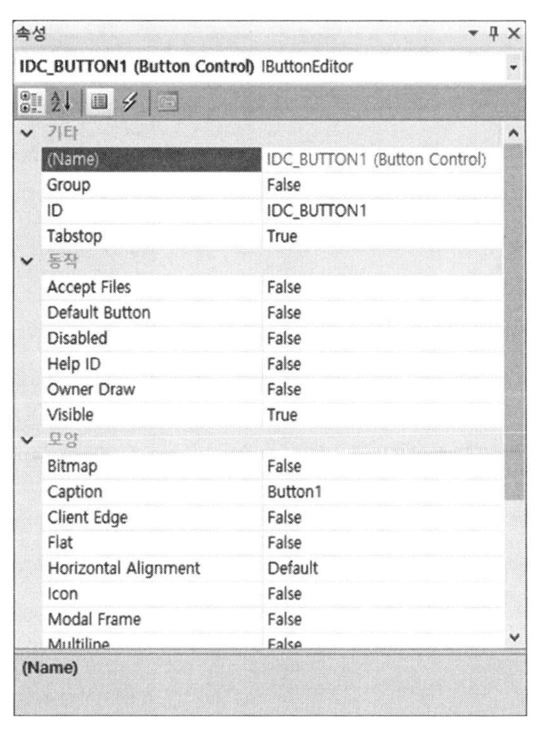

(4) 각 버튼에 해당하는 이벤트 핸들러를 생성한다. 생성한 버튼을 우클릭하고 '이벤트 처리기 추가'를 선택한다. 이벤트 핸들러 다이얼로그 박스가 생성되면 BN_CLICKED를 선택하여 이벤트를 생성한다.

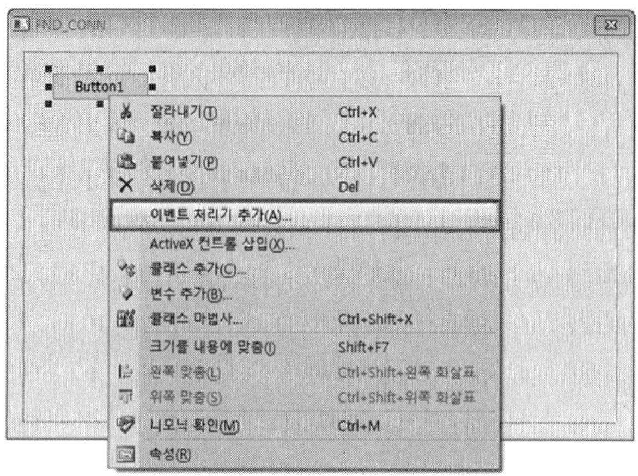

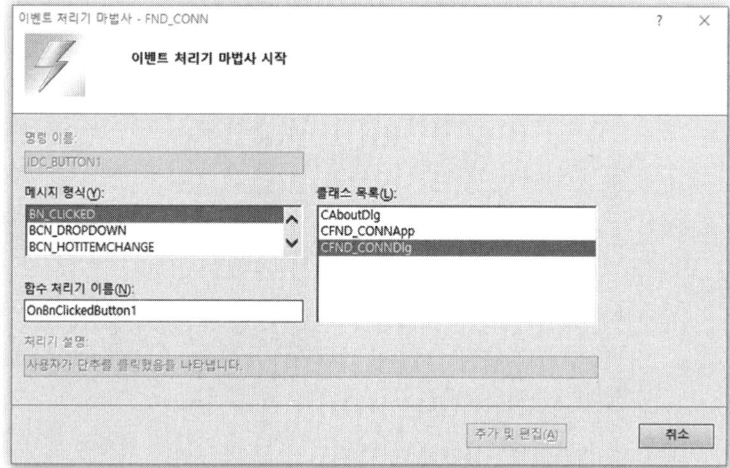

(5) 이벤트 생성을 확인한 후 다음 표와 같이 프로그램을 작성한다.

```
// MPS1Dlg.cpp : 구현 파일
//

#include "stdafx.h"
#include "MPS1.h"
#include "MPS1Dlg.h"
#include "afxdialogex.h"
#include "imechatronics_MPSLabv2.h"
```

```
#ifdef _DEBUG
#define new DEBUG_NEW
#endif

#define PPI_A 0
#define PPI_B 1
#define PPI_C 2
#define PPI_CR 3

unsigned char sw = 0, a = 0, b = 0, em = 0, run_su = 0, run_auto = 0;
unsigned char mOutputData = 0;
unsigned char fnd[10] = { 0xc0,0xf9,0xa4,0xb0,0x99,0x92,0x83,0xf8,0x80,0x98 };


UINT AAA(LPVOID lParam);// 자동 동작 구현
UINT BBB(LPVOID lParam);// 스위치 보드 입력 스캔


// 응용 프로그램 정보에 사용되는 CAboutDlg 대화상자입니다.

class CAboutDlg : public CDialogEx
{
public:
    CAboutDlg();

// 대화상자 데이터입니다.
#ifdef AFX_DESIGN_TIME
    enum { IDD = IDD_ABOUTBOX };
#endif
```

```
	protected:
	virtual void DoDataExchange(CDataExchange* pDX);    // DDX/DDV 지원입니다.

// 구현입니다.
protected:
	DECLARE_MESSAGE_MAP()
};

CAboutDlg::CAboutDlg() : CDialogEx(IDD_ABOUTBOX)
{
}

void CAboutDlg::DoDataExchange(CDataExchange* pDX)
{
	CDialogEx::DoDataExchange(pDX);
}

BEGIN_MESSAGE_MAP(CAboutDlg, CDialogEx)
END_MESSAGE_MAP()


// CMPS1Dlg 대화상자



CMPS1Dlg::CMPS1Dlg(CWnd* pParent /*=NULL*/)
	: CDialogEx(IDD_MFC1_DIALOG, pParent)
{
	m_hIcon = AfxGetApp()→LoadIcon(IDR_MAINFRAME);
}
```

```
void CMPS1Dlg::DoDataExchange(CDataExchange* pDX)
{
	CDialogEx::DoDataExchange(pDX);
}

BEGIN_MESSAGE_MAP(CMPS1Dlg, CDialogEx)
	ON_WM_SYSCOMMAND()
	ON_WM_PAINT()
	ON_WM_QUERYDRAGICON()
	ON_BN_CLICKED(IDC_MODE1, &CMPS1Dlg::OnClickedMode1)
	ON_BN_CLICKED(IDC_MODE2, &CMPS1Dlg::OnClickedMode2)
	ON_BN_CLICKED(IDC_FWB, &CMPS1Dlg::OnClickedFwb)
	ON_BN_CLICKED(IDC_BWD, &CMPS1Dlg::OnClickedBwd)
	ON_BN_CLICKED(IDC_START, &CMPS1Dlg::OnClickedStart)
	ON_BN_CLICKED(IDC_STOP, &CMPS1Dlg::OnClickedStop)
	ON_BN_CLICKED(IDC_RESET, &CMPS1Dlg::OnClickedReset)
	ON_BN_CLICKED(IDC_EM, &CMPS1Dlg::OnClickedEm)
END_MESSAGE_MAP()


// CMPS1Dlg 메시지 처리기

BOOL CMPS1Dlg::OnInitDialog()
{
	CDialogEx::OnInitDialog();

	// 시스템 메뉴에 "정보..." 메뉴 항목을 추가합니다.

	// IDM_ABOUTBOX는 시스템 명령 범위에 있어야 합니다.
	ASSERT((IDM_ABOUTBOX & 0xFFF0) == IDM_ABOUTBOX);
```

```
	ASSERT(IDM_ABOUTBOX < 0xF000);

	CMenu* pSysMenu = GetSystemMenu(FALSE);
	if (pSysMenu != NULL)
	{
		BOOL bNameValid;
		CString strAboutMenu;
		bNameValid = strAboutMenu.LoadString(IDS_ABOUTBOX);
		ASSERT(bNameValid);
		if (!strAboutMenu.IsEmpty())
		{
			pSysMenu→AppendMenu(MF_SEPARATOR);
			pSysMenu→AppendMenu(MF_STRING, IDM_ABOUTBOX,
strAboutMenu);
		}
	}

	// 이 대화상자의 아이콘을 설정합니다. 응용 프로그램의 주 창이 대화상자가 아
닐 경우에는
	// 프레임워크가 이 작업을 자동으로 수행합니다.
	SetIcon(m_hIcon, TRUE);			// 큰 아이콘을 설정합니다.
	SetIcon(m_hIcon, FALSE);		// 작은 아이콘을 설정합니다.

	// TODO: 여기에 추가 초기화 작업을 추가합니다.

	if (InitDrv() < 0) return -1; // 드라이버 초기화
	if (USBDrvInit() < 0) return -1; //드라이버 사용

	Outputb(PPI_CR, 0x90); // A 포트 입력 B, C 포트 출력

	AfxBeginThread(BBB, NULL);
```

```
	AfxBeginThread(AAA, NULL);
	Outputb(PPI_C, 0x00);
	Outputb(PPI_B, 0xbf);
	Sleep(10);



	return TRUE;  // 포커스를 컨트롤에 설정하지 않으면 TRUE를 반환합니다.
}

void CMPS1Dlg::OnSysCommand(UINT nID, LPARAM lParam)
{
	if ((nID & 0xFFF0) == IDM_ABOUTBOX)
	{
		CAboutDlg dlgAbout;
		dlgAbout.DoModal();
	}
	else
	{
		CDialogEx::OnSysCommand(nID, lParam);
	}
}

// 대화상자에 최소화 단추를 추가할 경우 아이콘을 그리려면
//  아래 코드가 필요합니다.  문서/뷰 모델을 사용하는 MFC 응용 프로그램의 경우에는
//  프레임워크에서 이 작업을 자동으로 수행합니다.

void CMPS1Dlg::OnPaint()
{
	if (IsIconic())
```

```
	{
		CPaintDC dc(this); // 그리기를 위한 디바이스 컨텍스트입니다.

		SendMessage(WM_ICONERASEBKGND, reinterpret_
cast<WPARAM>(dc.GetSafeHdc()), 0);

		// 클라이언트 사각형에서 아이콘을 가운데에 맞춥니다.
		int cxIcon = GetSystemMetrics(SM_CXICON);
		int cyIcon = GetSystemMetrics(SM_CYICON);
		CRect rect;
		GetClientRect(&rect);
		int x = (rect.Width() - cxIcon + 1) / 2;
		int y = (rect.Height() - cyIcon + 1) / 2;

		// 아이콘을 그립니다.
		dc.DrawIcon(x, y, m_hIcon);
	}
	else
	{
		CDialogEx::OnPaint();
	}
}

// 사용자가 최소화된 창을 끄는 동안에 커서가 표시되도록 시스템에서
// 이 함수를 호출합니다.
HCURSOR CMPS1Dlg::OnQueryDragIcon()
{
	return static_cast<HCURSOR>(m_hIcon);
}

void CMPS1Dlg::OnClickedMode1() // 수동 모드 설정
```

```
{
    run_su = 1;
    run_auto = 0;
    Outputb(PPI_C, 0x06);
    sw = Inputb(PPI_A);
}

void CMPS1Dlg::OnClickedMode2() // 자동 모드 설정
{
    run_su = 0;
    run_auto = 1;
    em = 0;
}

void CMPS1Dlg::OnClickedFwb()
{
    if (run_su != 1) return;
    mOutputData |= 0x01;
    Outputb(PPI_C, mOutputData);
}

void CMPS1Dlg::OnClickedBwd()
{
    if (run_su != 1) return;
    mOutputData = mOutputData & (~0x01);
    mOutputData |= 0x00;
    Outputb(PPI_C, mOutputData);
}

void CMPS1Dlg::OnClickedStart()
{
```

```
        if (run_su != 1) return;
        mOutputData = mOutputData & (~0x06);
        mOutputData |= 0x04;
        Outputb(PPI_C, mOutputData);
}

void CMPS1Dlg::OnClickedStop()
{
        if (run_su != 1) return;
        mOutputData = mOutputData & (~0x06);
        mOutputData |= 0x06;
        Outputb(PPI_C, mOutputData);
}

void CMPS1Dlg::OnClickedReset()
{
                Outputb(PPI_C, 0x06);
                Outputb(PPI_B, fnd[0]);
                Sleep(20);
                mOutputData = 0;
                a = 0;
                b = 0;
                aa = 0;
                bb = 0;
                run_su = 0;
                run_auto = 0;
}

void CMPS1Dlg::OnClickedEm()
{
        em++;
```

```
        if (run_su == 1) // 수동 운전 시의 비상 운전
        {
                Outputb(PPI_B, fnd[8]);
                run_su = 0;
        }
        else if (run_auto == 1)
        {
                run_auto = 0;
                Outputb(PPI_C, 0x06); // 모터 정지 실린더 정지
        }
}

UINT AAA(LPVOID lParam) // 동작 스레드
{
        while (1)
        {
                if (run_auto == 1) // 자동 운전
                {
                        Outputb(PPI_B, fnd[0]); // FND 0으로 설정
                                for (int i = 0; i < 7; i++)
                                {
                                        if (run_su == 1) break;
                                        Outputb(PPI_C, 0x01); // 실린더 전진
                                        sw = Inputb(PPI_A);
                                        //Sleep(1000);
                                        if ((( sw >> 5) & 0x01 ) == 1)
                                //전진 센서가 동작되면
                                        {
                                                Sleep(500);
                                // 0.5초 후 모터 구동을 시키고
                                                Outputb(PPI_C, 0x03);
```

```
                    //모터 구동
                              Sleep(1000);
                    // 2초간 실린더 전진과 모터 구동
                              Outputb(PPI_C, 0x02);
                    // 실린더 후진과 모터 동시 구동
                              Sleep(1000);
                              Outputb(PPI_C, 0x06); //동시 구동
                              Sleep(1000);
                         }
                         Outputb(PPI_B, fnd[i]);

                         if (em % 2 == 1)
                         {
                              Outputb(PPI_B, fnd[8]);
                    // 비상시 8을 FND에 표출
                              break;
                         }
                    }
               Sleep(50);
          }
     }
     return 0;
}
     UINT BBB(LPVOID lParam) //스위치 스레드
     {
          unsigned int a_previous = 0; // 2회 이상일 경우를 찾아내기 위한 임시 변수
          unsigned int b_previous = 0;
          while (1)
          {
               sw = Inputb(PPI_A);
               if ((sw & 0x01) == 0x00)  // 스위치 버튼 스캔
```

```
{
        a = 1; //sw1 클릭하면 이 스레드로 이를 스캔해서
// 값을 a 변수에 저장, 2회 이상일 때 aa을 1로 설정
        if (a_previous == 1)
        {
                run_su = 1;
                if (run_auto == 1)
    // 수동 모드 스위치 설정에 의해
    // 자동 모드 해지 작업
                        run_auto = 0;
        }
        a_previous = 1;
}
else
{
        a_previous = 0;
}

if ((sw & 0x02) == 0x00)
{
        b = 1; //sw2 클릭하면 이를 스캔해서 값을 b 변수에
   // 저장, 2회 이상일 때 bb을 1로 설정
        if (b_previous == 1)
        {
                run_auto = 1;
                if (run_su == 1) // 자동 모드 스위치
    //설정에 의해 수동 모드 해지 작업
                        run_su = 0;
        }
        b_previous = 1;
}
```

```
            else
            {
                    b_previous = 0;
            }

            Sleep(50); //스레드문 2개 이상 사용 시 반드시 사용해야 함.
        }
        return 0;
}
```

(6) 시뮬레이션 시작하기

시뮬레이션의 순서로는 MPS Lab의 시뮬레이션 실행 버튼을 먼저 실행하고 Visual Studio에서 상단 메뉴의 빌드 탭을 클릭하고 솔루션 빌드를 클릭하여 프로그램 빌드를 시작한다.

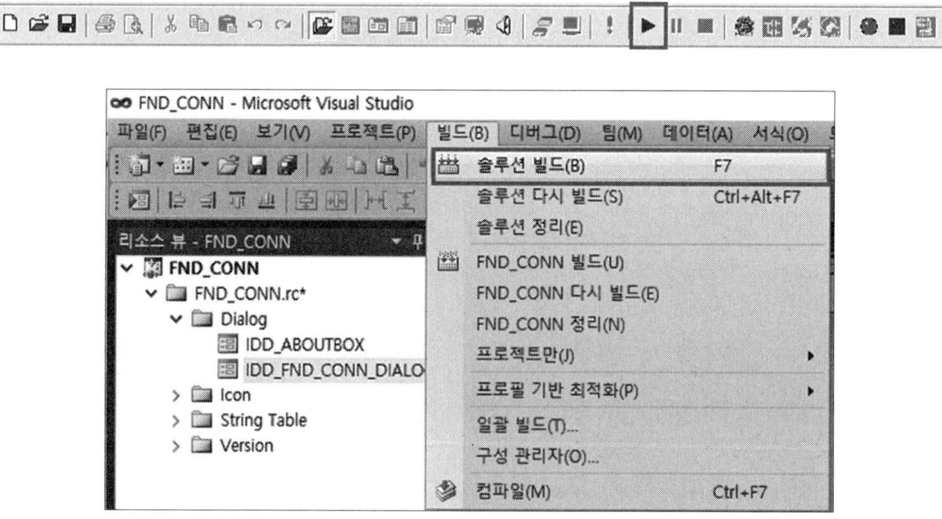

2 MPS 제어하기 2

1) MPS Lab에서 아래의 그림과 같이 부품을 배치하고 배선한다.

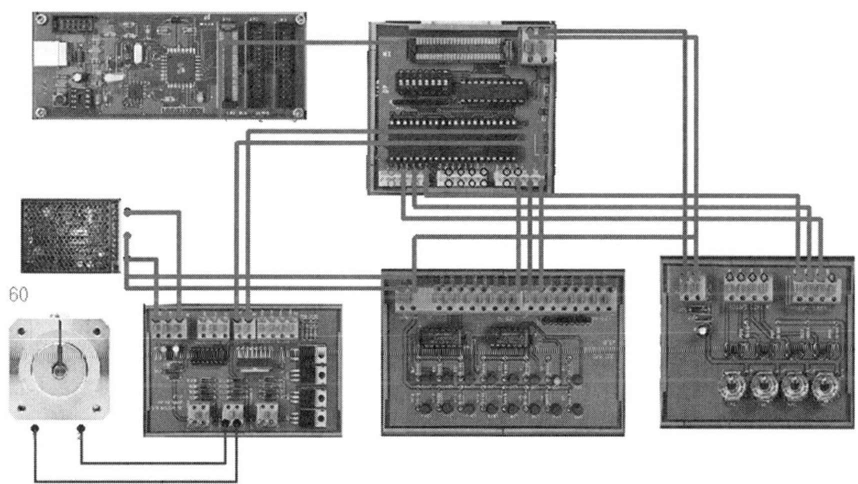

사용 부품

- USB BUS Board - 8255 Board - Power Supply - Switch Board
- LED Board - DC Motor - DC Motor Board

① USB 보드의 JP1과 8255 보드를 연결한다.

② 8255 보드의 5V/GND와 파워 서플라이의 전원을 연결한다.

③ 8255 보드 A 포트 PA0~PA1을 DC Board -DIR_A, +DIR_A에 연결한다.

④ 8255 보드 A 포트 PA5~PA7을 LED Board의 9~11에 연결한다.

⑤ 8255 보드 C 포트 PC0~PC2를 LED Board의 Toggle1, Toggle2, Toggle3에 연결한다.

⑥ 모터는 DC Board의 Motor+_2 Motor-_2의 단자에 연결한다.

2) 프로그램 작성

(1) 프로젝트명을 MPS1로 설정한 뒤 'MFC 응용 프로그램'을 선택하여 새 프로젝트를 생성한다.

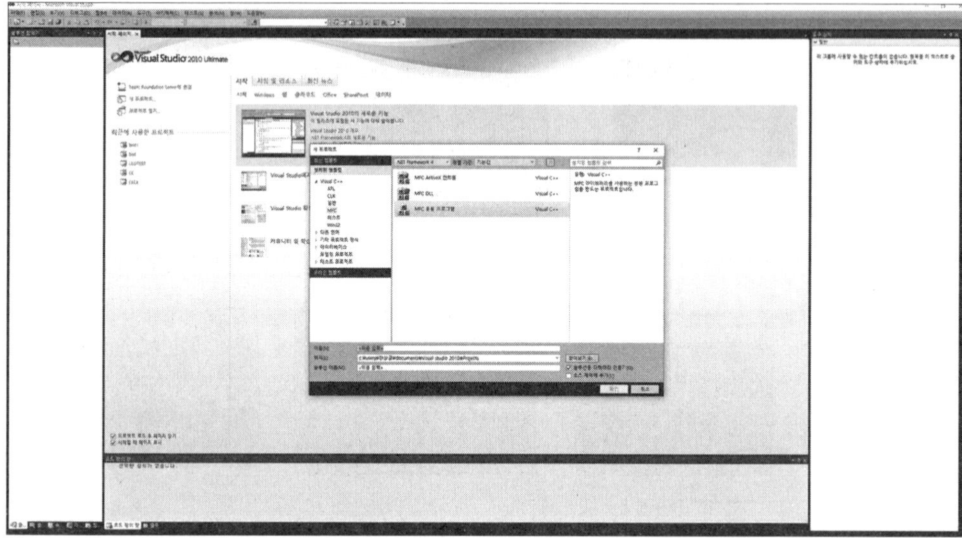

(2) 'MFC 응용 프로그램 마법사 - Step 1'에서 '대화상자 기반'을 선택하고 '마침'을 선택한다.

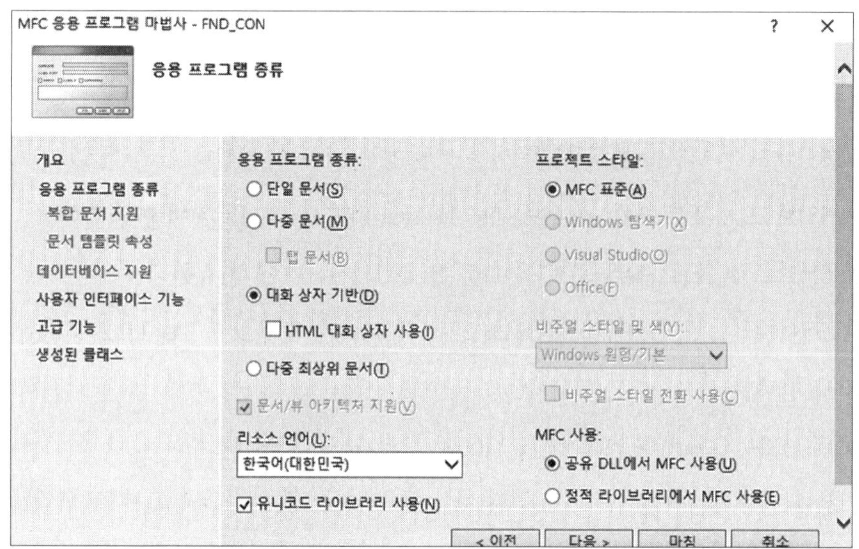

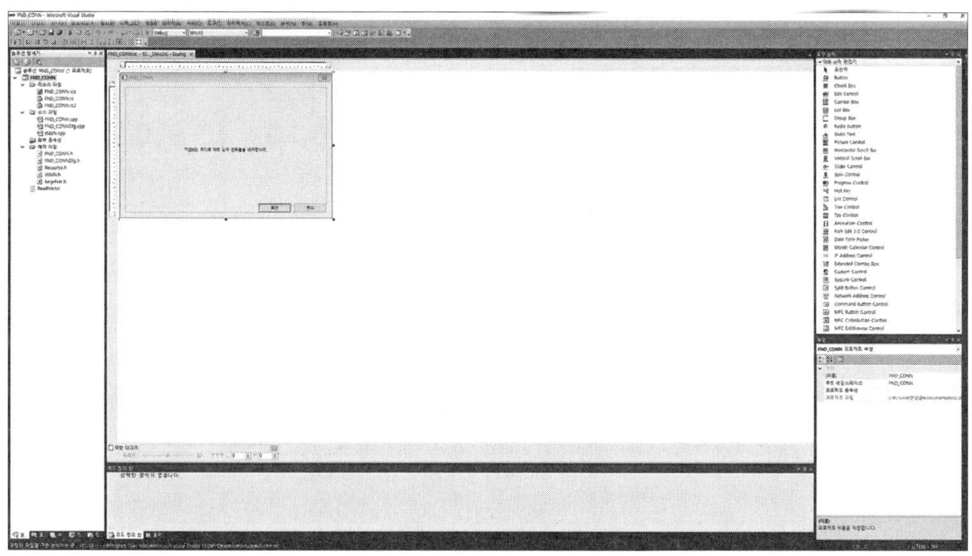

(3) 우측 상단 도구상자에서 Button을 선택하여 다이얼로그 박스에 버튼을 만들고 각 버튼의 Properties를 아래 표와 같이 설정한다. Properties는 우측 하단의 속성창에서 설정할 수 있으며, 버튼을 묶어 주는 박스는 우측 상단 도구상자의 Group Box를 선택하여 생성할 수 있다.

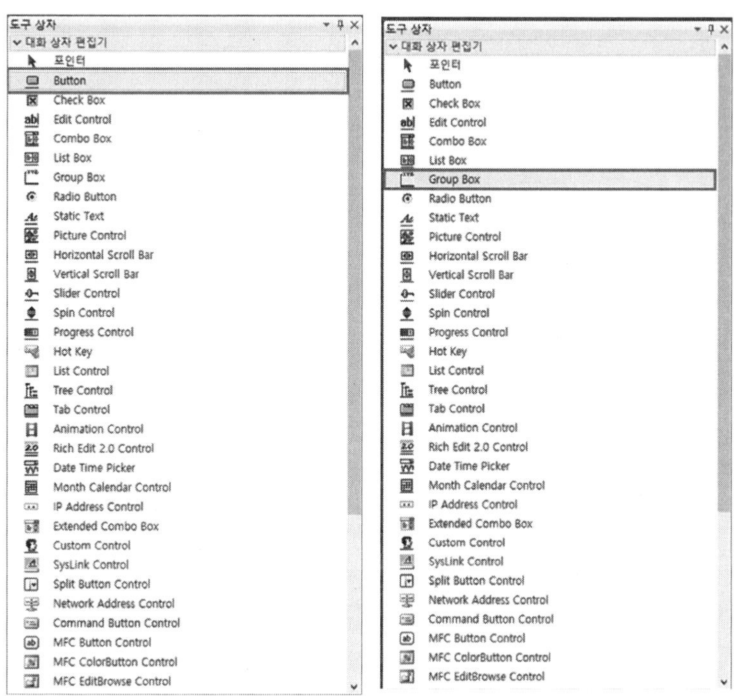

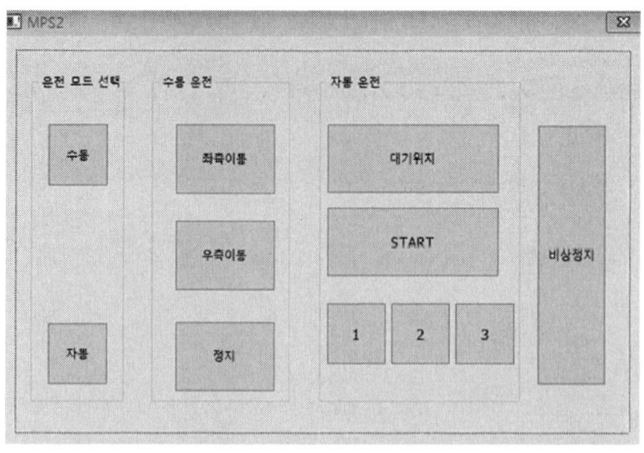

순번	컨트롤	프로퍼티	설정
1	Button	ID	ID_MODE1
		Caption	수동
2	Button	ID	ID_MODE2
		Caption	자동
3	Button	ID	ID_LEFT
		Caption	좌측이동
4	Button	ID	ID_RIGHT
		Caption	우측이동
5	Button	ID	ID_STOP
		Caption	정지
6	Button	ID	ID_WAIT
		Caption	대기위치
7	Button	ID	ID_START
		Caption	START
8	Button	ID	ID_P1
		Caption	1
9	Button	ID	ID_P2
		Caption	2
10	Button	ID	ID_P3
		Caption	3
11	Button	ID	ID_EM
		Caption	비상정지
12	Static Text	ID	IDC_STATIC1
		Caption	운전 모드 선택
13	Static Text	ID	IDC_STATIC2
		Caption	수동 운전
14	Static Text	ID	IDC_STATIC3
		Caption	자동 운전

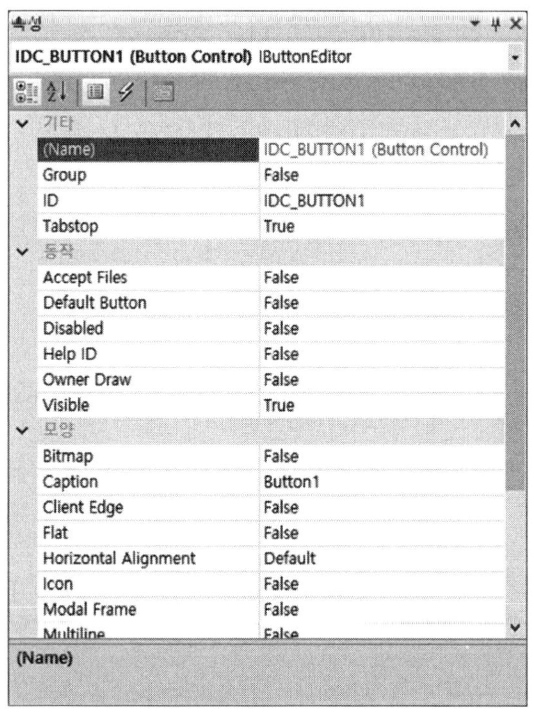

(4) 각 버튼에 해당하는 이벤트 핸들러를 생성한다. 생성한 버튼을 우클릭하고 '이벤트 처리기 추가'를 선택한다. 이벤트 핸들러 다이얼로그 박스가 생성되면 BN_CLICKED를 선택하여 이벤트를 생성한다.

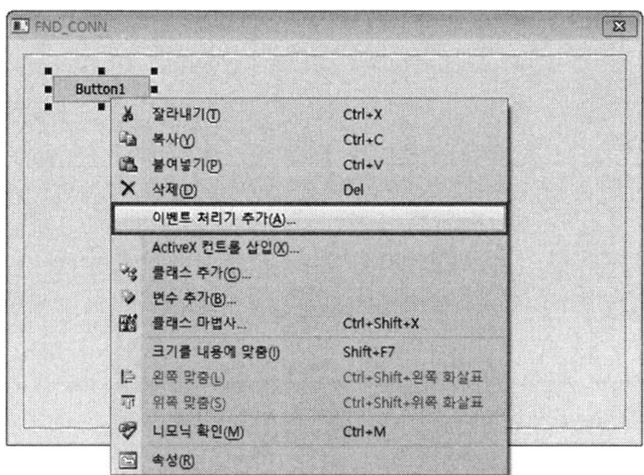

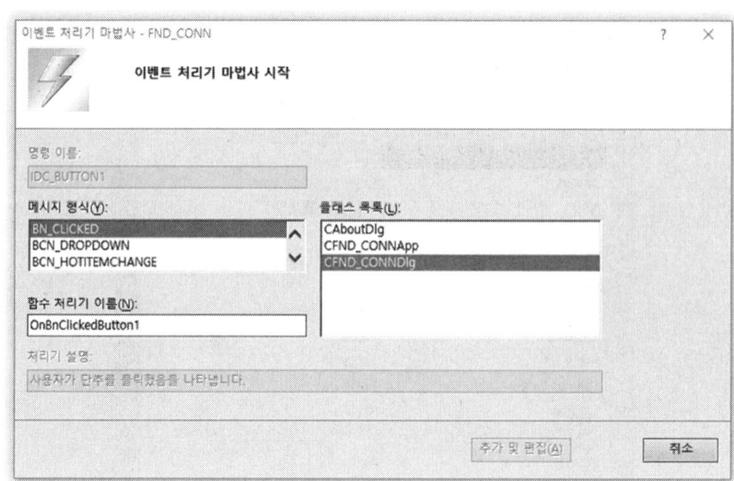

(5) 이벤트 생성을 확인한 후 다음 표와 같이 프로그램을 작성한다.

```
#include "stdafx.h"
#include "MPS2.h"
#include "MPS2Dlg.h"
#include "afxdialogex.h"

#ifdef _DEBUG
#define new DEBUG_NEW
#endif

#define PPI_A 0
#define PPI_B 1
#define PPI_C 2
#define PPI_CR 3

unsigned char mode = 0, count = 0, manumode = 0;
unsigned char led_pos = 2, sensor = 0;
unsigned char led[4] = { 0x70,0x60,0x50,0x30 };// 0 없음, 1 우측, 2 중앙, 3 좌측 포지션
unsigned char motor_status[3] = { 0x03, 0x02, 0x01 }; //0 정지, 1우회전 2 좌회전
```

```
unsigned char auto_mode = 0; //0 정지, 1 대기 모드, 2 시작 모드
unsigned char TG_pos = 0; //0 없음, 1 우측 포지션, 2 중앙 포지션, 3 좌측 포지션

UINT thread(LPVOID lParam);

// 응용 프로그램 정보에 사용되는 CAboutDlg 대화상자입니다.

class CAboutDlg : public CDialogEx
{
public:
	CAboutDlg();

// 대화상자 데이터입니다.
	enum { IDD = IDD_ABOUTBOX };

	protected:
	virtual void DoDataExchange(CDataExchange* pDX);	// DDX/DDV 지원입니다.

// 구현입니다.
protected:
	DECLARE_MESSAGE_MAP()
};

CAboutDlg::CAboutDlg() : CDialogEx(CAboutDlg::IDD)
{
}

void CAboutDlg::DoDataExchange(CDataExchange* pDX)
{
	CDialogEx::DoDataExchange(pDX);
}
```

```
BEGIN_MESSAGE_MAP(CAboutDlg, CDialogEx)
END_MESSAGE_MAP()


// CMPS2Dlg 대화상자




CMPS2Dlg::CMPS2Dlg(CWnd* pParent /*=NULL*/)
	: CDialogEx(CMPS2Dlg::IDD, pParent)
{
	m_hIcon = AfxGetApp()→LoadIcon(IDR_MAINFRAME);
}

void CMPS2Dlg::DoDataExchange(CDataExchange* pDX)
{
	CDialogEx::DoDataExchange(pDX);
}

BEGIN_MESSAGE_MAP(CMPS2Dlg, CDialogEx)
	ON_WM_SYSCOMMAND()
	ON_WM_PAINT()
	ON_WM_QUERYDRAGICON()
	ON_BN_CLICKED(IDC_BUTTON1, &CMPS2Dlg::OnBnClickedButton1)
END_MESSAGE_MAP()


// CMPS2Dlg 메시지 처리기
```

```
BOOL CMPS2Dlg::OnInitDialog()
{
	CDialogEx::OnInitDialog();

	// 시스템 메뉴에 "정보..." 메뉴 항목을 추가합니다.

	// IDM_ABOUTBOX는 시스템 명령 범위에 있어야 합니다.
	ASSERT((IDM_ABOUTBOX & 0xFFF0) == IDM_ABOUTBOX);
	ASSERT(IDM_ABOUTBOX < 0xF000);

	CMenu* pSysMenu = GetSystemMenu(FALSE);
	if (pSysMenu != NULL)
	{
		BOOL bNameValid;
		CString strAboutMenu;
		bNameValid = strAboutMenu.LoadString(IDS_ABOUTBOX);
		ASSERT(bNameValid);
		if (!strAboutMenu.IsEmpty())
		{
			pSysMenu->AppendMenu(MF_SEPARATOR);
			pSysMenu->AppendMenu(MF_STRING, IDM_ABOUTBOX,
strAboutMenu);
		}
	}

	// 이 대화상자의 아이콘을 설정합니다. 응용 프로그램의 주 창이 대화상자가 아
닐 경우에는
	//  프레임워크가 이 작업을 자동으로 수행합니다.
	SetIcon(m_hIcon, TRUE);			// 큰 아이콘을 설정합니다.
	SetIcon(m_hIcon, FALSE);		// 작은 아이콘을 설정합니다.
```

```
	// TODO: 여기에 추가 초기화 작업을 추가합니다.

	if(InitDrv() <0) return -1;
	if(USBDrvInit() <0) return -1;
	OutputB(PPI_CR, 0x89);		// A, B 출력, C 포트 입력
	Outputb(PPI_A, 0x00);
	AfxBeginThread(thread,NULL);
	Sleep(10);

	return TRUE;  // 포커스를 컨트롤에 설정하지 않으면 TRUE를 반환합니다.
}

void CMPS2Dlg::OnSysCommand(UINT nID, LPARAM lParam)
{
	if ((nID & 0xFFF0) == IDM_ABOUTBOX)
	{
		CAboutDlg dlgAbout;
		dlgAbout.DoModal();
	}
	else
	{
		CDialogEx::OnSysCommand(nID, lParam);
	}
}

// 대화상자에 최소화 단추를 추가할 경우 아이콘을 그리려면
// 아래 코드가 필요합니다. 문서/뷰 모델을 사용하는 MFC 응용 프로그램의 경우에는
// 프레임워크에서 이 작업을 자동으로 수행합니다.

void CMPS2Dlg::OnPaint()
{
```

```
	if (IsIconic())
	{
		CPaintDC dc(this); // 그리기를 위한 디바이스 컨텍스트입니다.

		SendMessage(WM_ICONERASEBKGND, reinterpret_cast <WPARAM>
(dc.GetSafeHdc()), 0);

		// 클라이언트 사각형에서 아이콘을 가운데에 맞춥니다.
		int cxIcon = GetSystemMetrics(SM_CXICON);
		int cyIcon = GetSystemMetrics(SM_CYICON);
		CRect rect;
		GetClientRect(&rect);
		int x = (rect.Width() - cxIcon + 1) / 2;
		int y = (rect.Height() - cyIcon + 1) / 2;

		// 아이콘을 그립니다.
		dc.DrawIcon(x, y, m_hIcon);
	}
	else
	{
		CDialogEx::OnPaint();
	}
}

// 사용자가 최소화된 창을 끄는 동안에 커서가 표시되도록 시스템에서
//  이 함수를 호출합니다.
HCURSOR CMPS2Dlg::OnQueryDragIcon()
{
	return static_cast <HCURSOR> (m_hIcon);
}
```

```
void CMPS2Dlg::OnClickedMode1() // 수동 운전
{
        Sleep(30);
        mode=1;

}
void CMPS2Dlg::OnClickedMode2() // 자동 운전
{
        Sleep(30);
        manumode=0;
        mode=2;
}
void CMPS2Dlg::OnClickedLeft() // 좌측 이동
{
        Sleep(30);
        manumode=1;
}
void CMPS2Dlg::OnClickedRigth() // 우측 이동
{
        Sleep(30);
        manumode=2;
}
void CMPS2Dlg::OnClickedStop() // 정지
{
        Sleep(30);
        manumode=0;
}
void CMPS2Dlg::OnClickedWait() // 대기 위치
{
        Sleep(30);
```

```
        run=0;
        auto_mode = 1;
}
void CMPS2Dlg::OnClickedStart() // START
{
        Sleep(30);
        auto_mode = 2;
}
void CMPS2Dlg::OnClickedP1() // 1
{
        Sleep(30);
        TG_pos = 1;
}
void CMPS2Dlg::OnClickedP2() // 2
{
        Sleep(30);
        TG_pos = 2;
}
void CMPS2Dlg::OnClickedP3() // 3
{
        Sleep(30);
        TG_pos = 3;
}
void CMPS2Dlg::OnClickedEm() // 비상 정지
{
        auto_mode = 0;
}
UINT Thread(LPVOID lParam) // 동작 스레드
{       while (1)
        {
                sw = Inputb(PPI_C); //toggle switch의 입력값
```

```
if (mode == 0) // 초기 동작 LED 회전
{
        Outputb(PPI_A, led[count]);
        Sleep(1000);
        count++;
        if (count == 4) count = 0;
}
if (mode == 1) // 수동 운전
{
        if (manumode == 0) // 모터 정지
        {
                Outputb(PPI_A, (led[2] + motor_status[0]));
                led_pos = 2;
        }
        if (manumode == 1) // 모터 좌측 이동
        {
                Outputb(PPI_A, (led[3] + motor_status[2]));
                led_pos = 3;
        }
        if (manumode == 2) // 모터 우측 이동
        {
                Outputb(PPI_A, (led[1] + motor_status[1]));
                led_pos = 1;
        }
        Sleep(50);
}
if (mode == 2) // 자동 운전
{
        //목표 위치에 대한 센서값 검출
        sensor = 0;
```

```
		if ((sw >> 0 ) == 1)
		{
			sensor = 1;
		}
		if ( (sw >> 1 ) == 1)
		{
			sensor = 2;
		}
		if ((sw >> 2) == 1)
		{
			sensor = 3;
		}

		if (auto_mode == 0) // 비상 정지 버튼  동작
		{
			Outputb(PPI_A, (led[2] + motor_status[0]));
			led_pos = 2;
		}
		if (auto_mode == 1) // 대기 모드
		{
			Outputb(PPI_A, (led[2] + motor_status[0]));
			led_pos = 2;
		}
		if (auto_mode == 2 ) // 스타트 버튼 감지 모드 설정
		{
			if (TG_pos > led_pos) // 현재 위치 파악
			{
				Outputb(PPI_A,  (led[led_pos] + motor_
status[2])); //모터 좌회전
				Sleep(2000);
			}
```

```
                        if (TG_pos < led_pos)
                        {
                                Outputb(PPI_A, (led[led_pos] + motor_
status[1])); //모터 좌회전
                                Sleep(2000);
                        }
                        if (TG_pos == led_pos)
                        {
                            Sleep(2000);
                        }

                        if (TG_pos == sensor && sensor > 0 ) // 목표 위치
의 내용과 입력된 센서값이 같으면 모터는 정지하고 LED는 해당 위치에 정지
                        {
                                Outputb(PPI_A, (led[sensor] + motor_
status[0]));
                                led_pos = TG_pos;
                                Sleep(2000);
                        }
                    }
                }
                Sleep(30);
        }
        return 0;
}
```

(6) 시뮬레이션 시작하기

시뮬레이션의 순서로는 MPS Lab의 시뮬레이션 실행 버튼을 먼저 실행하고

Visual Studio에서 상단 메뉴의 빌드 탭을 클릭하고 솔루션 빌드를 클릭하여 프로그램 빌드를 시작한다.

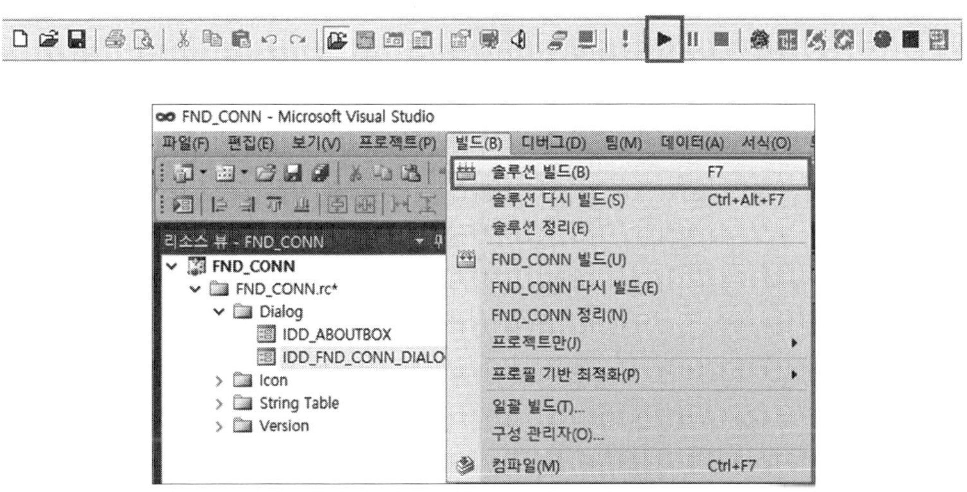

3 MPS 제어하기 3

1) MPS Lab에서 아래의 그림과 같이 부품을 배치하고 배선한다.

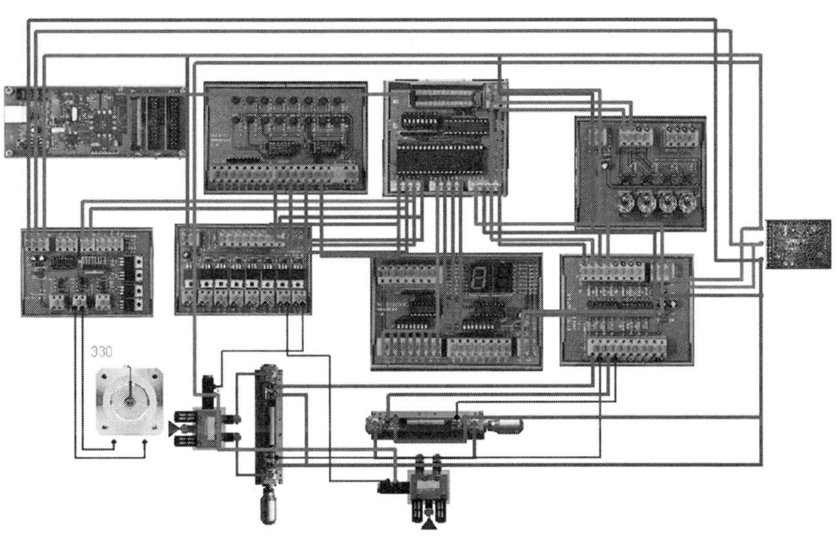

사용 부품

- USB BUS Board - 8255 Board - Power Supply - TR Board
- LED Board - Switch Board - DC Motor - DC Board
- FND Static Board - 실린더 2개

① USB 보드의 JP1과 8255 보드를 연결한다.

② 8255 보드의 5V/GND와 파워 서플라이의 24V를 TR Board와 FND Board, Switch Board에 연결한다.

③ 8255 보드 A 포트 PA0~PA1을 Switch Board의 Push1~Push2에 연결한다.

④ 8255 보드 A 포트 PA4~PA7을 Photo_Board의 OUT_1~OUT_4에 연결한다.

⑤ 8255 보드 B 포트 PB0~PB7을 FND Board의 A0~DP0에 연결한다.

⑥ 8255 보드 C 포드 PC0과 PC1를 TR Board의 IN1과 IN2에 연결한다.

⑦ 8255 보드 C 포드 PC1~PC2를 DC Board -DIR_A, +DIR_A에 연결한다.

⑧ 모터는 DC Board의 Motor+_2 Motor-_2의 단자에 연결한다.

⑨ 상하 실린더 후진 센서는 Photo Board의 IN_1과 전원 GND에 연결한다.

⑩ 상하 실린더 전진 센서는 Photo Board의 IN_2와 전원 GND에 연결한다.

⑪ 수평 실린더 후진 센서는 Photo Board의 IN_3과 전원 GND에 연결한다.

⑫ 수평 실린더 전진 센서는 Photo Board의 IN_4와 전원 GND에 연결한다.

⑬ 실린더 솔레노이드 전원은 24V 전원과 TR Board OUT1에 연결한다.

2) 프로그램 작성

(1) 프로젝트명을 MPS1로 설정한 뒤 'MFC 응용 프로그램'을 선택하여 새 프로젝트를 생성한다.

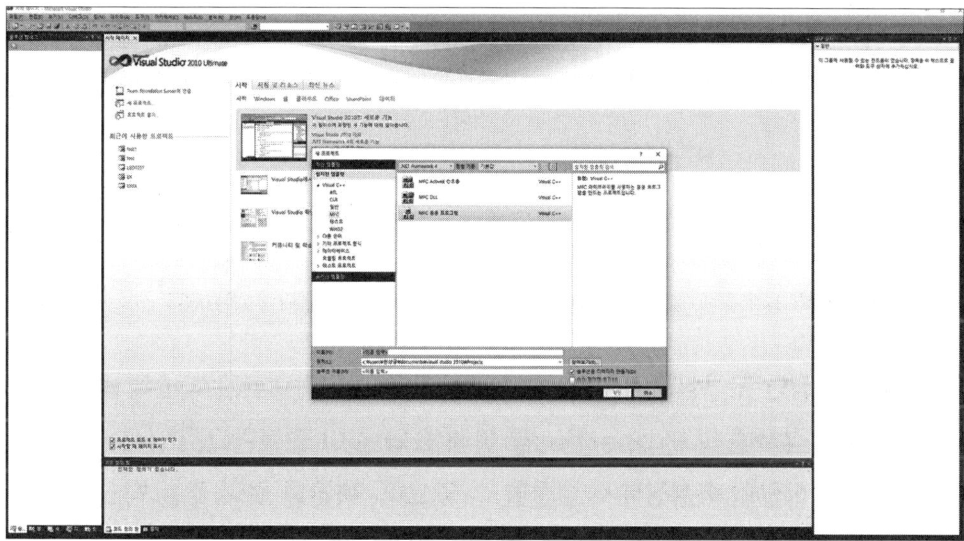

(2) 'MFC 응용 프로그램 마법사 - Step 1'에서 '대화상자 기반'을 선택하고 '마침'을 선택한다.

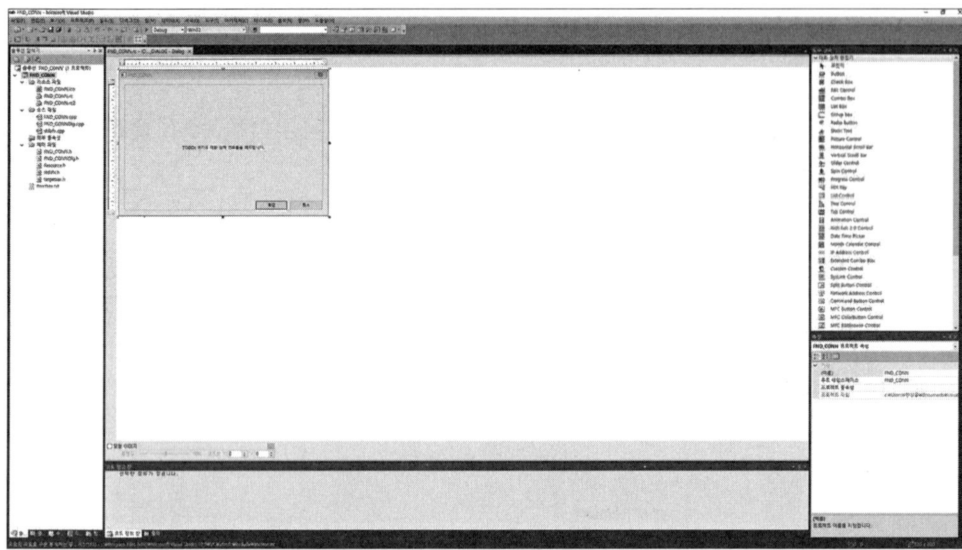

(3) 우측 상단 도구상자에서 Button을 선택하여 다이얼로그 박스에 버튼을 만들고 각 버튼의 Properties를 아래 표와 같이 설정한다. Properties는 우측 하단의 속성창에서 설정할 수 있으며, 버튼을 묶어 주는 박스는 우측 상단 도구상자의 Group Box를 선택하여 생성할 수 있다.

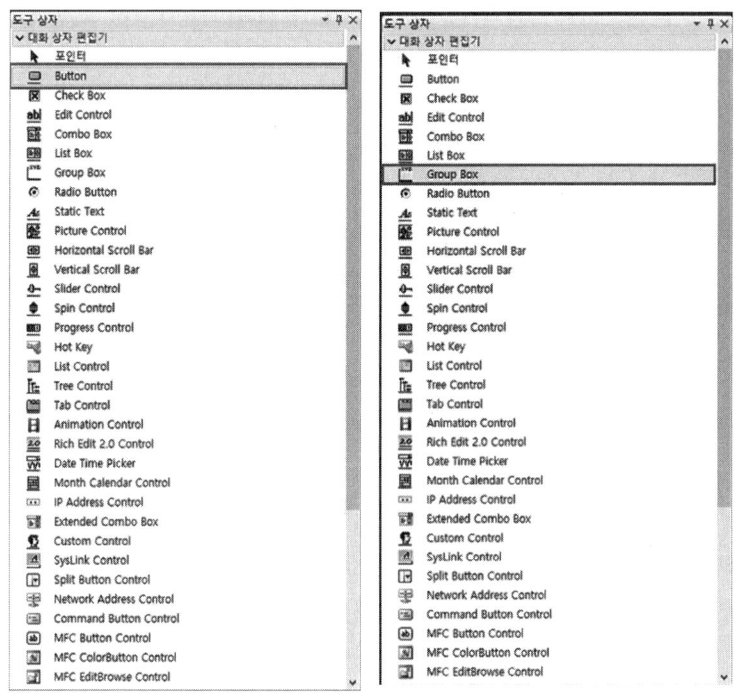

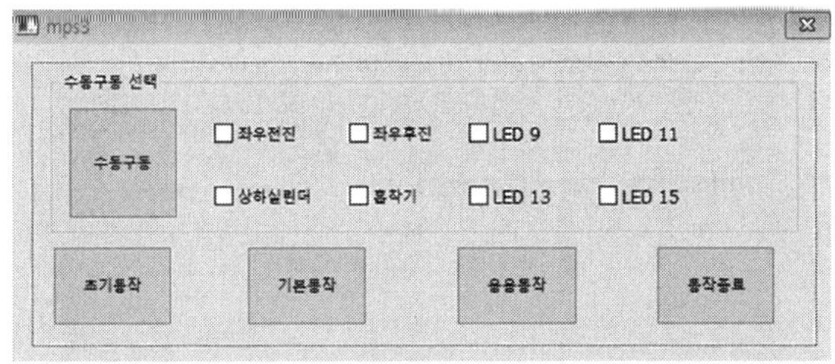

순번	컨트롤	프로퍼티	설정
1	Button	ID	IDC_MODE1
		Caption	수동구동
2	Button	ID	IDC_MODE2
		Caption	초기동작
3	Button	ID	IDC_MODE3
		Caption	기본동작
4	Button	ID	IDC_MODE4
		Caption	응용동작
5	Button	ID	IDC_STOP
		Caption	동작종료
6	Check Box	ID	IDC_LRFWD
		Caption	좌우전진
7	Check Box	ID	IDC_LRBWD
		Caption	좌우후진
8	Check Box	ID	IDC_UDFWD
		Caption	상하실린더
9	Check Box	ID	IDC_VC
		Caption	흡착기
10	Check Box	ID	ID_LED9
		Caption	LED 9
11	Check Box	ID	IC_LED11
		Caption	LED 11
12	Check Box	ID	ID_LED13
		Caption	LED 13
13	Check Box	ID	ID_LED15
		Caption	LED 15
14	Check Box	ID	IDC_STATIC
		Caption	수동구동 선택

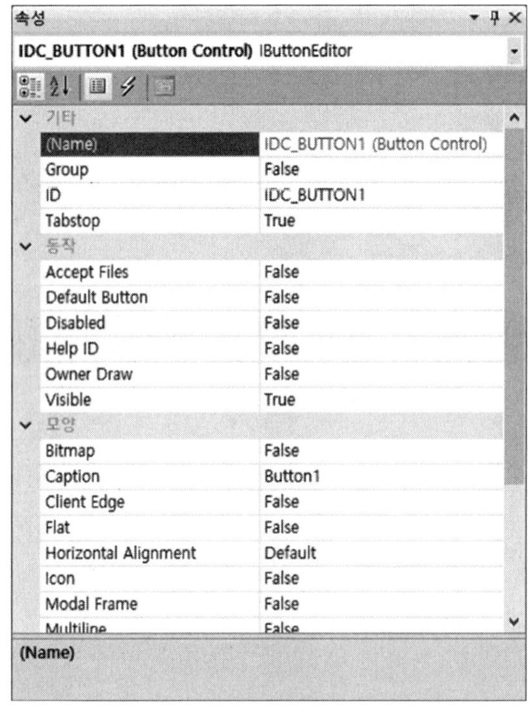

(4) 각 버튼에 해당하는 이벤트 핸들러를 생성한다. 생성한 버튼을 우클릭하고 '이벤트 처리기 추가'를 선택한다. 이벤트 핸들러 다이얼로그 박스가 생성되면 BN_CLICKED를 선택하여 이벤트를 생성한다.

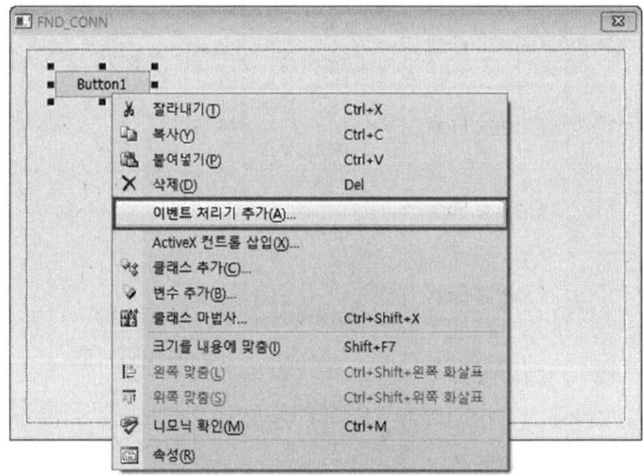

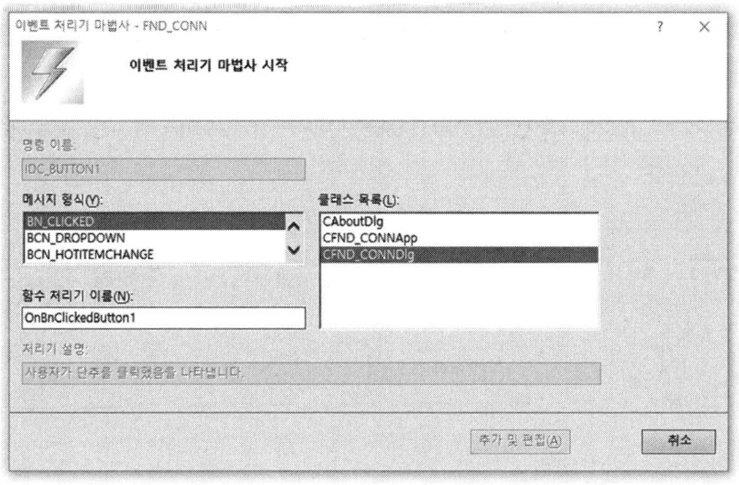

(5) 이벤트 생성을 확인한 후 다음 표와 같이 프로그램을 작성한다.

```
#include "stdafx.h"
#include "MPS3.h"
#include "MPS3Dlg.h"
#include "afxdialogex.h"
#include "imechatronics_MPSLabv2.h"

#ifdef _DEBUG
#define new DEBUG_NEW
#endif

#define PPI_A 0
#define PPI_B 1
#define PPI_C 2
#define PPI_CR 3

// 응용 프로그램 정보에 사용되는 CAboutDlg 대화상자입니다.
unsigned char sw = 0, a = 0, b = 0, aa = 0, bb = 0;
unsigned char mode = 0; // 0 정지, 1 수동, 2 자동
```

```
unsigned char fnd[10] = { 0xc0,0xf9,0xa4,0xb0,0x99,0x92,0x83,0xf8,0x80,0x98 };
unsigned char auto_mode = 0; // 0 초기, 1 기본, 2 응용
unsigned char LED[5] = { 0x10,0x20,0x40,0x80 }; //0 점멸, 1 LED9, 2 LED11, 3 LED13, 4 LED15
unsigned char mOutputDataC = 0xF0; //초기설정
BOOL led9=0, led11=0, led13=0, led15=0, vc=0, cyl0_b=1, cyl0=0, cyl0_f=0, cyl1_b=1, cyl1_f=0;
unsigned int basic_step=0, advanced_step=0, count=0, count1=0;

UINT AAA(LPVIOID lParam);
UINT BBB(LPVOID lParam);

// 응용 프로그램 정보에 사용되는 CAboutDlg 대화상자입니다.

class CAboutDlg : public CDialogEx
{
public:
	CAboutDlg();

// 대화상자 데이터입니다.
	enum { IDD = IDD_ABOUTBOX };

	protected:
	virtual void DoDataExchange(CDataExchange* pDX);    // DDX/DDV 지원입니다.

// 구현입니다.
protected:
	DECLARE_MESSAGE_MAP()
};

CAboutDlg::CAboutDlg() : CDialogEx(CAboutDlg::IDD)
```

```
{
}

void CAboutDlg::DoDataExchange(CDataExchange* pDX)
{
	CDialogEx::DoDataExchange(pDX);
}

BEGIN_MESSAGE_MAP(CAboutDlg, CDialogEx)
END_MESSAGE_MAP()


// CMPS1Dlg 대화상자




CMPS3Dlg::CMPS3Dlg(CWnd* pParent /*=NULL*/)
	: CDialogEx(CMPS3Dlg::IDD, pParent)
{
	m_hIcon = AfxGetApp()→LoadIcon(IDR_MAINFRAME);
}

void CMPS3Dlg::DoDataExchange(CDataExchange* pDX)
{
	CDialogEx::DoDataExchange(pDX);
}

BEGIN_MESSAGE_MAP(CMPS3Dlg, CDialogEx)
	ON_WM_SYSCOMMAND()
	ON_WM_PAINT()
```

```
	ON_WM_QUERYDRAGICON()
	ON_BN_CLICKED(IDC_BUTTON1, &CMPS3Dlg::OnBnClickedButton1)
END_MESSAGE_MAP()


// CMPS3Dlg 메시지 처리기

BOOL CMPS3Dlg::OnInitDialog()
{
	CDialogEx::OnInitDialog();

	// 시스템 메뉴에 "정보..." 메뉴 항목을 추가합니다.

	// IDM_ABOUTBOX는 시스템 명령 범위에 있어야 합니다.
	ASSERT((IDM_ABOUTBOX & 0xFFF0) == IDM_ABOUTBOX);
	ASSERT(IDM_ABOUTBOX < 0xF000);

	CMenu* pSysMenu = GetSystemMenu(FALSE);
	if (pSysMenu != NULL)
	{
		BOOL bNameValid;
		CString strAboutMenu;
		bNameValid = strAboutMenu.LoadString(IDS_ABOUTBOX);
		ASSERT(bNameValid);
		if (!strAboutMenu.IsEmpty())
		{
			pSysMenu->AppendMenu(MF_SEPARATOR);
			pSysMenu->AppendMenu(MF_STRING, IDM_ABOUTBOX,
strAboutMenu);
		}
	}
```

```
	// 이 대화상자의 아이콘을 설정합니다. 응용 프로그램의 주 창이 대화상자가 아
닐 경우에는
	//  프레임워크가 이 작업을 자동으로 수행합니다.
	SetIcon(m_hIcon, TRUE);			// 큰 아이콘을 설정합니다.
	SetIcon(m_hIcon, FALSE);		// 작은 아이콘을 설정합니다.

	// TODO: 여기에 추가 초기화 작업을 추가합니다.


	if (InitDrv() < 0) return -1; // 드라이버 초기화
	if (USBDrvInit() < 0) return -1; //드라이버 사용

	Outputb(PPI_CR, 0x90); // A 포트 입력 B, C 포트 출력

	AfxBeginThread(BBB, NULL);
	AfxBeginThread(AAA, NULL);
	Outputb(PPI_C, 0xF0); // DC 모터 중립, 실린더 후진, 및 LED 출력 무
	Outputb(PPI_B, 0xbf); // - 출력
	Sleep(10);

	return TRUE;  // 포커스를 컨트롤에 설정하지 않으면 TRUE를 반환합니다.
}

void CMPS3Dlg::OnSysCommand(UINT nID, LPARAM lParam)
{
	if ((nID & 0xFFF0) == IDM_ABOUTBOX)
	{
		CAboutDlg dlgAbout;
		dlgAbout.DoModal();
	}
```

```
	else
	{
		CDialogEx::OnSysCommand(nID, lParam);
	}
}

// 대화상자에 최소화 단추를 추가할 경우 아이콘을 그리려면
// 아래 코드가 필요합니다. 문서/뷰 모델을 사용하는 MFC 응용 프로그램의 경우에는
// 프레임워크에서 이 작업을 자동으로 수행합니다.

void CMPS3Dlg::OnPaint()
{
	if (IsIconic())
	{
		CPaintDC dc(this); // 그리기를 위한 디바이스 컨텍스트입니다.

		SendMessage(WM_ICONERASEBKGND, reinterpret_cast<WPARAM>
(dc.GetSafeHdc()), 0);

		// 클라이언트 사각형에서 아이콘을 가운데에 맞춥니다.
		int cxIcon = GetSystemMetrics(SM_CXICON);
		int cyIcon = GetSystemMetrics(SM_CYICON);
		CRect rect;
		GetClientRect(&rect);
		int x = (rect.Width() - cxIcon + 1) / 2;
		int y = (rect.Height() - cyIcon + 1) / 2;

		// 아이콘을 그립니다.
		dc.DrawIcon(x, y, m_hIcon);
	}
	else
```

```
    {
            CDialogEx::OnPaint();
    }
}

// 사용자가 최소화된 창을 끄는 동안에 커서가 표시되도록 시스템에서
//  이 함수를 호출합니다.
HCURSOR CMPS3Dlg::OnQueryDragIcon()
{
    return static_cast<HCURSOR>(m_hIcon);
}


void CMPS3Dlg::OnClickedMode1() // 수동 구동
{
    mode = 1;
}
void CMPS3Dlg::OnClickedMode2() // 초기 동작
{
    mode = 2;
    auto_mode = 0;
}
void CMPS3Dlg::OnClickedMode3() // 기본 동작
{
    mode = 2;
    auto_mode = 1;
}
void CMPS3Dlg::OnClickedMode4() // 응용 동작
{
    mode = 2;
```

```
        auto_mode = 2;
}
void CMPS3Dlg::OnClickedStop() // 동작 종료
{
        mode = 0;
        mOutputDataC = 0xF0;
        Outputb(PPI_C, mOutputDataC);
}
void CMPS3Dlg::OnClickedLrfwd() // 좌우 전진
{
        if (mode == 1)
        {
                mOutputDataC |= 0x02;
                Outputb(PPI_C, mOutputDataC); // 실린더 전진
        }
}
void CMPS3Dlg::OnClickedLrbwd() // 좌우 후진
{
        if (mode == 1) {
                mOutputDataC = mOutputDataC & (~0x02);
                Outputb(PPI_C, mOutputDataC); // cycle[i]);// 실린더 전진
        }
}
void CMPS3Dlg::OnClickedUpfwd() // 상하 실린더
{
        if (mode == 1)
        {
                mOutputDataC |= 0x01;
                Outputb(PPI_C, mOutputDataC); // 실린더 전진
                if (!cyl0)
                {
```

```
				mOutputDataC |= 0x01;
				Outputb(PPI_C, mOutputDataC); // 실린더 전진
			}
			else
			{
				mOutputDataC = mOutputDataC & (~0x01);
				Outputb(PPI_C, mOutputDataC);
			}
			cyl0 = !cyl0;
	}
}
void CMPS3Dlg::OnClickedVc() //흡착기 모터 구동
{
	if (mode == 1) {
			if (!vc)
			{
				mOutputDataC |= 0x04;
				Outputb(PPI_C, mOutputDataC);
			}
			else
			{
				mOutputDataC = mOutputDataC & (~0x04);
				Outputb(PPI_C, mOutputDataC);
			}
			vc = !vc;
	}
}
void CMPS3Dlg::OnClickedLed9() // LED9
{
	if (!led9)
	{
```

```
            mOutputDataC = mOutputDataC & (~0x10);
            Outputb(PPI_C, mOutputDataC);
    else
    {
            mOutputDataC |= 0x10;
            Outputb(PPI_C, mOutputDataC);
    }
    led9 = !led9;
}


void CMPS3Dlg::OnClickedLed11()  //LED11
{
    if (!led11)
    {
            mOutputDataC = mOutputDataC & (~0x20);
            Outputb(PPI_C, mOutputDataC);
    }
    else
    {
            mOutputDataC |= 0x20;
            Outputb(PPI_C, mOutputDataC);
    }
    led11 = !led11;
}


void CMPS3Dlg::OnClickedLed13()  //LED13
{
    if (!led13)
    {
```

```
			mOutputDataC = mOutputDataC & (~0x40);
			Outputb(PPI_C, mOutputDataC);
	}
	else
	{
			mOutputDataC |= 0x40;
			Outputb(PPI_C, mOutputDataC);
	}
	led13 = !led13;
}


void CMPS3Dlg::OnClickedLed15() //LED15
{
	if (!led15)
	{
			mOutputDataC = mOutputDataC & (~0x80);
			Outputb(PPI_C, mOutputDataC);
	}
	else
	{
			mOutputDataC |= 0x80;
			Outputb(PPI_C, mOutputDataC);
	}
	led15 = !led15;
}


UINT AAA(LPVOID lParam) // 동작 스레드
{
	while (1)
```

```
{
        if (mode == 0) {
                mOutputDataC = 0xF0; //초기 설정
        }
        if (mode == 1) // 수동 모드
        {

        }
        if (mode == 2) // 자동 모드
        {
                if (auto_mode == 0) {
                        // 초기 상태
                }
                if (auto_mode == 1) // 기본 동작 상태
                {
                        mOutputDataC |= 0x01;
                        Outputb(PPI_C, mOutputDataC);
                // 실린더 전진
                        Sleep(500);
                        // 적재 실린더 구동
                        mOutputDataC = (mOutputDataC & (~(0x02)));
                        mOutputDataC |= 0x02;
                        Outputb(PPI_C, mOutputDataC);
                        Sleep(500);
                        //모터 구동하여 흡착 1초 정지
                        mOutputDataC |= 0x04;
                        Outputb(PPI_C, mOutputDataC);
                        Sleep(500);
                        // 모터 정지
                        mOutputDataC |= 0x08;
                        Outputb(PPI_C, mOutputDataC);
```

```
			Sleep(500);
			// 적재 실린더 후진
			mOutputDataC = (mOutputDataC & (~(0x02)));
			mOutputDataC |= 0x00;
			Outputb(PPI_C, mOutputDataC);
			Sleep(500);

			// 상하 실린더 후진
			mOutputDataC = (mOutputDataC & (~(0x01)));
			mOutputDataC |= 0x00;
			Outputb(PPI_C, mOutputDataC);
			Sleep(500);
			for (int i = 0; i < 10; i++) {
				Outputb(PPI_B, fnd[i]);//FND 카운터 증가 표출
				Sleep(500);
			}
			Outputb(PPI_B, fnd[0]);
			Sleep(500);
			// led shift
			int jj = 8;
			for (int i = 0; i < 4; i++) {
				jj = jj << 1;
				Outputb(PPI_C, jj);
				Sleep(500);
			}
			// C Port 초기화
			mOutputDataC = 0xF0;
			Outputb(PPI_C, mOutputDataC);
			Sleep(500);
		}
		if (auto_mode == 2) {
```

```
                    if (advanced_step == 0) {      //초기설정
                        // mOutputDataC = 0xF0;
                            Sleep(1000);
                            advanced_step = 1;
                            mOutputDataC |= 0x01;
                            Outputb(PPI_C, mOutputDataC);
            // 실린더 전진
                    }
                    if (advanced_step == 1 && cyl0_f == 1)
        // 전진 센서 읽고
                            advanced_step = 2;
                    if (advanced_step == 2) {
        // 모터 구동하여 흡착 1초 정지
                            mOutputDataC |= 0x04;
                            Outputb(PPI_C, mOutputDataC);
                            Sleep(1000);
                            mOutputDataC = (mOutputDataC & (~(0x08)));
    // 모터 정지
                            mOutputDataC |= 0x08;
                            Outputb(PPI_C, mOutputDataC);
                            Sleep(500);
                            advanced_step = 3;
                    // 상하 실린더 후진
                            mOutputDataC = (mOutputDataC & (~(0x01)));
                            mOutputDataC |= 0x00;
                            Outputb(PPI_C, mOutputDataC);
                    }
                    if (advanced_step == 3 && cyl0_b == 1)
        // 후진 센서 읽고
                    advanced_step = 4;
                    Sleep(500);
```

```
				if (advanced_step == 4) {
		// 적재 실린더 구동
					mOutputDataC = (mOutputDataC & (~(0x02)));
					mOutputDataC |= 0x02;
					Outputb(PPI_C, mOutputDataC);
					advanced_step = 5;
				}
				if (advanced_step == 5 && cyl1_f == 1) {
	// 적재 실린더 전진 센서 값을 읽어 다음 스텝으로 이동
					advanced_step = 6;
					Sleep(500);
				}
				if (advanced_step == 6) {
	// 모터 역회전
					mOutputDataC = (mOutputDataC & (~(0x0C)));
					mOutputDataC |= 0x08;
					Outputb(PPI_C, mOutputDataC);
					Sleep(500);
					// motor stop
					mOutputDataC = (mOutputDataC & (~(0x08)));
					mOutputDataC |= 0xC;
					Outputb(PPI_C, mOutputDataC);
					advanced_step = 7;
					Sleep(500);
				}
				if (advanced_step == 7) {
// 적재 실린더 후진
					mOutputDataC = (mOutputDataC & (~(0x02)));
					mOutputDataC |= 0x00;
					Outputb(PPI_C, mOutputDataC);
					advanced_step = 8;
```

```
                }
                if (advanced_step == 8 && cyl1_b == 1) {
                        advanced_step = 0;
                        Sleep(1000);
                }
                if (advanced_step == 0) {
                        //count = count % 10;

                        count++;
                        if (count == 10) {
                                count1 = count1 % 5;
                                switch (count1)
                                {
                                case 0:
                                        m O u t p u t D a t a C  =
mOutputDataC & (~0x10);
                                        Outputb(PPI_C, mOutput-
DataC);
                                        break;
                                case 1:
                                        m O u t p u t D a t a C  =
mOutputDataC & (~0x20);
                                        Outputb(PPI_C, mOutput-
DataC);
                                        break;
                                case 2:
                                        m O u t p u t D a t a C  =
mOutputDataC & (~0x40);
                                        Outputb(PPI_C, mOutput-
DataC);
                                        break;
```

```
                                        case 3:
                                                  m O u t p u t D a t a C  =
mOutputDataC & (~0x80);
                                                  Outputb(PPI_C, mOutput-
DataC);
                                                  break;
                                        default:
                                                  m O u t p u t D a t a C  =
mOutputDataC & (~0xF0);
                                                  mOutputDataC |= 0xF0;
                                                  Outputb(PPI_C, mOutput-
DataC);
                                        }
                                        count1++;
                                        count = count % 10;
                              }
                              Outputb(PPI_B, fnd[count]);
                    // FND 카운터 증가 표출
                              }
                    }
          }
          Sleep(50);
     }
     return 0;
}
UINT BBB(LPVOID lParam) //스위치 스레드
{
     unsigned int a_previous = 0; // 2회 이상일 경우를 찾아내기 위한 임시 변수
     unsigned int b_previous = 0;
     int swLow, swHigh;
     while (1)
```

```
{
        swLow = Inputb(PPI_A) & 0x0F;
        if ((swLow & 0x01) == 0x00)  // 스위치 버튼 스캔
        {
                a = 1; //sw1 클릭하면 이 스레드로 이를 스캔해서 값을
            a 변수에 저장, 2회 이상일 때 aa을 1로 설정
                if (a_previous == 1)
                {
                        aa = 1;
                        if (bb == 1) // 수동 모드 스위치 설정에 의해
                        // 자동 모드 해지 작업
                                bb = 0;
                }
                a_previous = 1;
        }
        else
        {
                a_previous = 0;
        }

        if ((swLow & 0x02) == 0x00)
        {
                b = 1; //sw2 클릭하면 이를 스캔해서 값을 b 변수에 저장,
            // 2회 이상일 때 bb을 1로 설정
                if (b_previous == 1)
                {
                        bb = 1;
                        if (aa == 1) // 자동 모드 스위치 설정에 의해
                        //수동 모드 해지 작업
                                aa = 0;
```

```
			}
			b_previous = 1;
		}
		else
		{
			b_previous = 0;
		}

		swHigh = Inputb(PPI_A) & 0xF0;
		if ((swHigh & 0x10) == 0x00)  // 후진 센서
		{
			cyl0_b = 1;
		}
		if ((swHigh & 0x20) == 0x00)  // 후진 센서
		{
			cyl0_f = 1;
		}
		if ((swHigh & 0x40) == 0x00)  // 후진 센서
		{
			cyl1_b = 1;
		}
		if ((swHigh & 0x80) == 0x00)  // 후진 센서
		{
			cyl1_f = 1;
		}
		Sleep(50); //스레드문 2개 이상 사용 시 반드시 사용해야 함.
	}
	return 0;
}
```

(6) 시뮬레이션 시작하기

시뮬레이션의 순서로는 MPS Lab의 시뮬레이션 실행 버튼을 먼저 실행하고 Visual Studio에서 상단 메뉴의 빌드 탭을 클릭하고 솔루션 빌드를 클릭하여 프로그램 빌드를 시작한다.

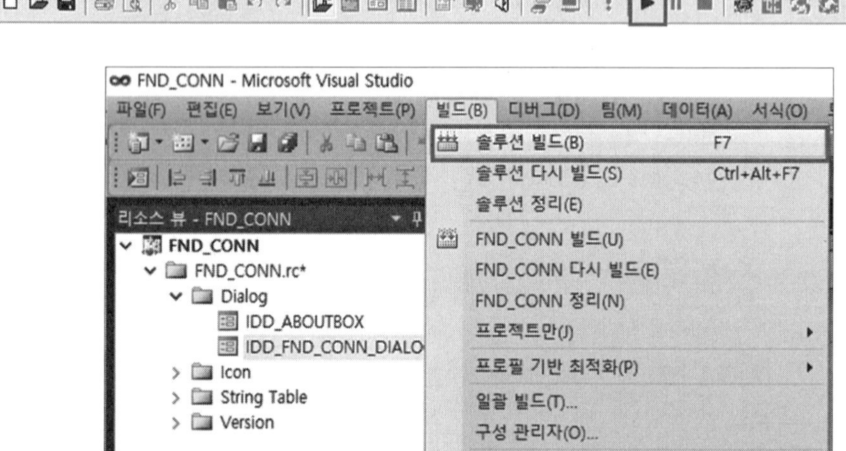

4 MPS 제어하기 4

1) MPS Lab에서 아래의 그림과 같이 부품을 배치하고 배선한다.

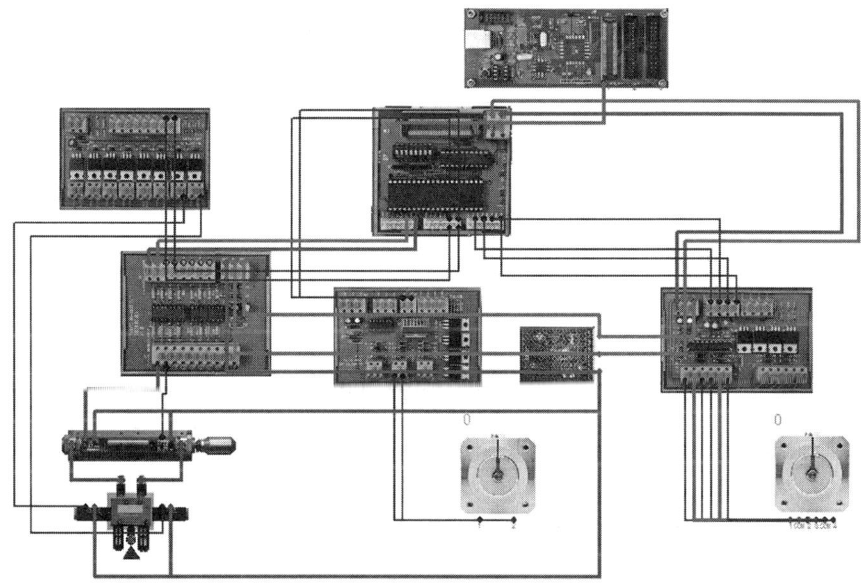

사용 부품

- USB BUS Board - 8255 Board - Power Supply - TR Board
-Photo Board - DC Motor Board - Stepper Motor Board
- DC Motor - Stepper Motor - Cylinder

① USB 보드의 JP1과 8255 보드를 연결한다.

② 8255 보드의 5V/GND와 파워 서플라이의 24V를 TR Board와 FND Board, Switch Board에 연결한다.

③ 8255 보드 A 포트 PA0~PA1을 TR Board(TR_1)의 IN1~IN2에 연결한다.

④ 8255 보드 B 포트 PB0~PB6을 FND Board의 A0~DP0에 연결한다.

⑤ 8255 보드 Switch Board의 Push1, Push2에 연결한다.

2) 프로그램 작성

(1) 프로젝트명을 MPS1로 설정한 뒤 'MFC 응용 프로그램'을 선택하여 새 프로젝트를 생성한다.

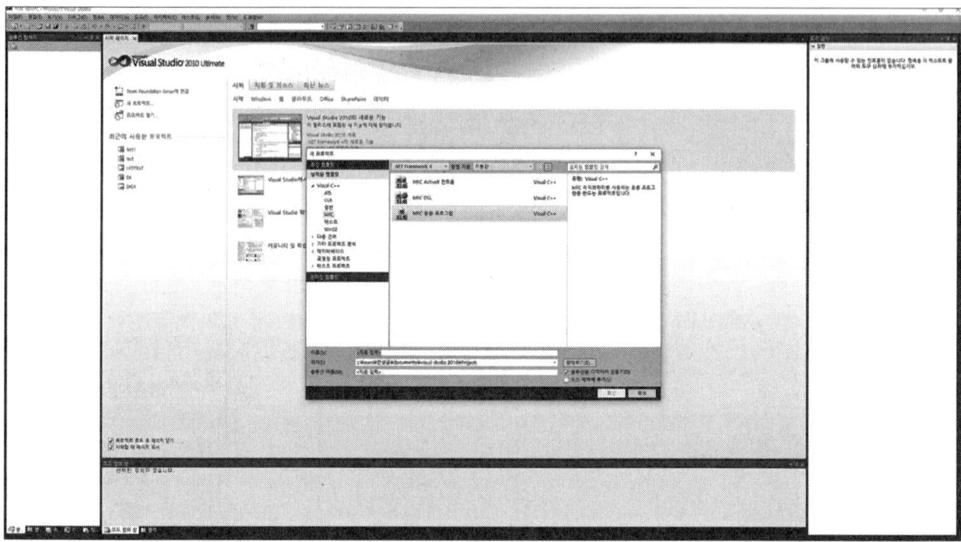

(2) 'MFC 응용 프로그램 마법사 - Step 1'에서 '대화상자 기반'을 선택하고 '마침'을 선택한다.

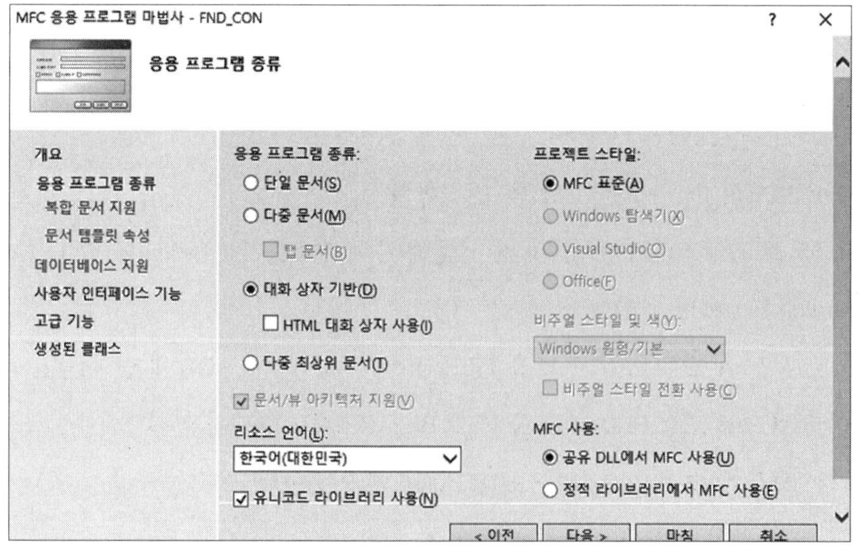

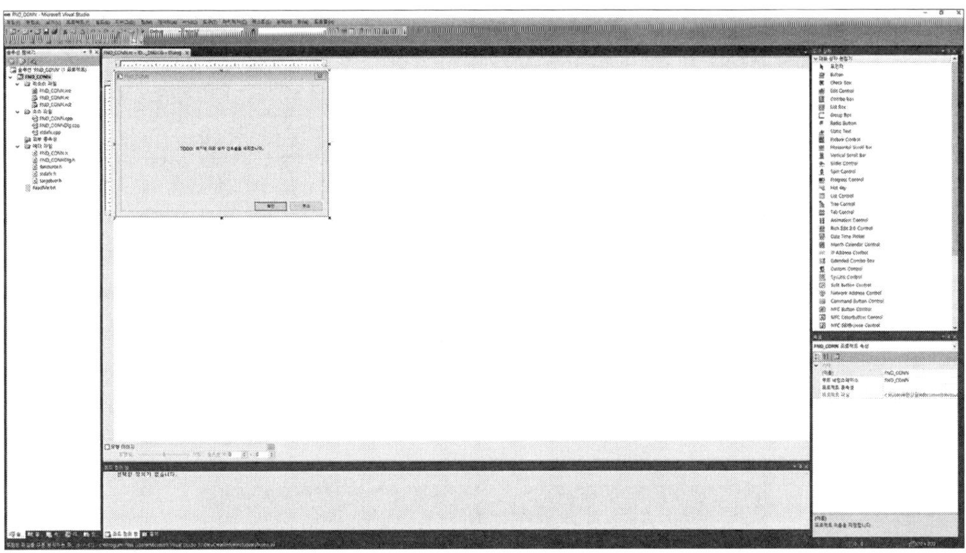

(3) 우측 상단 도구상자에서 Button을 선택하여 다이얼로그 박스에 버튼을 만들고 각 버튼의 Properties를 아래 표와 같이 설정한다. Properties는 우측 하단의 속성창에서 설정할 수 있으며, 버튼을 묶어 주는 박스는 우측 상단 도구상자의 Group Box를 선택하여 생성할 수 있다.

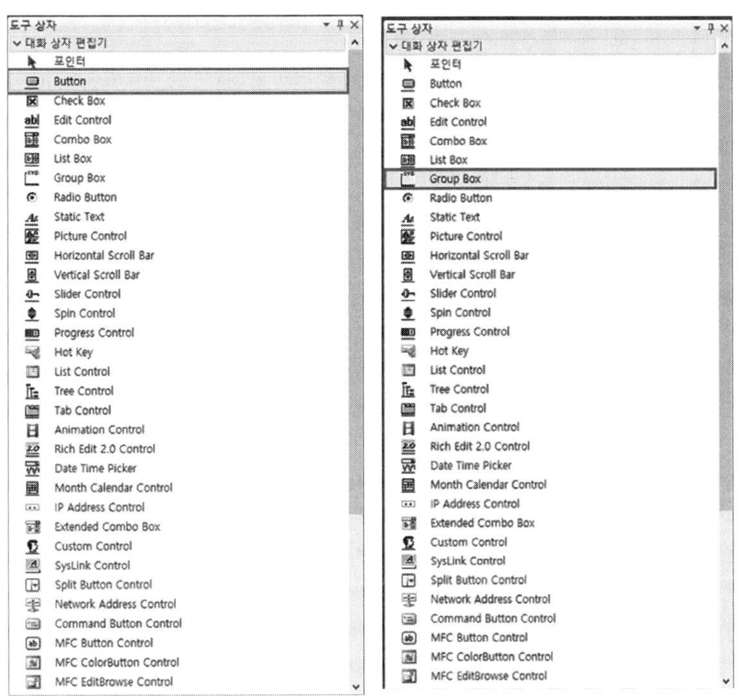

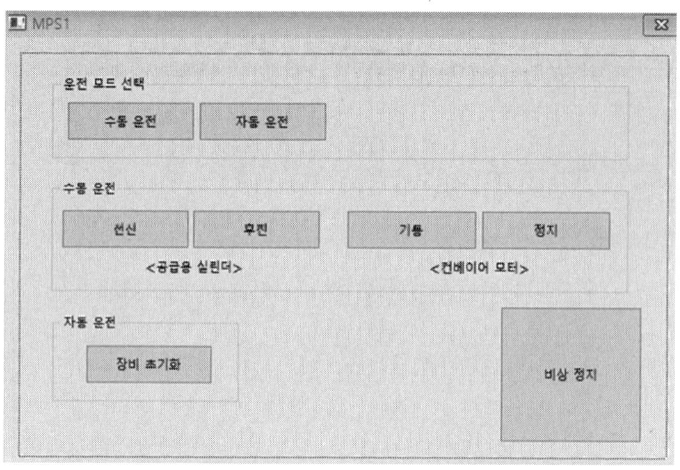

순번	컨트롤	프로퍼티	설정
1	Button	ID	ID_MODE1
		Caption	수동 운전
2	Button	ID	ID_MODE2
		Caption	자동운전
3	Button	ID	ID_FWD
		Caption	전진
4	Button	ID	ID_BWD
		Caption	후진
5	Button	ID	ID_START
		Caption	기동
6	Button	ID	ID_STOP
		Caption	정지
7	Button	ID	ID_RESET
		Caption	장비 초기화
8	Button	ID	ID_EM
		Caption	비상 정지
9	Group Box	ID	IDC_STATIC1
		Caption	운전 모드 선택
10	Group Box	ID	IDC_STATIC2
		Caption	수동 운전
11	Group Box	ID	IDC_STATIC3
		Caption	자동 운전
12	Static Text	ID	IDC_STATIC4
		Caption	〈공급용 실린더〉
13	Static Text	ID	IDC_STATIC5
		Caption	〈컨베이어 모터〉

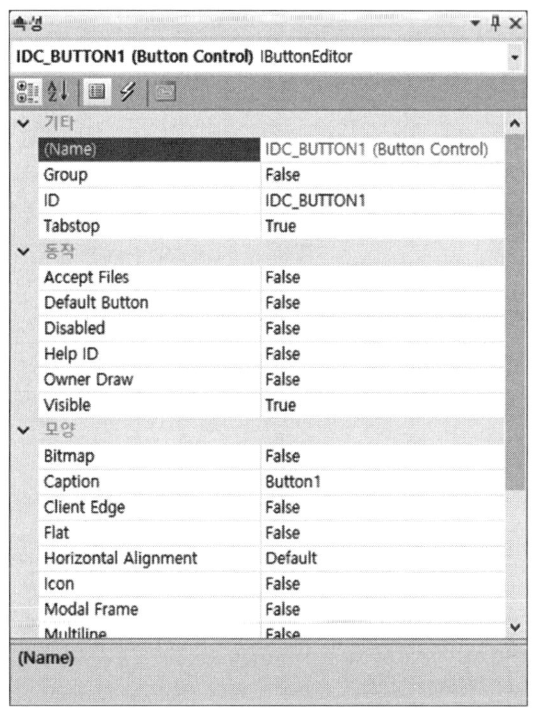

(4) 각 버튼에 해당하는 이벤트 핸들러를 생성한다. 생성한 버튼을 우클릭하고 '이벤트 처리기 추가'를 선택한다. 이벤트 핸들러 다이얼로그 박스가 생성되면 BN_CLICKED를 선택하여 이벤트를 생성한다.

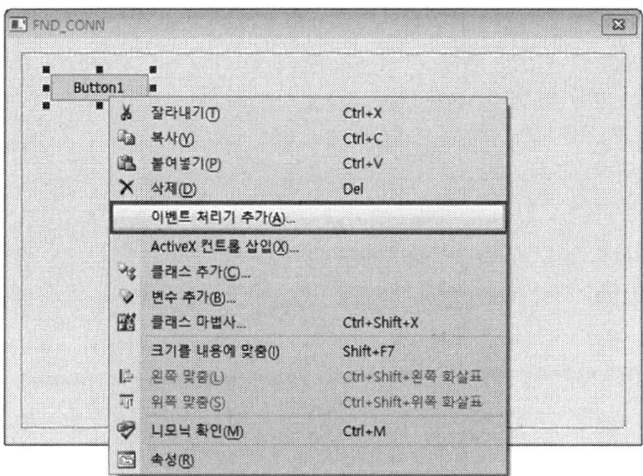

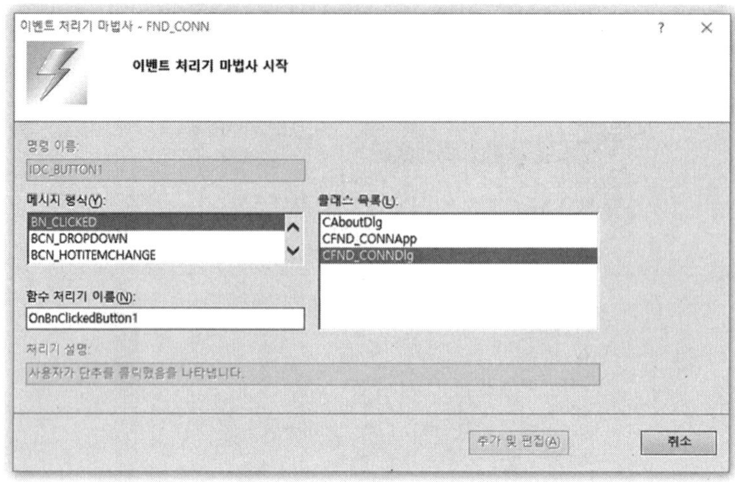

(5) 이벤트 생성을 확인한 후 다음 표와 같이 프로그램을 작성한다.

```
#include "stdafx.h"
#include "MPS1.h"
#include "MPS1Dlg.h"
#include "afxdialogex.h"

#ifdef _DEBUG
#define new DEBUG_NEW
#endif


#define PPA 0x00
#define PPB 0x01
#define PPC 0x02
#define PPCR 0x03

unsigned char mode=0, run=0, i=0, sw=0, a=0, b=0, aa=0, gc=0, cm=0, em=0,
run_su=0, run_auto=0;
unsigned char fnd[10]={0xc0,0xf9,0xa4,0xb0,0x99,0x92,0x83,0xf8,0x80,0x98};
unsigned char cycle[3]={0x02,0x02,0x03};
```

```
UINT AAA(LPVIOID lParam);
UINT BBB(LPVOID lParam);

// 응용 프로그램 정보에 사용되는 CAboutDlg 대화상자입니다.

class CAboutDlg : public CDialogEx
{
public:
	CAboutDlg();

// 대화상자 데이터입니다.
	enum { IDD = IDD_ABOUTBOX };

	protected:
	virtual void DoDataExchange(CDataExchange* pDX);    // DDX/DDV 지원입니다.

// 구현입니다.
protected:
	DECLARE_MESSAGE_MAP()
};

CAboutDlg::CAboutDlg() : CDialogEx(CAboutDlg::IDD)
{
}

void CAboutDlg::DoDataExchange(CDataExchange* pDX)
{
	CDialogEx::DoDataExchange(pDX);
}

BEGIN_MESSAGE_MAP(CAboutDlg, CDialogEx)
```

```
END_MESSAGE_MAP()


// CMPS3Dlg 대화상자



CMPS1Dlg::CMPS1Dlg(CWnd* pParent /*=NULL*/)
	: CDialogEx(CMPS1Dlg::IDD, pParent)
{
	m_hIcon = AfxGetApp()→LoadIcon(IDR_MAINFRAME);
}

void CMPS1Dlg::DoDataExchange(CDataExchange* pDX)
{
	CDialogEx::DoDataExchange(pDX);
}

BEGIN_MESSAGE_MAP(CMPS1Dlg, CDialogEx)
	ON_WM_SYSCOMMAND()
	ON_WM_PAINT()
	ON_WM_QUERYDRAGICON()
	ON_BN_CLICKED(IDC_BUTTON1, &CMPS1Dlg::OnBnClickedButton1)
END_MESSAGE_MAP()


// CMPS1Dlg 메시지 처리기

BOOL CMPS1Dlg::OnInitDialog()
{
	CDialogEx::OnInitDialog();
```

```
// 시스템 메뉴에 "정보..." 메뉴 항목을 추가합니다.

// IDM_ABOUTBOX는 시스템 명령 범위에 있어야 합니다.
ASSERT((IDM_ABOUTBOX & 0xFFF0) == IDM_ABOUTBOX);
ASSERT(IDM_ABOUTBOX < 0xF000);

CMenu* pSysMenu = GetSystemMenu(FALSE);
if (pSysMenu != NULL)
{
        BOOL bNameValid;
        CString strAboutMenu;
        bNameValid = strAboutMenu.LoadString(IDS_ABOUTBOX);
        ASSERT(bNameValid);
        if (!strAboutMenu.IsEmpty())
        {
                pSysMenu→AppendMenu(MF_SEPARATOR);
                pSysMenu→AppendMenu(MF_STRING, IDM_ABOUTBOX,
strAboutMenu);
        }
}

// 이 대화상자의 아이콘을 설정합니다. 응용 프로그램의 주 창이 대화상자가 아
닐 경우에는
//  프레임워크가 이 작업을 자동으로 수행합니다.
SetIcon(m_hIcon, TRUE);                 // 큰 아이콘을 설정합니다.
SetIcon(m_hIcon, FALSE);                // 작은 아이콘을 설정합니다.

// TODO: 여기에 추가 초기화 작업을 추가합니다.
if(IbitDrv() <0) return -1;
if(USBDrvInit() <0) return -1;
```

```
	OutputB(PPCR, 0x89);		// A, B 포트 출력, C 포트 입력
	AfxBeginThread(AAA,NULL);
	AfxBeginThread(BBB,NULL);

	Outputb(PPA,0x00);
	Outputb(PPB,0xbf);
	Sleep(10);

	return TRUE;  // 포커스를 컨트롤에 설정하지 않으면 TRUE를 반환합니다.
}

void CMPS1Dlg::OnSysCommand(UINT nID, LPARAM lParam)
{
	if ((nID & 0xFFF0) == IDM_ABOUTBOX)
	{
		CAboutDlg dlgAbout;
		dlgAbout.DoModal();
	}
	else
	{
		CDialogEx::OnSysCommand(nID, lParam);
	}
}

//  대화상자에 최소화 단추를 추가할 경우 아이콘을 그리려면
//  아래 코드가 필요합니다. 문서/뷰 모델을 사용하는 MFC 응용 프로그램의 경우에는
//  프레임워크에서 이 작업을 자동으로 수행합니다.

void CMPS1Dlg::OnPaint()
{
	if (IsIconic())
```

```
	{
		CPaintDC dc(this); // 그리기를 위한 디바이스 컨텍스트입니다.

		SendMessage(WM_ICONERASEBKGND, reinterpret_cast<WPARAM>
(dc.GetSafeHdc()), 0);

		// 클라이언트 사각형에서 아이콘을 가운데에 맞춥니다.
		int cxIcon = GetSystemMetrics(SM_CXICON);
		int cyIcon = GetSystemMetrics(SM_CYICON);
		CRect rect;
		GetClientRect(&rect);
		int x = (rect.Width() - cxIcon + 1) / 2;
		int y = (rect.Height() - cyIcon + 1) / 2;

		// 아이콘을 그립니다.
		dc.DrawIcon(x, y, m_hIcon);
	}
	else
	{
		CDialogEx::OnPaint();
	}
}

// 사용자가 최소화된 창을 끄는 동안에 커서가 표시되도록 시스템에서
// 이 함수를 호출합니다.
HCURSOR CMPS1Dlg::OnQueryDragIcon()
{
	return static_cast<HCURSOR>(m_hIcon);
}

void CMPS1Dlg::OnBnClickedButton1() // 수동 운전
```

```
{
    run_su=1;
    run_auto=0;
}
void CMPS1Dlg::OnBnClickedButton2() // 자동 운전
{
    run_auto=1;
    run_su=0;
    em=0;
}
void CMPS1Dlg::OnBnClickedButton3() // 공급용 실린더 전진
{
    if(run_su==1) gc=0x01;
}
void CMPS1Dlg::OnBnClickedButton4() // 공급용 실린더 후진
{
    if(run_su==1) gc=0x00;
}
void CMPS1Dlg::OnBnClickedButton5() // 컨베이어 모터 기동
{
    if(run_su==1) cm=0x02;
}
void CMPS1Dlg::OnBnClickedButton6() // 컨베이어 모터 정지
{
    if(run_su==1) cm=0x0;
}
void CMPS1Dlg::OnBnClickedButton7() // 장비 초기화
{
    if(run_auto==1)
    {
        Outputb(PPA, 0x00);
```

```
            Outputb(PPB,fnd[0]);
            Sleep(20);
            gc=0;
            cm=0;
            }
}
void CMPS1Dlg::OnBnClickedButton8() // 비상 정지
{
      em++;
      if(run_su==1)    // 수동 운전 시의 비상 운전
      {
            Outputb(PPB,fnd[8]);
            run_su=0;
      }
      else
      {
            Outputb(PPB,fndd[0]);
            run_su=1;
      }
}
UINT AAA(LPVOID lParam) // 동작 스레드
{
      while(1)
      {
            if(run_su==1) // 수동 운전
            {
                  Outputb(PPA,gc\cm);
            }
            if(run_auto==1) // 자동 운전
            {
                  if(aa==1) //sw5 온/오프
```

```
                {
                        for(i=0;i<3;i++)
                        {
                                Outputb(PPA,cycle[i]);
                                Outputb(PPB,fnd[i+1]);
                                Sleep(2000);
                                if(em%2==1)
                                {
                                        while(em%2) Outputb(PPB,fnd[8]);
                                        // 비상 정지 FND 8
                                        if(em%2==0)
                                        {
                                                aa=0;
                                                break;
                                        }
                                }
                        }
                        if(aa==0) Outputb(PPB,fnd[0];
                }
                Sleep(20);
        }
        return;
}
UINT BBB(LPVOID lParam) //스위치 스레드
{
    while(1)
    {
        sw=Inputb(PPC);
        if(((sw&0x01) == 0x00) && (a==0)) a=1; //sw5 On/Off 시 동작
        if(((sw&0x01) == 0x01) && (a==1))
        {
```

```
                a=0;
                aa=1;
            }
            if(((sw&0x02) == 0x00) && (b==0)) b=1; //sw6 On/Off 시 동작
            if(((sw&0x02) == 0x02) && (b==1))
            {
                b=0;
                aa=0;
            }
            Sleep(20); //스레드문 2개 이상 사용 시 반드시 사용해야 함.
        }
        return 0;
}
```

(6) 시뮬레이션 시작하기

시뮬레이션의 순서로는 MPS Lab의 시뮬레이션 실행 버튼을 먼저 실행하고 Visual Studio에서 상단 메뉴의 빌드 탭을 클릭하고 솔루션 빌드를 클릭하여 프로그램 빌드를 시작한다.

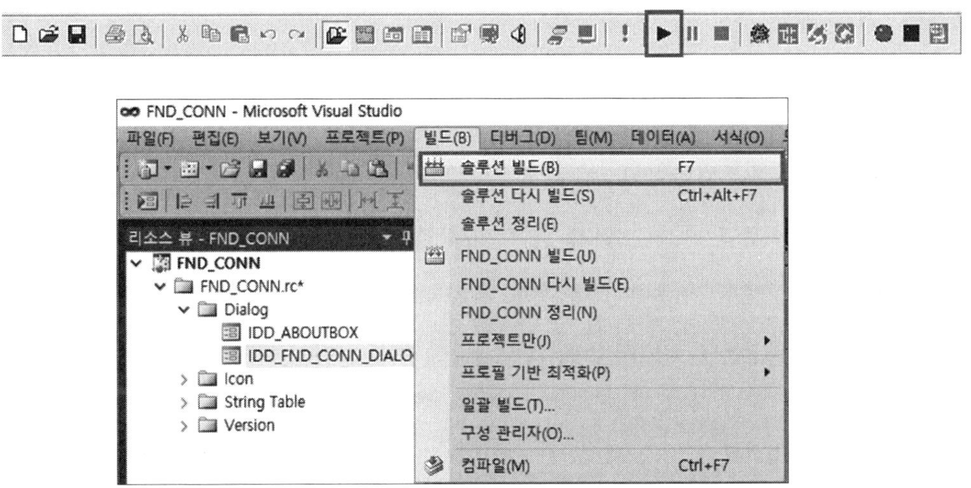

5 MPS 제어하기 5

1) MPS Lab에서 아래의 그림과 같이 부품을 배치하고 배선한다.

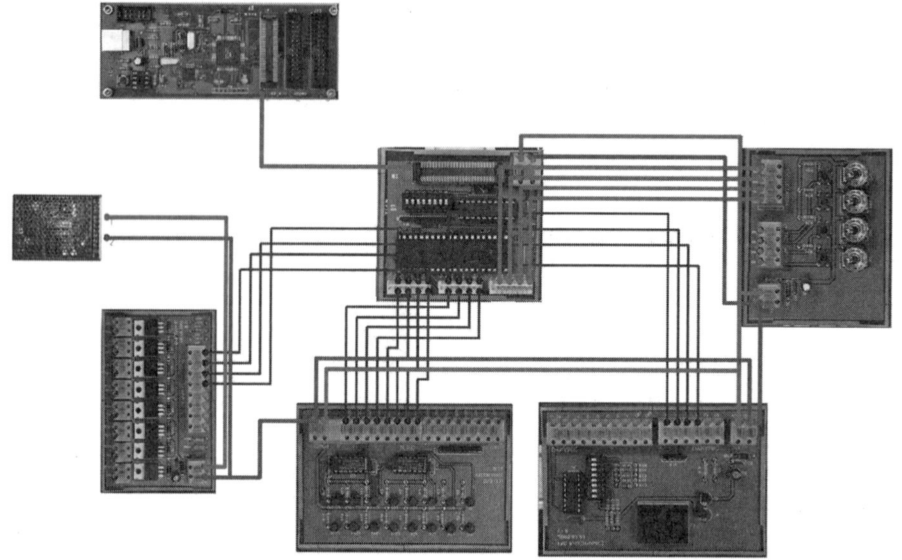

사용 부품

- USB BUS Board - 8255 Board - Power Supply - TR Board
- FND Board - Switch Board - DC Motor

① USB 보드의 JP1과 8255 보드를 연결한다.

② 8255 보드의 5V/GND와 파워 서플라이의 24V를 TR Board와 FND Board, Switch Board에 연결한다.

③ 8255 보드 A 포트 PA0~PA1을 TR Board(TR_1)의 IN1~IN2에 연결한다.

④ 8255 보드 B 포트 PB0~PB6을 FND Board의 A0~DP0에 연결한다.

⑤ 8255 보드 Switch Board의 Push1, Push2에 연결한다.

2) 프로그램 작성

(1) 프로젝트명을 MPS1로 설정한 뒤 'MFC 응용 프로그램'을 선택하여 새 프로젝트를 생성한다.

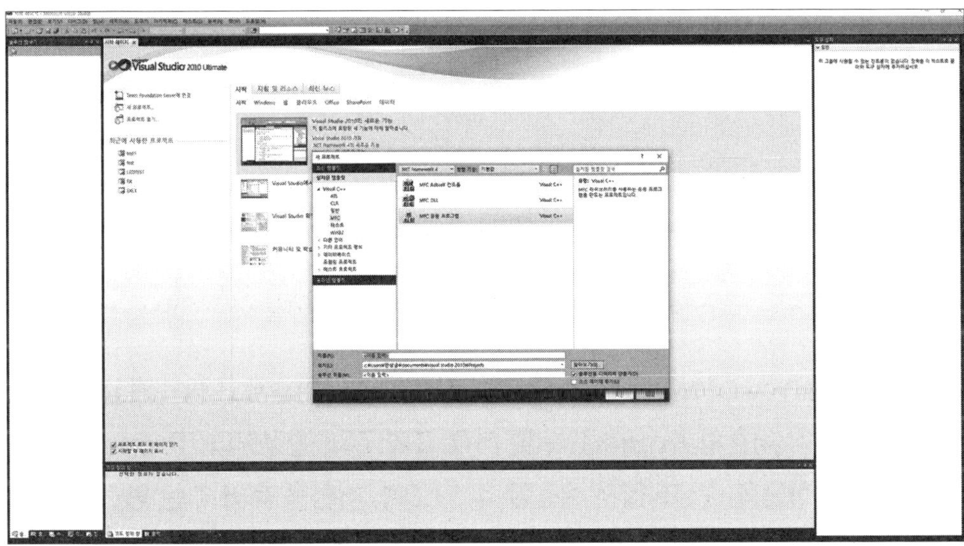

(2) 'MFC 응용 프로그램 마법사 - Step 1'에서 '대화상자 기반'을 선택하고 '마침'을 선택한다.

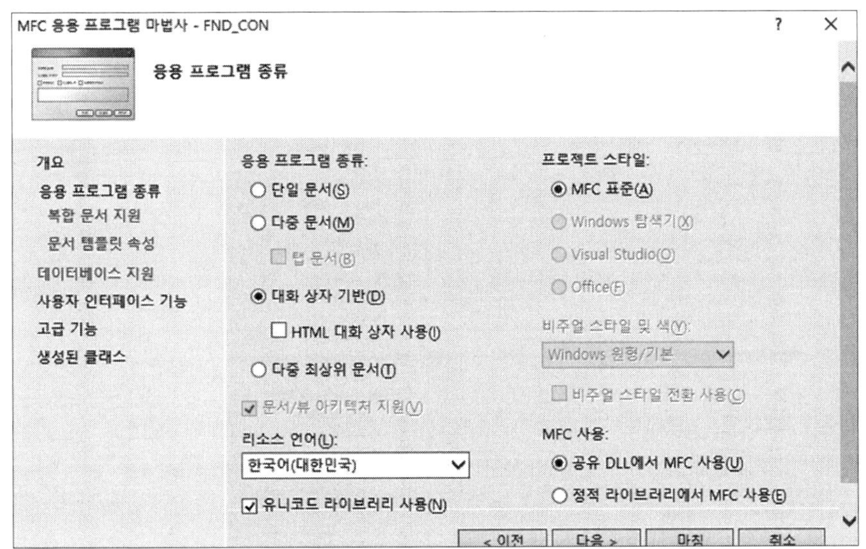

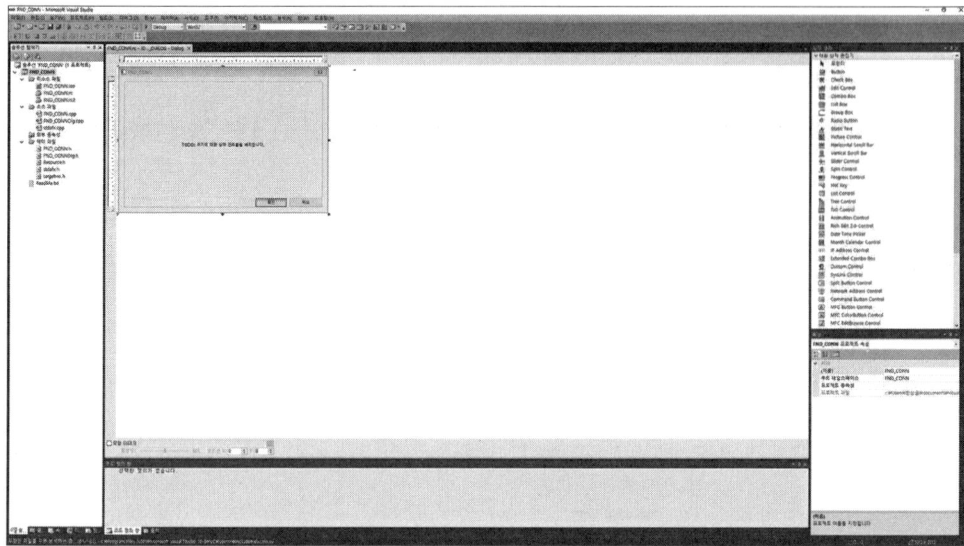

(3) 우측 상단 도구상자에서 Button을 선택하여 다이얼로그 박스에 버튼을 만들고 각 버튼의 Properties를 아래 표와 같이 설정한다. Properties는 우측 하단의 속성창에서 설정할 수 있으며, 버튼을 묶어 주는 박스는 우측 상단 도구상자의 Group Box를 선택하여 생성할 수 있다.

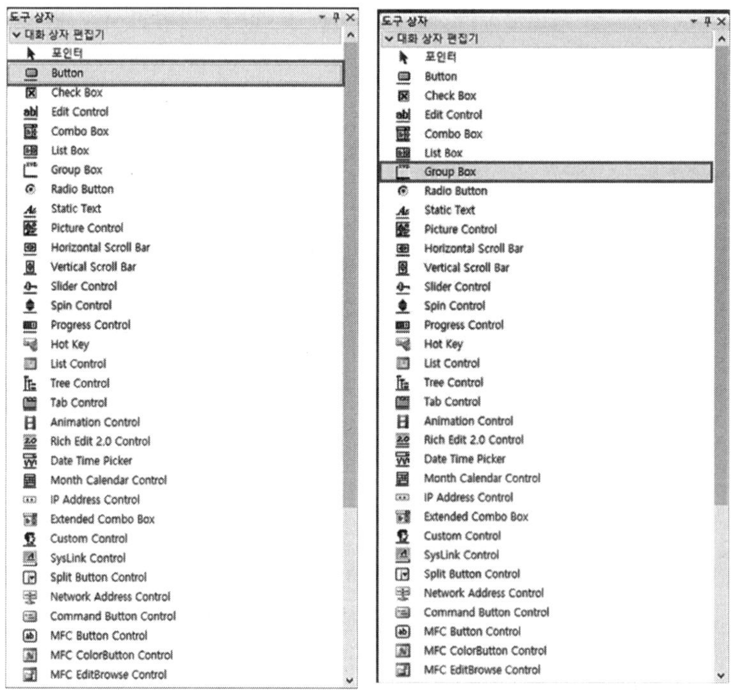

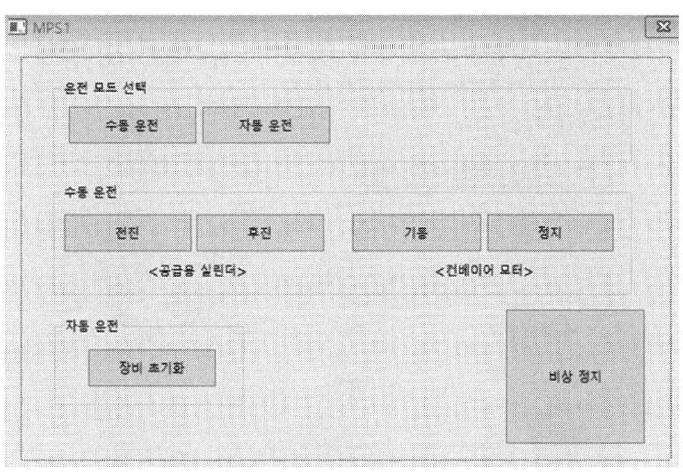

순번	컨트롤	프로퍼티	설정
1	Button	ID	ID_MODE1
		Caption	수동 운전
2	Button	ID	ID_MODE2
		Caption	자동운전
3	Button	ID	ID_FWD
		Caption	전진
4	Button	ID	ID_BWD
		Caption	후진
5	Button	ID	ID_START
		Caption	기동
6	Button	ID	ID_STOP
		Caption	정지
7	Button	ID	ID_RESET
		Caption	장비 초기화
8	Button	ID	ID_EM
		Caption	비상 정지
9	Group Box	ID	IDC_STATIC1
		Caption	운전 모드 선택
10	Group Box	ID	IDC_STATIC2
		Caption	수동 운전
11	Group Box	ID	IDC_STATIC3
		Caption	자동 운전
12	Static Text	ID	IDC_STATIC4
		Caption	〈공급용 실린더〉
13	Static Text	ID	IDC_STATIC5
		Caption	〈컨베이어 모터〉

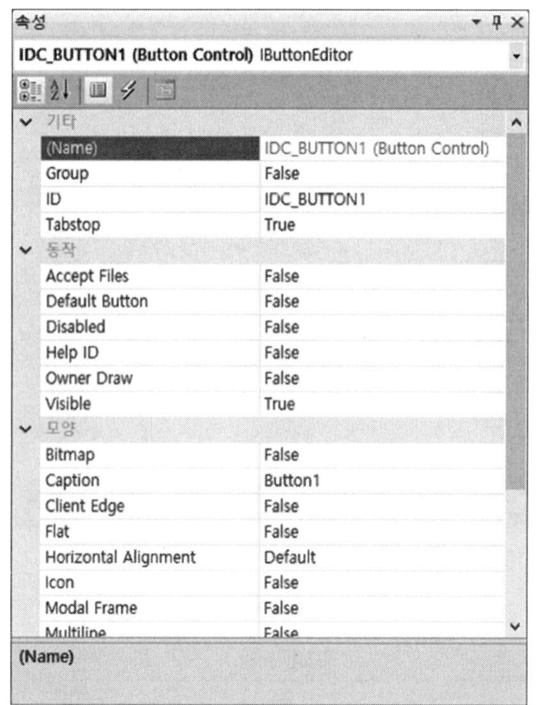

(4) 각 버튼에 해당하는 이벤트 핸들러를 생성한다. 생성한 버튼을 우클릭하고 '이벤트 처리기 추가'를 선택한다. 이벤트 핸들러 다이얼로그 박스가 생성되면 BN_CLICKED를 선택하여 이벤트를 생성한다.

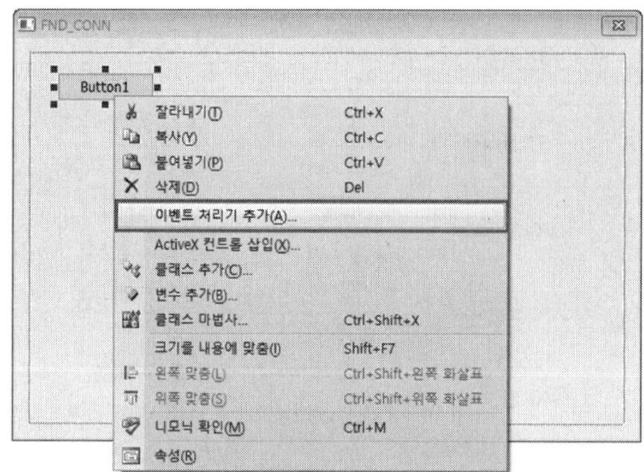

(5) 이벤트 생성을 확인한 후 다음 표와 같이 프로그램을 작성한다.

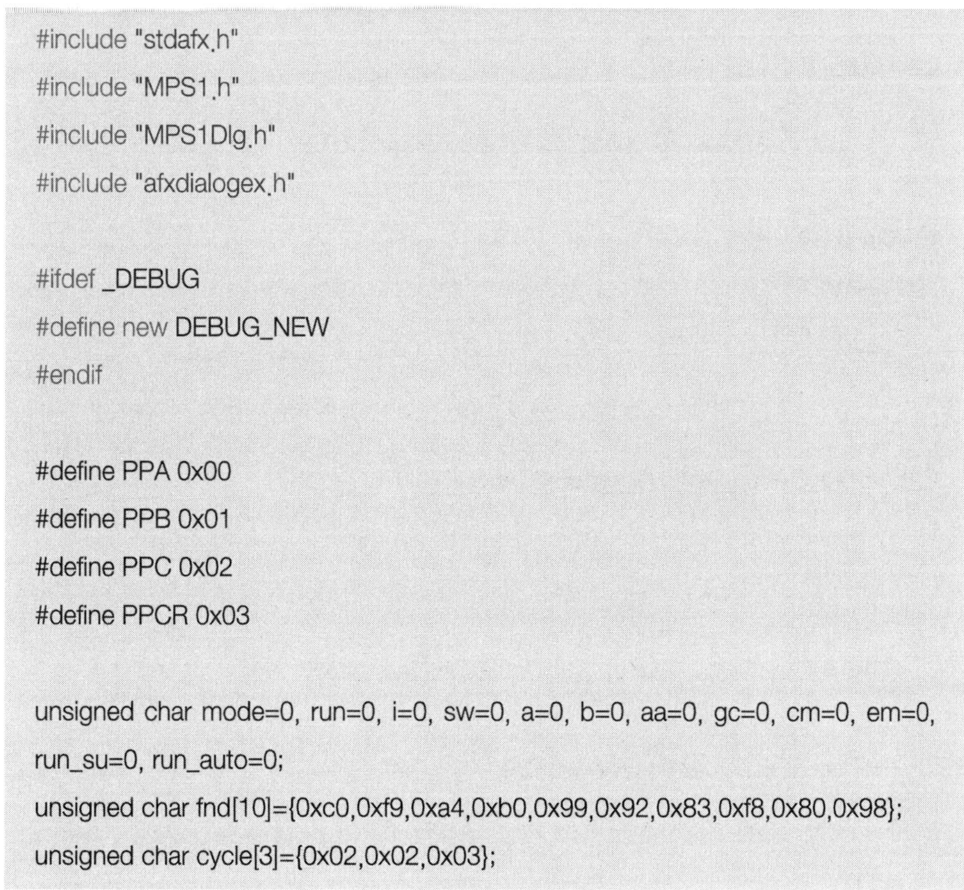

```
#include "stdafx.h"
#include "MPS1.h"
#include "MPS1Dlg.h"
#include "afxdialogex.h"

#ifdef _DEBUG
#define new DEBUG_NEW
#endif

#define PPA 0x00
#define PPB 0x01
#define PPC 0x02
#define PPCR 0x03

unsigned char mode=0, run=0, i=0, sw=0, a=0, b=0, aa=0, gc=0, cm=0, em=0,
run_su=0, run_auto=0;
unsigned char fnd[10]={0xc0,0xf9,0xa4,0xb0,0x99,0x92,0x83,0xf8,0x80,0x98};
unsigned char cycle[3]={0x02,0x02,0x03};
```

```
UINT AAA(LPVIOID lParam);
UINT BBB(LPVOID lParam);

// 응용 프로그램 정보에 사용되는 CAboutDlg 대화상자입니다.

class CAboutDlg : public CDialogEx
{
public:
	CAboutDlg();

// 대화상자 데이터입니다.
	enum { IDD = IDD_ABOUTBOX };

	protected:
	virtual void DoDataExchange(CDataExchange* pDX);    // DDX/DDV 지원입니다.

// 구현입니다.
protected:
	DECLARE_MESSAGE_MAP()
};

CAboutDlg::CAboutDlg() : CDialogEx(CAboutDlg::IDD)
{
}

void CAboutDlg::DoDataExchange(CDataExchange* pDX)
{
	CDialogEx::DoDataExchange(pDX);
}
```

```
BEGIN_MESSAGE_MAP(CAboutDlg, CDialogEx)
END_MESSAGE_MAP()


// CMPS1Dlg 대화상자


CMPS1Dlg::CMPS1Dlg(CWnd* pParent /*=NULL*/)
	: CDialogEx(CMPS1Dlg::IDD, pParent)
{
	m_hIcon = AfxGetApp()→LoadIcon(IDR_MAINFRAME);
}

void CMPS1Dlg::DoDataExchange(CDataExchange* pDX)
{
	CDialogEx::DoDataExchange(pDX);
}

BEGIN_MESSAGE_MAP(CMPS1Dlg, CDialogEx)
	ON_WM_SYSCOMMAND()
	ON_WM_PAINT()
	ON_WM_QUERYDRAGICON()
	ON_BN_CLICKED(IDC_BUTTON1, &CMPS1Dlg::OnBnClickedButton1)
END_MESSAGE_MAP()


// CMPS1Dlg 메시지 처리기

BOOL CMPS1Dlg::OnInitDialog()
{
	CDialogEx::OnInitDialog();
```

```
// 시스템 메뉴에 "정보..." 메뉴 항목을 추가합니다.

// IDM_ABOUTBOX는 시스템 명령 범위에 있어야 합니다.
ASSERT((IDM_ABOUTBOX & 0xFFF0) == IDM_ABOUTBOX);
ASSERT(IDM_ABOUTBOX < 0xF000);

CMenu* pSysMenu = GetSystemMenu(FALSE);
if (pSysMenu != NULL)
{
        BOOL bNameValid;
        CString strAboutMenu;
        bNameValid = strAboutMenu.LoadString(IDS_ABOUTBOX);
        ASSERT(bNameValid);
        if (!strAboutMenu.IsEmpty())
        {
                pSysMenu→AppendMenu(MF_SEPARATOR);
                pSysMenu→AppendMenu(MF_STRING, IDM_ABOUTBOX,
strAboutMenu);
        }
}

// 이 대화상자의 아이콘을 설정합니다. 응용 프로그램의 주 창이 대화상자가 아
닐 경우에는
//  프레임워크가 이 작업을 자동으로 수행합니다.
SetIcon(m_hIcon, TRUE);                 // 큰 아이콘을 설정합니다.
SetIcon(m_hIcon, FALSE);                // 작은 아이콘을 설정합니다.

// TODO: 여기에 추가 초기화 작업을 추가합니다.

if(IbitDrv() <0) return -1;
if(USBDrvInit() <0) return -1;
```

```
	OutputB(PPCR, 0x89);		// A, B 포트 출력, C 포트 입력
	AfxBeginThread(AAA,NULL);
	AfxBeginThread(BBB,NULL);

	Outputb(PPA,0x00);
	Outputb(PPB,0xbf);
	Sleep(10);

	return TRUE;  // 포커스를 컨트롤에 설정하지 않으면 TRUE를 반환합니다.
}

void CMPS1Dlg::OnSysCommand(UINT nID, LPARAM lParam)
{
	if ((nID & 0xFFF0) == IDM_ABOUTBOX)
	{
		CAboutDlg dlgAbout;
		dlgAbout.DoModal();
	}
	else
	{
		CDialogEx::OnSysCommand(nID, lParam);
	}
}

// 대화상자에 최소화 단추를 추가할 경우 아이콘을 그리려면
// 아래 코드가 필요합니다. 문서/뷰 모델을 사용하는 MFC 응용 프로그램의 경우에는
// 프레임워크에서 이 작업을 자동으로 수행합니다.

void CMPS1Dlg::OnPaint()
{
	if (IsIconic())
```

```
	{
		CPaintDC dc(this); // 그리기를 위한 디바이스 컨텍스트입니다.

		SendMessage(WM_ICONERASEBKGND, reinterpret_cast<WPARAM>
(dc.GetSafeHdc()), 0);

		// 클라이언트 사각형에서 아이콘을 가운데에 맞춥니다.
		int cxIcon = GetSystemMetrics(SM_CXICON);
		int cyIcon = GetSystemMetrics(SM_CYICON);
		CRect rect;
		GetClientRect(&rect);
		int x = (rect.Width() - cxIcon + 1) / 2;
		int y = (rect.Height() - cyIcon + 1) / 2;

		// 아이콘을 그립니다.
		dc.DrawIcon(x, y, m_hIcon);
	}
	else
	{
		CDialogEx::OnPaint();
	}
}

// 사용자가 최소화된 창을 끄는 동안에 커서가 표시되도록 시스템에서
// 이 함수를 호출합니다.
HCURSOR CMPS1Dlg::OnQueryDragIcon()
{
	return static_cast<HCURSOR>(m_hIcon);
}
```

```
void CMPS1Dlg::OnBnClickedButton1() // 수동 운전
{
	run_su=1;
	run_auto=0;
}
void CMPS1Dlg::OnBnClickedButton2() // 자동 운전
{
	run_auto=1;
	run_su=0;
	em=0;
}
void CMPS1Dlg::OnBnClickedButton3() // 공급용 실린더 전진
{
	if(run_su==1) gc=0x01;
}
void CMPS1Dlg::OnBnClickedButton4() // 공급용 실린더 후진
{
	if(run_su==1) gc=0x00;
}
void CMPS1Dlg::OnBnClickedButton5() // 컨베이어 모터 기동
{
	if(run_su==1) cm=0x02;
}
void CMPS1Dlg::OnBnClickedButton6() // 컨베이어 모터 정지
{
	if(run_su==1) cm=0x0;
}
void CMPS1Dlg::OnBnClickedButton7() // 장비 초기화
{
	if(run_auto==1)
	{
```

```
                Outputb(PPA, 0x00);
                Outputb(PPB,fnd[0]);
                Sleep(20);
                gc=0;
                cm=0;
                }
}
void CMPS1Dlg::OnBnClickedButton8() // 비상 정지
{
        em++;
        if(run_su==1)    // 수동 운전 시의 비상 운전
        {
                Outputb(PPB,fnd[8]);
                run_su=0;
        }
        else
        {
                Outputb(PPB,fndd[0]);
                run_su=1;
        }
}
UINT AAA(LPVOID lParam) // 동작 스레드
{
        while(1)
        {
                if(run_su==1) // 수동 운전
                {
                        Outputb(PPA,gc\cm);
                }
                if(run_auto==1) // 자동 운전
                {
```

```
				if(aa==1) //sw5 온/오프
				{
					for(i=0;i<3;i++)
					{
						Outputb(PPA,cycle[i]);
						Outputb(PPB,fnd[i+1]);
						Sleep(2000);
						if(em%2==1)
						{
							while(em%2) Outputb(PPB,fnd[8]);
							// 비상 정지 FND 8
							if(em%2==0)
							{
								aa=0;
								break;
							}
						}
					}
					if(aa==0) Outputb(PPB,fnd[0];
				}
				Sleep(20);
			}
			return;
}
UINT BBB(LPVOID lParam) //스위치 스레드
{
	while(1)
	{
			sw=Inputb(PPC);
			if(((sw&0x01) == 0x00) && (a==0)) a=1; //sw5 On/Off 시 동작
			if(((sw&0x01) == 0x01) && (a==1))
```

```
			{
				a=0;
				aa=1;
			}
			if(((sw&0x02) == 0x00) && (b==0)) b=1; //sw6 On/Off 시 동작
			if(((sw&0x02) == 0x02) && (b==1))
			{
				b=0;
				aa=0;
			}
			Sleep(20); //스레드문 2개 이상 사용 시 반드시 사용해야 함.
		}
		return 0;
	}
```

(6) 시뮬레이션 시작하기

시뮬레이션의 순서로는 MPS Lab의 시뮬레이션 실행 버튼을 먼저 실행하고 Visual Studio에서 상단 메뉴의 빌드 탭을 클릭하여 솔루션 빌드를 클릭하여 프로그램 빌드를 시작한다.

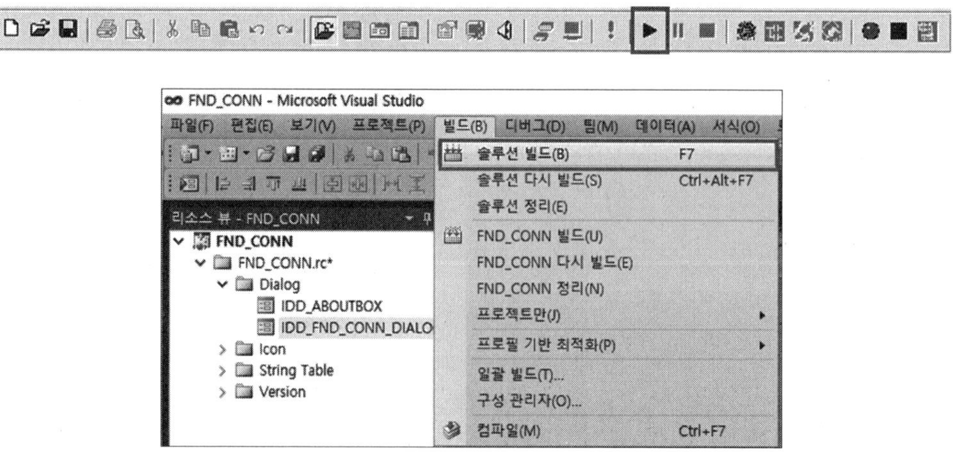

6 MPS 제어하기 6

1) MPS Lab에서 아래의 그림과 같이 부품을 배치하고 배선한다.

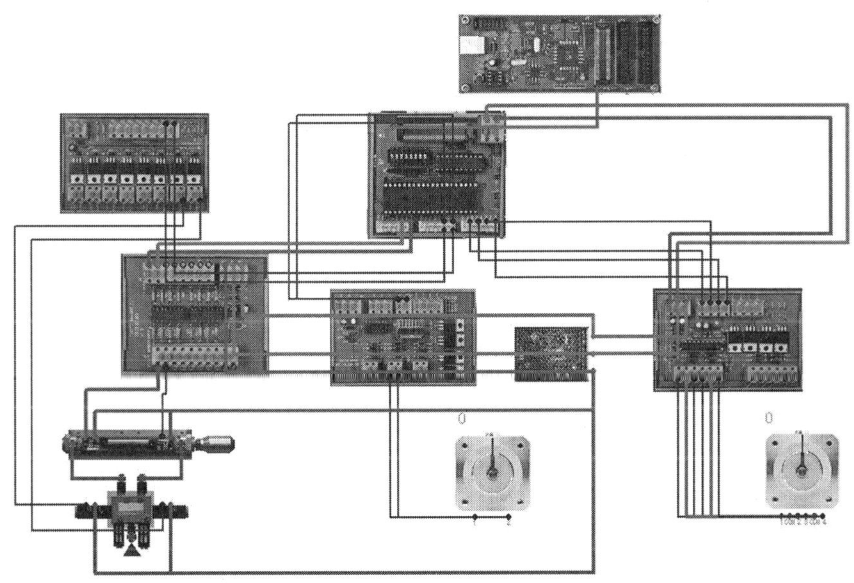

사용 부품

- USB BUS Board - 8255 Board - Power Supply - TR Board
- Photo Board - DC Motor Board - Stepper Motor Board - DC Motor

① USB 보드의 JP1과 8255 보드를 연결한다.

② 8255 보드의 5V/GND와 파워 서플라이의 24V를 TR Board와 FND Board, Switch Board에 연결한다.

③ 8255 보드 A 포트 PA0~PA1을 TR Board(TR_1)의 IN1~IN2에 연결한다.

④ 8255 보드 B 포트 PB0~PB6을 FND Board의 A0~DP0에 연결한다.

⑤ 8255 보드 Switch Board의 Push1, Push2에 연결한다.

2) 프로그램 작성

(1) 프로젝트명을 MPS1로 설정한 뒤 'MFC 응용 프로그램'을 선택하여 새 프로젝트를 생성한다.

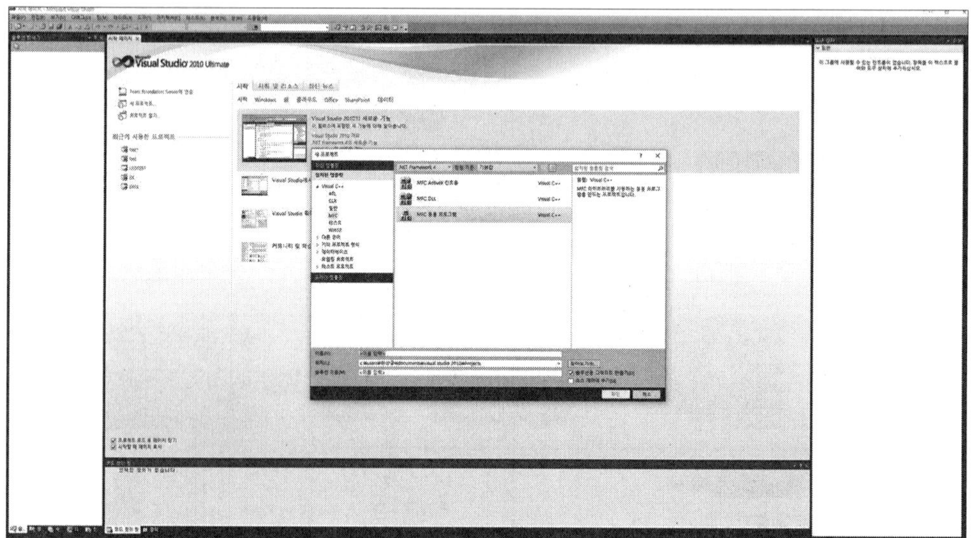

(2) 'MFC 응용 프로그램 마법사 – Step 1'에서 '대화상자 기반'을 선택하고 '마침'을 선택한다.

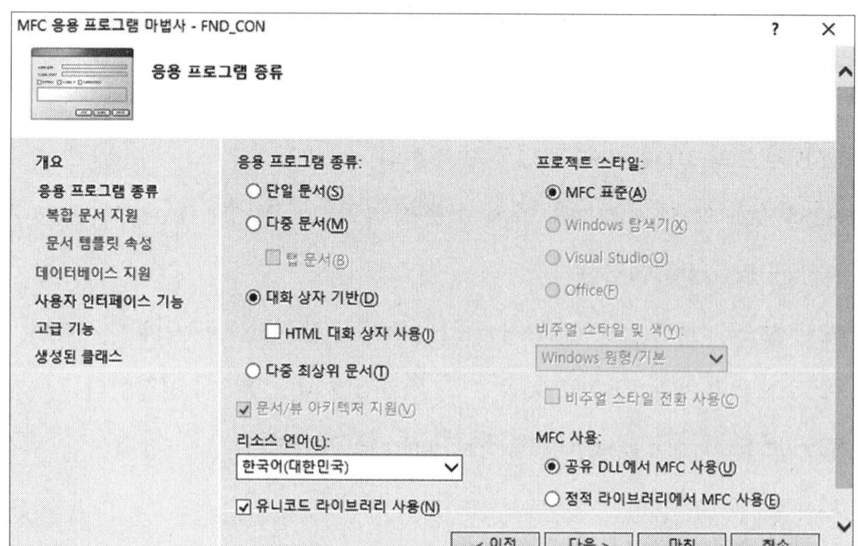

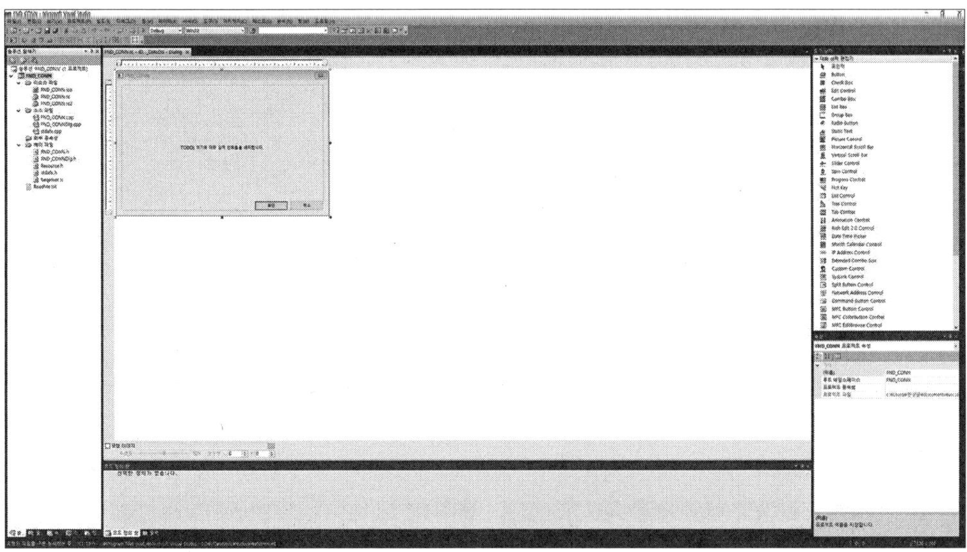

(3) 우측 상단 도구상자에서 Button을 선택하여 다이얼로그 박스에 버튼을 만들고 각 버튼의 Properties를 아래 표와 같이 설정한다. Properties는 우측 하단의 속성창에서 설정할 수 있으며, 버튼을 묶어 주는 박스는 우측 상단 도구상자의 Group Box를 선택하여 생성할 수 있다.

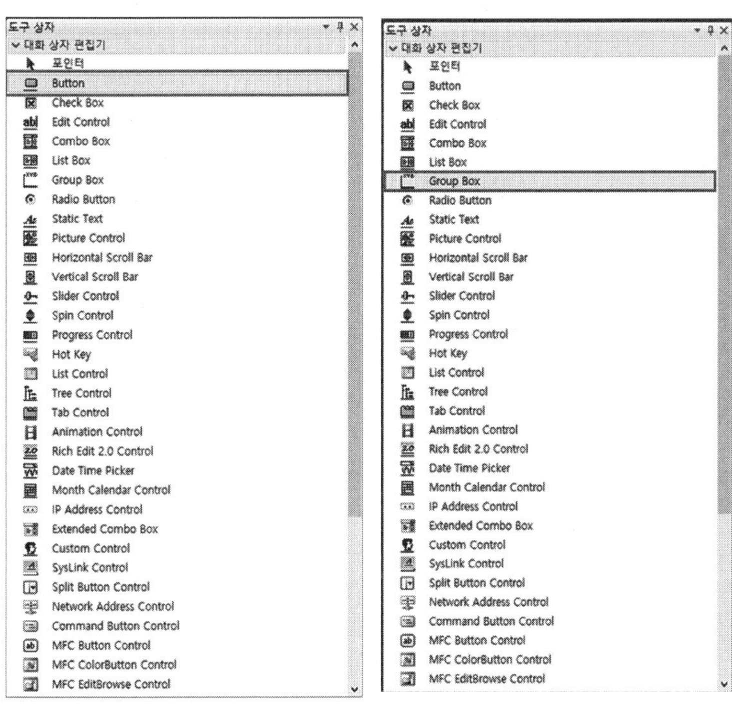

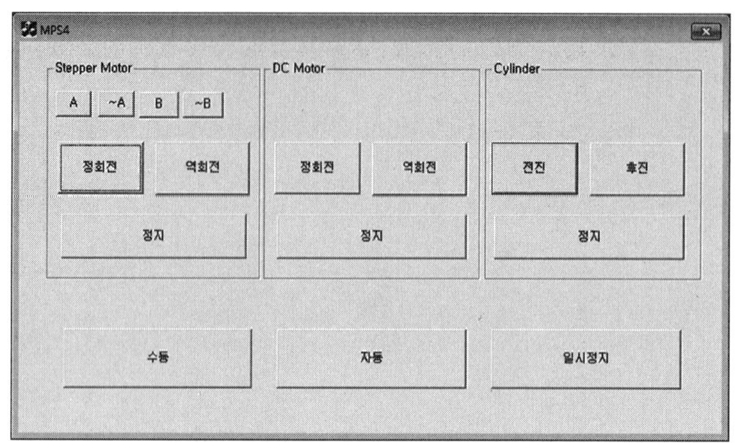

순번	컨트롤	프로퍼티	설정
1	Button	ID	MANUALMODE
		Caption	수동
2	Button	ID	AUTOMODE
		Caption	자동운전
3	Button	ID	EMRSTOP
		Caption	일시정지
4	Button	ID	IDRUN
		Caption	정회전
5	Button	ID	IDREV
		Caption	역회전
6	Button	ID	IDSTOP
		Caption	정지
7	Button	ID	DCRUNL
		Caption	정회전
8	Button	ID	DCRUNR
		Caption	역회전

순번	컨트롤	프로퍼티	설정
9	Button	ID	DCSTOP
		Caption	정지
10	Button	ID	CYLFWD
		Caption	전진
11	Button	ID	CYLBWD
		Caption	후진
12	Button	ID	CYLSTOP
		Caption	정지
13	Button	ID	IDC_BUTTON1
		Caption	A
14	Button	ID	IDC_BUTTON2
		Caption	~aA
15	Button	ID	IDC_BUTTON3
		Caption	B
16	Button	ID	IDC_BUTTON1
		Caption	~B

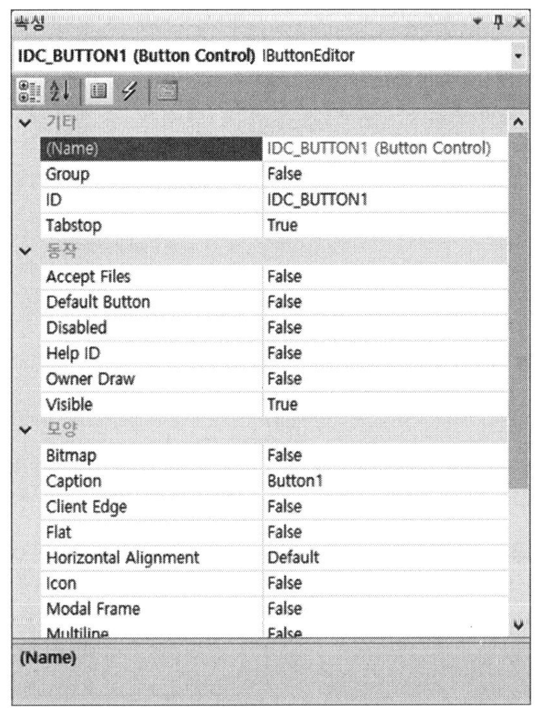

(4) 각 버튼에 해당하는 이벤트 핸들러를 생성한다. 생성한 버튼을 우클릭하고 '이벤트 처리기 추가'를 선택한다. 이벤트 핸들러 다이얼로그 박스가 생성되면 BN_CLICKED를 선택하여 이벤트를 생성한다.

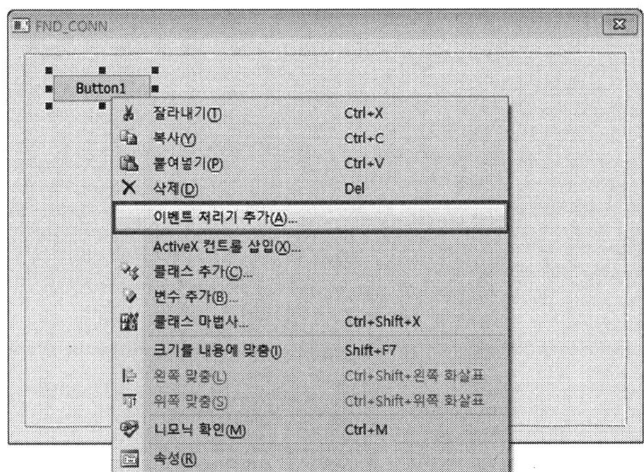

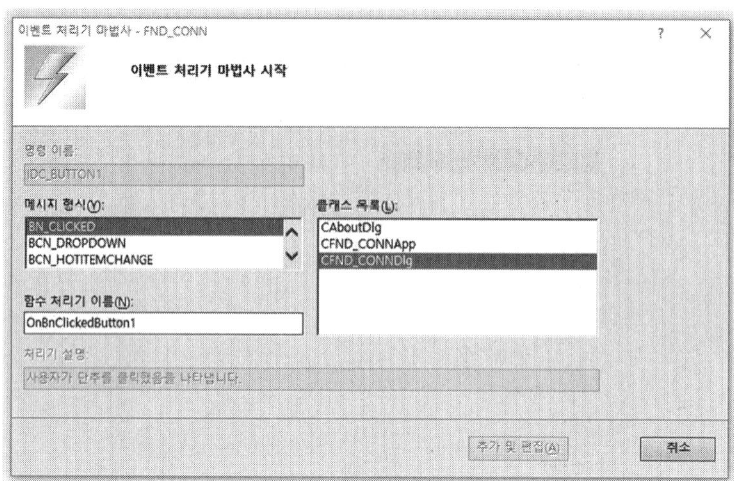

(5) 이벤트 생성을 확인한 후 다음 표와 같이 프로그램을 작성한다.

```
#include "stdafx.h"
#include "MPS4.h"
#include "MPS4Dlg.h"
#include "imechatronics_MPSLabv2.h"

#ifdef _DEBUG
#define new DEBUG_NEW
#undef THIS_FILE
static char THIS_FILE[] = __FILE__;
#endif

#define      PPI_A   0
#define      PPI_B   1
#define      PPI_C   2
#define      PPI_CR  3

UINT AAA(LPVOID lParam); // 동작 모드에 따른 구현
UINT BBB(LPVOID lParam); // 센서 C 포트 변수
```

```
UINT STEPMOTOR(LPVOID lParam); // 스텝 모터 구동

unsigned char mode = 0; // 0 일시 정지 1 수동 2 자동
unsigned char dcmode = 0; // 0 정지 1 정회전 2 역회전
unsigned char stepmode =0; // 0 정지 1 정회전 2 역회전
unsigned char cyl_f =0, cyl_b = 1; // 전진 센서 후진 센서
unsigned char auto_step = 0; // 자동 모드의 순서 제어 번호 변수
unsigned char mOutputDataB = 0x33; // 초깃값
unsigned char step1 = 0x01; // 스텝 모터 초깃값
unsigned char step2 = 0x88; // 스텝 모터 초깃값


/////////////////////////////////////////////////////////////////////////////
// CAboutDlg dialog used for App About

class CAboutDlg : public CDialog
{
public:
	CAboutDlg();

// Dialog Data
	//{{AFX_DATA(CAboutDlg)
	enum { IDD = IDD_ABOUTBOX };
	//}}AFX_DATA

	// ClassWizard generated virtual function overrides
	//{{AFX_VIRTUAL(CAboutDlg)
	protected:
	virtual void DoDataExchange(CDataExchange* pDX);    // DDX/DDV support
	//}}AFX_VIRTUAL
```

```
// Implementation
protected:
	//{{AFX_MSG(CAboutDlg)
	//}}AFX_MSG
	DECLARE_MESSAGE_MAP()
};

CAboutDlg::CAboutDlg() : CDialog(CAboutDlg::IDD)
{
	//{{AFX_DATA_INIT(CAboutDlg)
	//}}AFX_DATA_INIT
}

void CAboutDlg::DoDataExchange(CDataExchange* pDX)
{
	CDialog::DoDataExchange(pDX);
	//{{AFX_DATA_MAP(CAboutDlg)
	//}}AFX_DATA_MAP
}

BEGIN_MESSAGE_MAP(CAboutDlg, CDialog)
	//{{AFX_MSG_MAP(CAboutDlg)
		// No message handlers
	//}}AFX_MSG_MAP
END_MESSAGE_MAP()

/////////////////////////////////////////////////////////////////////////////
// CMPS4Dlg dialog

CMPS4Dlg::CMPS4Dlg(CWnd* pParent /*=NULL*/)
	: CDialog(CMPS4Dlg::IDD, pParent)
```

```
{
	//{{AFX_DATA_INIT(CMPS4Dlg)
		// NOTE: the ClassWizard will add member initialization here
	//}}AFX_DATA_INIT
	// Note that LoadIcon does not require a subsequent DestroyIcon in Win32
	m_hIcon = AfxGetApp()→LoadIcon(IDR_MAINFRAME);
}

void CMPS4Dlg::DoDataExchange(CDataExchange* pDX)
{
	CDialog::DoDataExchange(pDX);
	//{{AFX_DATA_MAP(CMPS4Dlg)
		// NOTE: the ClassWizard will add DDX and DDV calls here
	//}}AFX_DATA_MAP
}

BEGIN_MESSAGE_MAP(CMPS4Dlg, CDialog)
	//{{AFX_MSG_MAP(CMPS4Dlg)
	ON_WM_SYSCOMMAND()
	ON_WM_PAINT()
	ON_WM_QUERYDRAGICON()
	ON_BN_CLICKED(IDEXIT, OnRev)
	ON_BN_CLICKED(IDRUN, OnRun)
	ON_BN_CLICKED(IDSTOP, OnStop)
	ON_BN_CLICKED(IDC_BUTTON1, OnButton1)
	ON_BN_CLICKED(IDC_BUTTON2, OnButton2)
	ON_BN_CLICKED(IDC_BUTTON3, OnButton3)
	ON_BN_CLICKED(IDC_BUTTON4, OnButton4)
	ON_BN_CLICKED(DCRUNL, OnDCRUNL)
	ON_BN_CLICKED(DCRUNR, OnDCRUNR)
	ON_BN_CLICKED(CYLFWD, OnCYLFWD)
```

```
	ON_BN_CLICKED(CYLBWD, OnCYLBWD)
	ON_BN_CLICKED(DCSTOP, OnDCSTOP)
	ON_BN_CLICKED(CYLSTOP, OnCYLSTOP)
	ON_BN_CLICKED(MANUALMODE, OnMANUALMODE)
	ON_BN_CLICKED(AUTOMODE, OnAUTOMODE)
	ON_BN_CLICKED(EMRSTOP, OnEMRSTOP)
	//}}AFX_MSG_MAP
END_MESSAGE_MAP()

/////////////////////////////////////////////////////////////////////////////
// CMPS4Dlg message handlers

BOOL CMPS4Dlg::OnInitDialog()
{
	CDialog::OnInitDialog();

	// Add "About..." menu item to system menu.

	// IDM_ABOUTBOX must be in the system command range.
	ASSERT((IDM_ABOUTBOX & 0xFFF0) == IDM_ABOUTBOX);
	ASSERT(IDM_ABOUTBOX < 0xF000);

	CMenu* pSysMenu = GetSystemMenu(FALSE);
	if (pSysMenu != NULL)
	{
		CString strAboutMenu;
		strAboutMenu.LoadString(IDS_ABOUTBOX);
		if (!strAboutMenu.IsEmpty())
		{
			pSysMenu→AppendMenu(MF_SEPARATOR);
			pSysMenu→AppendMenu(MF_STRING, IDM_ABOUTBOX,
```

```
strAboutMenu);
		}
	}

	// Set the icon for this dialog. The framework does this automatically
	//  when the application's main window is not a dialog
	SetIcon(m_hIcon, TRUE);			// Set big icon
	SetIcon(m_hIcon, FALSE);		// Set small icon

	// TODO: Add extra initialization here
	if(InitDrv()<0)
		return -1;
	if(USBDrvInit()<0)
		return -1;

	Outputb(PPI_CR,0x89);

	AfxBeginThread(BBB, NULL);
	AfxBeginThread(AAA, NULL);
	AfxBeginThread(STEPMOTOR, NULL);

	return TRUE;  // return TRUE  unless you set the focus to a control
}

void CMPS4Dlg::OnSysCommand(UINT nID, LPARAM lParam)
{
	if ((nID & 0xFFF0) == IDM_ABOUTBOX)
	{
		CAboutDlg dlgAbout;
		dlgAbout.DoModal();
	}
```

```
	else
	{
		CDialog::OnSysCommand(nID, lParam);
	}
}

// If you add a minimize button to your dialog, you will need the code below
//  to draw the icon.  For MFC applications using the document/view model,
//  this is automatically done for you by the framework.

void CMPS4Dlg::OnPaint()
{
	if (IsIconic())
	{
		CPaintDC dc(this); // device context for painting

		SendMessage(WM_ICONERASEBKGND, (WPARAM) dc.GetSafeHdc(), 0);

		// Center icon in client rectangle
		int cxIcon = GetSystemMetrics(SM_CXICON);
		int cyIcon = GetSystemMetrics(SM_CYICON);
		CRect rect;
		GetClientRect(&rect);
		int x = (rect.Width() - cxIcon + 1) / 2;
		int y = (rect.Height() - cyIcon + 1) / 2;

		// Draw the icon
		dc.DrawIcon(x, y, m_hIcon);
	}
	else
	{
```

```
            CDialog::OnPaint();
        }
}

// The system calls this to obtain the cursor to display while the user drags
//  the minimized window.
HCURSOR CMPS4Dlg::OnQueryDragIcon()
{
        return (HCURSOR) m_hIcon;
}

void CMPS4Dlg::OnRev()
{
        if (mode != 1) return ;
        Outputb(PPI_A,0xFF);
        stepmode =2;
}

void CMPS4Dlg::OnRun()
{
        if (mode != 1) return ;
        Outputb(PPI_A,0xFF);
        stepmode=1;
}

void CMPS4Dlg::OnStop()
{
        if (mode != 1) return ;
        Outputb(PPI_A,0xFF);
        stepmode=0;
}
```

```
void CMPS4Dlg::OnButton1()
{
        if (mode != 1) return ;
        Outputb(PPI_A,0x01);
}

void CMPS4Dlg::OnButton2()
{
        if (mode != 1) return ;
        Outputb(PPI_A,0x04);
}

void CMPS4Dlg::OnButton3()
{
        if (mode != 1) return ;
        Outputb(PPI_A,0x02);
}

void CMPS4Dlg::OnButton4()
{
        if (mode != 1) return ;
        Outputb(PPI_A,0x08);
}

void CMPS4Dlg::OnDCRUNL()
{
        if (mode != 1) return ;
        mOutputDataB = mOutputDataB & (~0x03);
        mOutputDataB |= (0x01);
        Outputb(PPI_B,mOutputDataB);
```

```
}

void CMPS4Dlg::OnDCRUNR()
{
        if (mode != 1) return ;
        mOutputDataB = mOutputDataB & (~0x03);
        mOutputDataB |= (0x02);
        Outputb(PPI_B,mOutputDataB);
}

void CMPS4Dlg::OnCYLFWD()
{
        if (mode != 1) return ;
        mOutputDataB = mOutputDataB & (~0x30);
        mOutputDataB |= (0x20);
        Outputb(PPI_B,mOutputDataB);
}

void CMPS4Dlg::OnCYLBWD()
{
        if (mode != 1) return ;
        mOutputDataB = mOutputDataB & (~0x30);
        mOutputDataB |= (0x10);
        Outputb(PPI_B,mOutputDataB);
}

void CMPS4Dlg::OnDCSTOP()
{
        if (mode != 1) return ;
        mOutputDataB = mOutputDataB & (~0x03);
        mOutputDataB |= (0x03);
```

```
        Outputb(PPI_B,mOutputDataB);
}

void CMPS4Dlg::OnCYLSTOP()
{
        if (mode != 1) return ;
        mOutputDataB = mOutputDataB & (~0x30);
        mOutputDataB |= (0x30);
        Outputb(PPI_B,mOutputDataB);
}
UINT AAA(LPVOID lParam) // 동작 스레드
{
        while (1)
        {
                if (mode == 0) {
                        mOutputDataB = 0x33; //초기설
                        Outputb(PPI_B,mOutputDataB);
                }
                if (mode == 1) // 수동 모드
                {
                        Outputb(PPI_B,mOutputDataB);


                }
                if (mode == 2) // 자동 모드
                {
                        if (auto_step == 0) {        //초기 설정
                                // mOutputDataC = 0xF0;
                                Sleep(1000);
                                auto_step = 1;
                                mOutputDataB = mOutputDataB & (~0x30);
                                mOutputDataB |= (0x20);
```

```
            Outputb(PPI_B,mOutputDataB);    // 실린더 전진
        }
        if (auto_step == 1 && cyl_f == 1)              // 전진 센서 읽고
            auto_step = 2;
        if (auto_step == 2) {          // 모터 구동하여 흡착 1초 정지
            mOutputDataB = mOutputDataB & (~0x03);
            mOutputDataB |= (0x01);
            Outputb(PPI_B,mOutputDataB);
            Sleep(2000);
            // Step run
                for(a=0;a<30;a++)
                {
                        Outputb(PPI_A,ctop1);
                        Sleep(200);

                        step1 <<= 1;
                        if(step1 == 0x08)step1 = 0x01;
                }

            auto_step = 3;
            stepmode = 0;
        }
        if (auto_step == 3 && stepmode == 0)
    // step motor status read
        {
            Sleep(500);
            mOutputDataB = mOutputDataB & (~0x03);
            mOutputDataB |= (0x03);
            Outputb(PPI_B,mOutputDataB); // DC Motor stop
            Sleep(1000);
            // cylinder backward
```

```
                    mOutputDataB = mOutputDataB & (~0x30);
                    mOutputDataB |= (0x10);
                    Outputb(PPI_B,mOutputDataB);
                    auto_step = 4;
                }
                if (auto_step == 4 && cyl_b == 1) {

                    auto_step = 0;
                }
            }
            Sleep(50);
        }
        return 0;
}

void CMPS4Dlg::OnMANUALMODE()
{
            mode = 1;
}

void CMPS4Dlg::OnAUTOMODE()
{
            mode = 2;
}

void CMPS4Dlg::OnEMRSTOP()
{
            mode = 0;
}
UINT BBB(LPVOID lParam)
{
```

```
	int swLow, swHigh;
	while(1)
	{
		swLow = Inputb(PPI_A) & 0xF0;
		if ((swLow & 0x01) == 0x00)  // 후진 센서
		{
			cyl_b = 1;
		}
		if ((swLow & 0x02) == 0x00)  // 후진 센서
		{
			cyl_f = 1;
		}
	}
	Sleep(30);

}
UINT STEPMOTOR(LPVOID lParam)
{
	while(1)
	{
		if (stepmode ==0)
		{
			Outputb(PPI_A,0x0F);
				Sleep(200);
		}
		if (stepmode ==1)
		{
				Outputb(PPI_A,step1);
				Sleep(200);
				step1 <<= 1;
				if(step1 == 0x10) step1 = 0x01;
```

```
            }
            if (stepmode ==2)
            {
                            Outputb(PPI_A,step2);
                            Sleep(200);
                            step2 〉〉= 1;
                            if(step2 == 0x08) step2 = 0x88;
            }
      }
      Sleep(30);

}
```

(6) 시뮬레이션 시작하기

시뮬레이션의 순서로는 MPS Lab의 시뮬레이션 실행 버튼을 먼저 실행하고 Visual Studio에서 상단 메뉴의 빌드 탭을 클릭하고 솔루션 빌드를 클릭하여 프로그램 빌드를 시작한다.

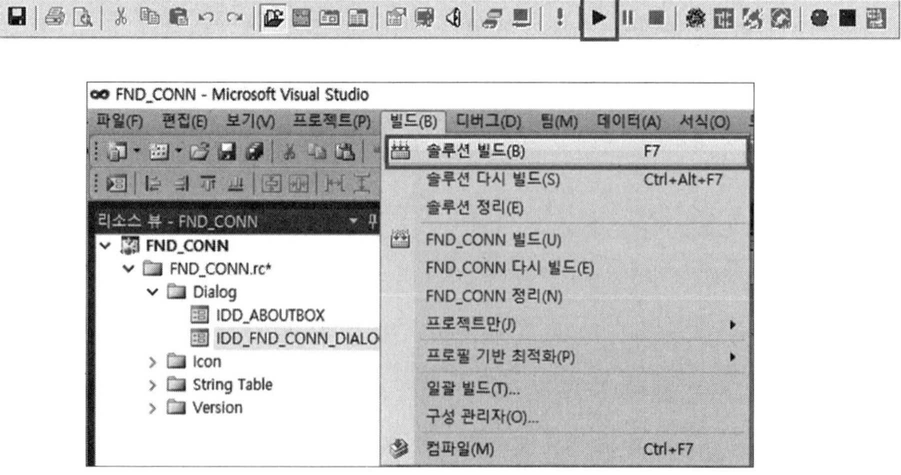

7 MPS 제어하기 7

1) MPS Lab에서 아래의 그림과 같이 부품을 배치하고 배선한다.

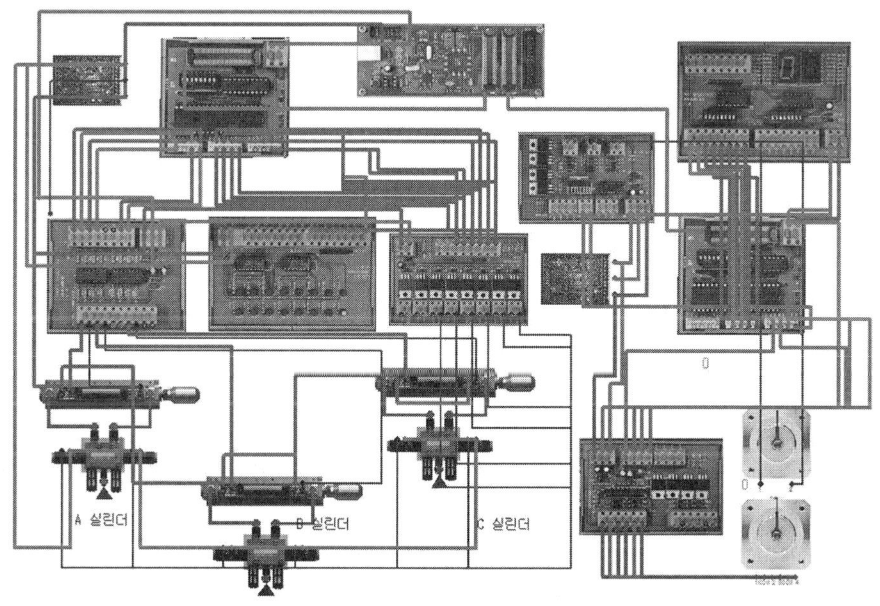

사용 부품

- USB BUS Board - 8255 Board 2개 - Power Supply 2개 - TR Board
- FND Board - Photo Board - DC Motor Board
- Stepper Motor Board - Cylinder 3개 - DC Motor - Stepper Motor

① USB 보드의 JP1과 JP2에 8255 보드 2개를 연결하고 DIP Switch로 설정한다.

② 8255 보드의 5V/GND와 전원 공급 단자에 연결한다.

③ 전원 공급 단자의 24V는 TR Board와 DC Motor Board, Stepper Motor Board에 연결한다.

④ 왼편 8255 보드 A 포트 PA0~PA5를 TR Board(TR_1)의 IN1 ~ IN5에 연결한다.

⑤ 왼편 8255 보드 B 포트 PB0~PB6을 LED Board의 LED1 ~ LED8에 연결한다.

⑥ 왼편 8255 보드 C 포트 PC0 ~ PC5를 Photo Board Out 단자를 통해 실린더 후진과 전진 센서에 연결한다.

⑦ 오른편 8255 보드 A 포트 PA0 ~ PA3을 Stepper Motor Board를 통해 Stepper Motor에 연결한다.

⑧ 오른편 8255 보드 A 포트 PA4 ~ PA5를 DC Motor Board를 통해 DCr Motor에 연결한다.

⑨ 오른편 8255 보드 B 포트 PB0 ~ PB7을 FND Board에 연결한다.

2) 프로그램 작성

(1) 프로젝트명을 MPS1로 설정한 뒤 'MFC 응용 프로그램'을 선택하여 새 프로젝트를 생성한다.

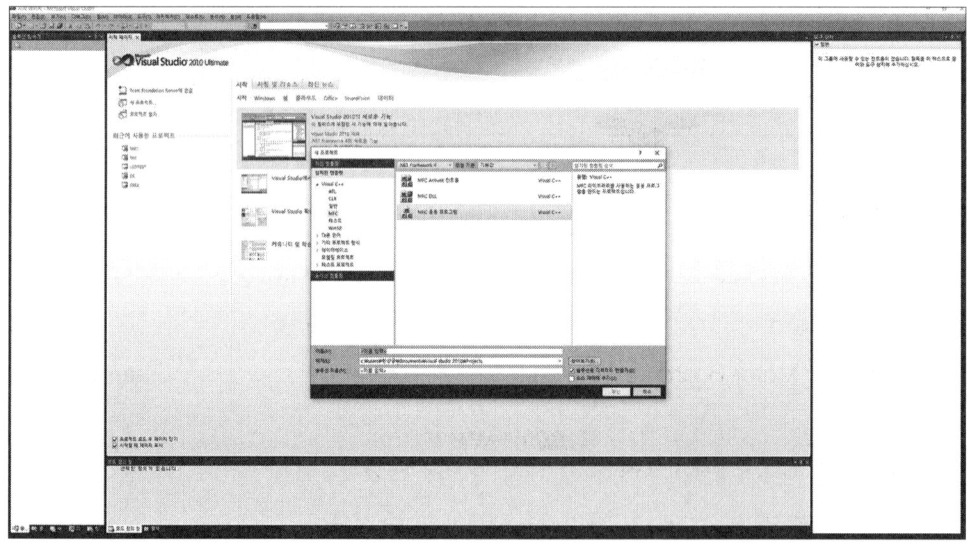

(2) 'MFC 응용 프로그램 마법사 - Step 1'에서 '대화상자 기반'을 선택하고 '마침'을 선택한다.

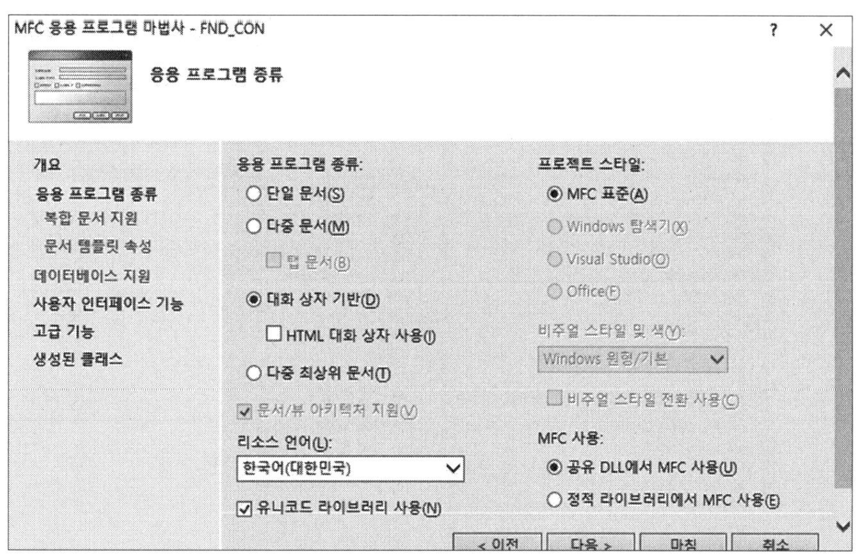

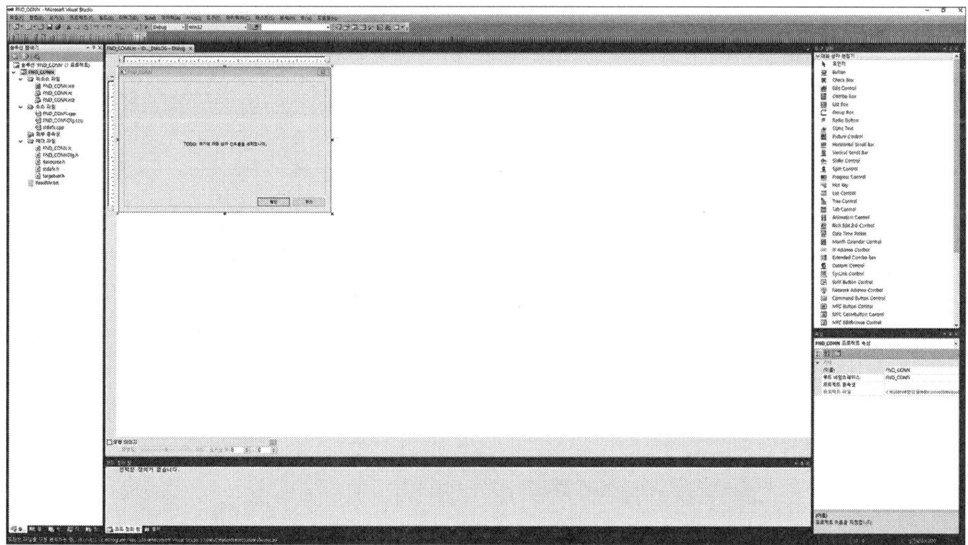

(3) 우측 상단 도구상자에서 Button을 선택하여 다이얼로그 박스에 버튼을 만들고 각 버튼의 Properties를 다음 표와 같이 설정한다. Properties는 우측 하단의 속성창에서 설정할 수 있으며, 버튼을 묶어 주는 박스는 우측 상단 도구상자의 Group Box를 선택하여 생성할 수 있다.

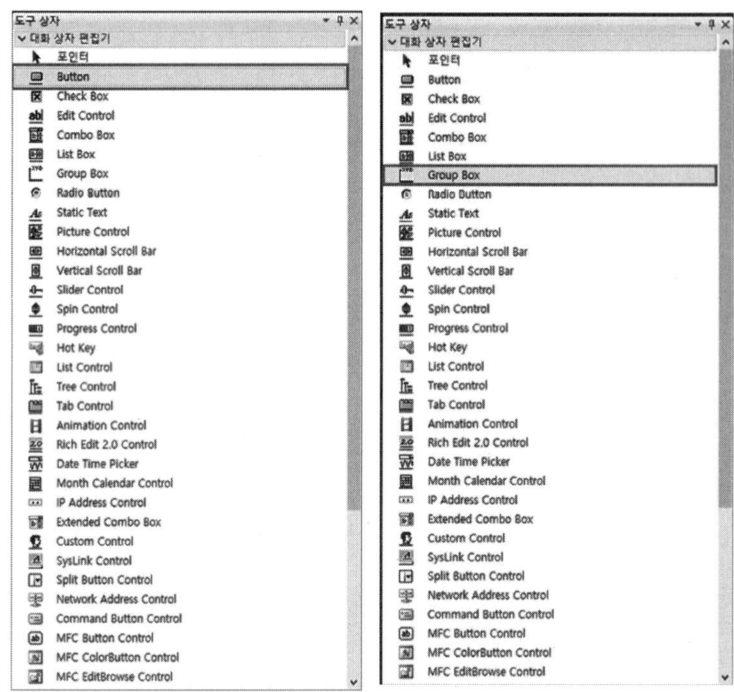

도구 상자
대화 상자 편집기
포인터
Button
Check Box
Edit Control
Combo Box
List Box
Group Box
Radio Button
Static Text
Picture Control
Horizontal Scroll Bar
Vertical Scroll Bar
Slider Control
Spin Control
Progress Control
Hot Key
List Control
Tree Control
Tab Control
Animation Control
Rich Edit 2.0 Control
Date Time Picker
Month Calendar Control
IP Address Control
Extended Combo Box
Custom Control
SysLink Control
Split Button Control
Network Address Control
Command Button Control
MFC Button Control
MFC ColorButton Control
MFC EditBrowse Control
도구 상자
대화 상자 편집기
포인터
Button
Check Box
Edit Control
Combo Box
List Box
Group Box
Radio Button
Static Text
Picture Control
Horizontal Scroll Bar
Vertical Scroll Bar
Slider Control
Spin Control
Progress Control
Hot Key
List Control
Tree Control
Tab Control
Animation Control
Rich Edit 2.0 Control
Date Time Picker
Month Calendar Control
IP Address Control
Extended Combo Box
Custom Control
SysLink Control
Split Button Control
Network Address Control
Command Button Control
MFC Button Control
MFC ColorButton Control
MFC EditBrowse Control

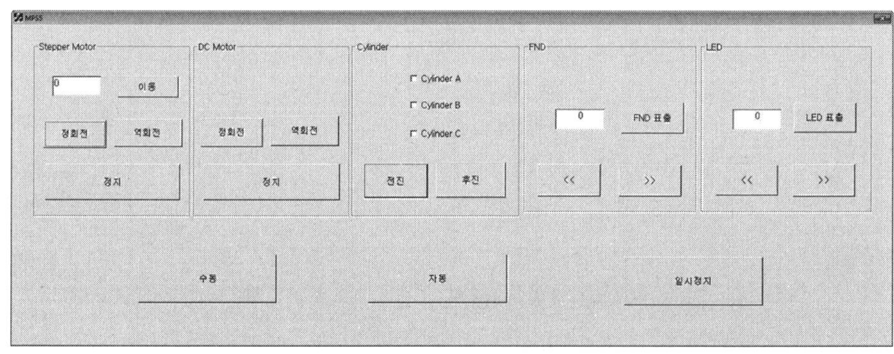

Stepper Motor
0
이동
정회전
역회전
정지
DC Motor
정회전
역회전
정지
Cylinder
Cylinder A
Cylinder B
Cylinder C
전진
후진
FND
0
FND 표출
<<
>>
LED
0
LED 표출
<<
>>
수동
자동
일시정지

순번	컨트롤	프로퍼티	설정
1	Button	ID	IDSTEPLEFT
		Caption	정회전
2	Button	ID	IDSTEPRIGHT
		Caption	역회전
3	Button	ID	DCRUNL
		Caption	정회전
4	Button	ID	DCRUNR
		Caption	역회전
5	Button	ID	CYLFWD
		Caption	전진
6	Button	ID	CYLBWD
		Caption	후진
7	Button	ID	IDSTEPSTOP
		Caption	정지
8	Button	ID	DCSTOP
		Caption	정지
9	Button	ID	IDC_FNDDEC
		Caption	〈〈
10	Button	ID	IDC_FNDINC
		Caption	〉〉
11	Button	ID	IDC_LEDINC
		Caption	〉〉
12	Button	ID	IDC_LEDDEC
		Caption	〈〈

순번	컨트롤	프로퍼티	설정
13	Button	ID	IDC_FNDDISPLAY
		Caption	FND 표출
14	Button	ID	IDC_LEDDISPLAY
		Caption	LED 표출
15	Button	ID	IDC_STEPMOVE
		Caption	이동
16	Group Box	ID	IDC_STATIC1
		Caption	Stepper Motor
17	Group Box	ID	IDC_STATIC2
		Caption	DC Motor
18	Group Box	ID	IDC_STATIC3
		Caption	Cylinder
19	Group Box	ID	IDC_STATIC4
		Caption	FND
20	Group Box	ID	IDC_STATIC5
		Caption	LED
21	Group Box	ID	IDC_STATIC5
		Caption	LED
22	Check Box	ID	IDC_CYLINDERA
		Caption	Cylinder A
23	Check Box	ID	IDC_CYLINDERB
		Caption	Cylinder B
24	Check Box	ID	IDC_CYLINDERC
		Caption	Cylinder C

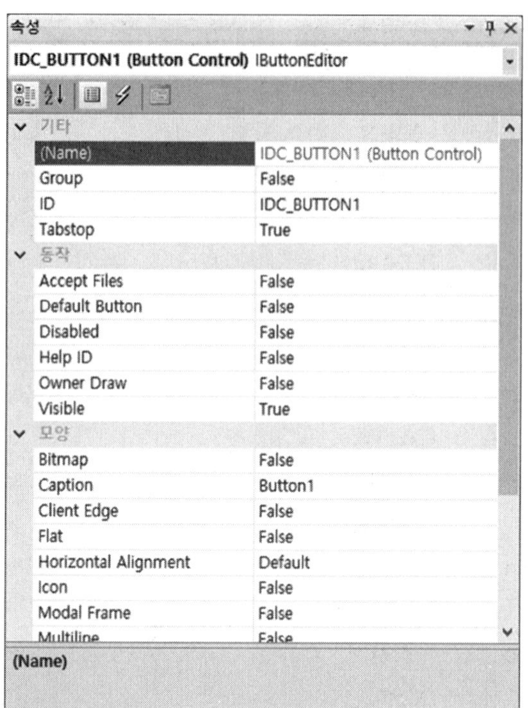

(4) 각 버튼에 해당하는 이벤트 핸들러를 생성한다. 생성한 버튼을 우클릭하고 '이벤트 처리기 추가'를 선택한다. 이벤트 핸들러 다이얼로그 박스가 생성되면 BN_CLICKED를 선택하여 이벤트를 생성한다.

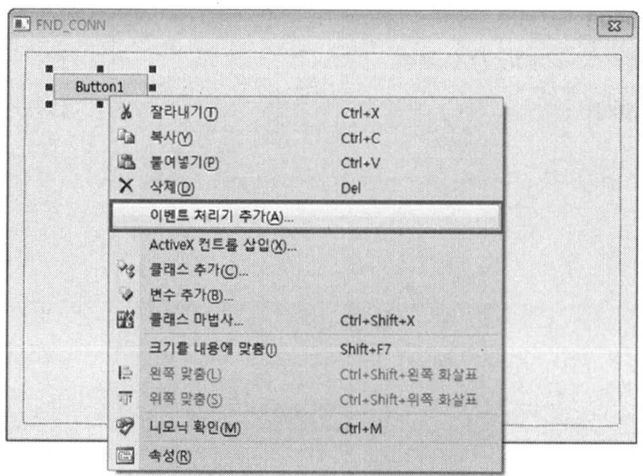

(5) 이벤트 생성을 확인한 후 다음 표와 같이 프로그램을 작성한다.

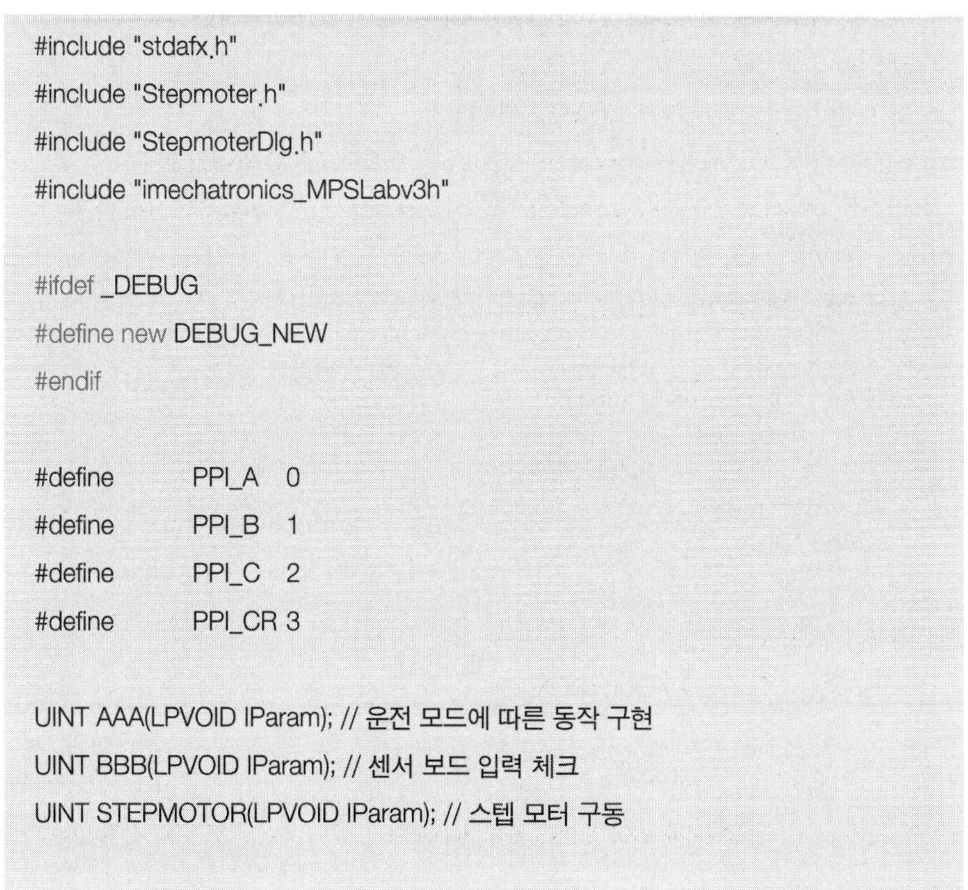

```
#include "stdafx.h"
#include "Stepmoter.h"
#include "StepmoterDlg.h"
#include "imechatronics_MPSLabv3h"

#ifdef _DEBUG
#define new DEBUG_NEW
#endif

#define     PPI_A   0
#define     PPI_B   1
#define     PPI_C   2
#define     PPI_CR 3

UINT AAA(LPVOID lParam); // 운전 모드에 따른 동작 구현
UINT BBB(LPVOID lParam); // 센서 보드 입력 체크
UINT STEPMOTOR(LPVOID lParam); // 스텝 모터 구동
```

```
unsigned char sw = 0; // 센서 입력 정보 보관 변수
unsigned char mode = 0; // 0 정지 1 수동 2 자동
unsigned char dcmode = 0; // 0 정지 1 정회전 2 역회전
unsigned char stepmode =0; // 0 정지 1 정회전 2 역회전
unsigned char cyl0_f =0, cyl0_b = 1, cyl1_f =0, cyl1_b = 1, cyl2_f =0, cyl2_b = 1;//
후진 및 전진센서 보관 변수
unsigned char fnd[10]={0xc0,0xf9,0xa4,0xb0,0x99,0x92,0x83,0xf8,0x80,0x98};
int fnd_NO =0; //FND 표출 변수
unsigned char auto_step = 0; // 자동모드 진행 순서 보관 상수
unsigned char mOutputDataB = 0xFF; // 왼편 8255보드 출력 보관 상수
unsigned char mOutputDataA = 0x00; // 왼편 8255보드 출력 보관 상수
unsigned char mOutputDataB1 = 0xFF; // 오른편 8255보드 출력 보관 상수
unsigned char mOutputDataA1 = 0x00; // 오른편 8255보드 출력 보관 상수
unsigned char step1 = 0x01; // 스텝모터 초깃값
unsigned char step2 = 0x88; // 스텝모터 초깃값
unsigned char fndInitialValue = 0x01, fndValue = 0x01; // FND 초깃값 변수
bool cyl0_selected = 0, cyl1_selected = 0, cyl2_selected = 0; // 실린더 선택 판단 변수

// 응용 프로그램 정보에 사용되는 CAboutDlg 대화상자입니다.

class CAboutDlg : public CDialogEx
{
public:
	CAboutDlg();

// 대화상자 데이터입니다.
	enum { IDD = IDD_ABOUTBOX };

	protected:
	virtual void DoDataExchange(CDataExchange* pDX);    // DDX/DDV 지원입니다.
```

```
// 구현입니다.
protected:
	DECLARE_MESSAGE_MAP()
};

CAboutDlg::CAboutDlg() : CDialogEx(CAboutDlg::IDD)
{
}

void CAboutDlg::DoDataExchange(CDataExchange* pDX)
{
	CDialogEx::DoDataExchange(pDX);
}

BEGIN_MESSAGE_MAP(CAboutDlg, CDialogEx)
END_MESSAGE_MAP()


// CMPS1Dlg 대화상자




CMPS5Dlg::CMPS5Dlg(CWnd* pParent /*=NULL*/)
	: CDialogEx(CMPS5Dlg::IDD, pParent)
{
	,m_nStep(0)
	,m_nFndNo(0)
	,m_nLedNo(0)
```

```
	m_hIcon = AfxGetApp()→LoadIcon(IDR_MAINFRAME);
}

void CMPS5Dlg::DoDataExchange(CDataExchange* pDX)
{
	CDialogEx::DoDataExchange(pDX);
	DDX_Text(pDX, IDC_MOVEANGLE, m_nStep);
	DDX_Text(pDX, IDC_FNDNO, m_nFndNo);
	DDV_MinMaxUInt(pDX, m_nFndNo, 0, 9);
	DDX_Text(pDX, IDC_LEDNO, m_nLedNo);
	DDV_MinMaxUInt(pDX, m_nLedNo, 1, 8);
}

BEGIN_MESSAGE_MAP(CMPS5Dlg, CDialogEx)
	ON_WM_SYSCOMMAND()
	ON_WM_PAINT()
	ON_WM_QUERYDRAGICON()
	ON_BN_CLICKED(MANUALMODE, &CMPS5Dlg::OnMANUALMODE)
	ON_BN_CLICKED(AUTOMODE, &CMPS5Dlg::OnAUTOMODE)
	ON_BN_CLICKED(EMRSTOP, &CMPS5Dlg::OnEMRSTOP)
	ON_BN_CLICKED(IDC_FNDDEC, &CMPS5Dlg::OnFnddec)
	ON_BN_CLICKED(IDC_CYLINDERA, &CMPS5Dlg::OnCylindera)
	ON_BN_CLICKED(IDC_FNDINC, &CMPS5Dlg::OnFndinc)
	ON_BN_CLICKED(IDC_LEDINC, &CMPS5Dlg::OnLedinc)
	ON_BN_CLICKED(IDC_LEDDEC, &CMPS5Dlg::OnLeddec)
	ON_BN_CLICKED(IDSTEPSTOP, &CMPS5Dlg::OnStepstop)
	ON_BN_CLICKED(CYLFWD, &CMPS5Dlg::OnCYLFWD)
	ON_BN_CLICKED(IDC_CYLINDERB, &CMPS5Dlg::OnCylinderb)
	ON_BN_CLICKED(IDC_CYLINDERC, &CMPS5Dlg::OnCylinderc)
	ON_BN_CLICKED(CYLBWD, &CMPS5Dlg::OnCYLBWD)
```

```
	ON_BN_CLICKED(DCRUNL, &CMPS5Dlg::OnDCRUNL)
	ON_BN_CLICKED(DCRUNR, &CMPS5Dlg::OnDCRUNR)
	ON_BN_CLICKED(DCSTOP, &CMPS5Dlg::OnDCSTOP)
	ON_BN_CLICKED(IDC_STEPMOVE, &CMPS5Dlg::OnStepmove)
	ON_BN_CLICKED(IDC_FNDDISPLAY, &CMPS5Dlg::OnFnddisplay)
	ON_BN_CLICKED(IDC_LEDDISPLAY, &CMPS5Dlg::OnLeddisplay)
	ON_BN_CLICKED(IDSTEPLEFT, &CMPS5Dlg::OnStepleft)
	ON_BN_CLICKED(IDSTEPRIGHT, &CMPS5Dlg::OnStepright)
END_MESSAGE_MAP()


// CMPS5Dlg 메시지 처리기

BOOL CMPS5Dlg::OnInitDialog()
{
	CDialogEx::OnInitDialog();

	// 시스템 메뉴에 "정보..." 메뉴 항목을 추가합니다.

	// IDM_ABOUTBOX는 시스템 명령 범위에 있어야 합니다.
	ASSERT((IDM_ABOUTBOX & 0xFFF0) == IDM_ABOUTBOX);
	ASSERT(IDM_ABOUTBOX < 0xF000);

	CMenu* pSysMenu = GetSystemMenu(FALSE);
	if (pSysMenu != NULL)
	{
		BOOL bNameValid;
		CString strAboutMenu;
		bNameValid = strAboutMenu.LoadString(IDS_ABOUTBOX);
		ASSERT(bNameValid);
```

```
		if (!strAboutMenu.IsEmpty())
		{
			pSysMenu→AppendMenu(MF_SEPARATOR);
			pSysMenu→AppendMenu(MF_STRING, IDM_ABOUTBOX,
strAboutMenu);
		}
	}

	// 이 대화상자의 아이콘을 설정합니다. 응용 프로그램의 주 창이 대화상자가 아
닐 경우에는
	//  프레임워크가 이 작업을 자동으로 수행합니다.
	SetIcon(m_hIcon, TRUE);			// 큰 아이콘을 설정합니다.
	SetIcon(m_hIcon, FALSE);		// 작은 아이콘을 설정합니다.

	// TODO: 여기에 추가 초기화 작업을 추가합니다.

	if(InitDrv()<0)
		return -1;
	if(USBDrvInit()<0)
		return -1;

	Outputb(PPI_CR,0x89);
	Outputb(PPI_B,0x01, 0);
	AfxBeginThread(BBB, NULL);
	AfxBeginThread(AAA, NULL);
	AfxBeginThread(STEPMOTOR, NULL);
	Outputb(PPI_B,0xc0, 1);

	return TRUE;  // 포커스를 컨트롤에 설정하지 않으면 TRUE를 반환합니다.
}
```

```
void CMPS5Dlg::OnSysCommand(UINT nID, LPARAM lParam)
{
	if ((nID & 0xFFF0) == IDM_ABOUTBOX)
	{
		CAboutDlg dlgAbout;
		dlgAbout.DoModal();
	}
	else
	{
		CDialogEx::OnSysCommand(nID, lParam);
	}
}

// 대화상자에 최소화 단추를 추가할 경우 아이콘을 그리려면
// 아래 코드가 필요합니다. 문서/뷰 모델을 사용하는 MFC 응용 프로그램의 경우에는
// 프레임워크에서 이 작업을 자동으로 수행합니다.

void CMPS5Dlg::OnPaint()
{
	if (IsIconic())
	{
		CPaintDC dc(this); // 그리기를 위한 디바이스 컨텍스트입니다.

		SendMessage(WM_ICONERASEBKGND, reinterpret_cast<WPARAM>
(dc.GetSafeHdc()), 0);

		// 클라이언트 사각형에서 아이콘을 가운데에 맞춥니다.
		int cxIcon = GetSystemMetrics(SM_CXICON);
		int cyIcon = GetSystemMetrics(SM_CYICON);
```

```
			CRect rect;
			GetClientRect(&rect);
			int x = (rect.Width() - cxIcon + 1) / 2;
			int y = (rect.Height() - cyIcon + 1) / 2;

			// 아이콘을 그립니다.
			dc.DrawIcon(x, y, m_hIcon);
		}
		else
		{
			CDialogEx::OnPaint();
		}
}

// 사용자가 최소화된 창을 끄는 동안에 커서가 표시되도록 시스템에서
// 이 함수를 호출합니다.
HCURSOR CMPS5Dlg::OnQueryDragIcon()
{
		return static_cast<HCURSOR>(m_hIcon);
}

UINT AAA(LPVOID lParam) // 동작 스레드
{
		while (1)
		{
			if (mode == 0) {
					mOutputDataA1 = mOutputDataA1 & (~0x30);
					mOutputDataA1 |= (0x30);
					Outputb(PPI_A,mOutputDataA1,1);
					stepmode =0;
```

```
            Sleep(50);
    }
    if (mode == 1) // 수동 모드
    {
            Sleep(50);
    }
    if (mode == 2) // 자동 모드
    {
            if (auto_step == 0) {          //cylinder backward
                    mOutputDataA = mOutputDataA & (~0x03);
            //cylinder0 stop
                    mOutputDataA |= (0x02);
                    Outputb(PPI_A,mOutputDataA,0);
                    mOutputDataA = mOutputDataA & (~0x0C);
                    mOutputDataA |= (0x08);
                    Outputb(PPI_A,mOutputDataA,0);
                    mOutputDataA = mOutputDataA & (~0x30);
                    mOutputDataA |= (0x20);
                    Outputb(PPI_A,mOutputDataA,0);
                    // mOutputDataC = 0xF0;
                    Sleep(500);
                    auto_step = 1;
                    // 실린더 A 전진
                    mOutputDataA = mOutputDataA & (~0x03);
                    mOutputDataA |= (0x01);
                    Outputb(PPI_A,mOutputDataA,0);
                    // 실린더1 전진
            }
            if (auto_step == 1 && cyl0_f == 1){ // 전진 센서 읽고
                    Sleep(1000);
```

```
            auto_step = 2;
            mOutputDataA = mOutputDataA & (~0x0C);
            mOutputDataA |= (0x04);
            Outputb(PPI_A,mOutputDataA,0);
        }

        if (auto_step == 2 && cyl1_f == 1) {

            Sleep(1000);
            auto_step = 3;
            mOutputDataA = mOutputDataA & (~0x30);
        //실린더 C 전진
            mOutputDataA |= (0x10);
            Outputb(PPI_A,mOutputDataA,0);
        }
        if (auto_step == 3 && cyl2_f == 1) { //motor run
                                                Sleep(1000);
            mOutputDataA1 = mOutputDataA1 & (~0x30);
            mOutputDataA1 |= (0x20);
            Outputb(PPI_A,mOutputDataA1,1);
            //
            Sleep(2000);
            mOutputDataA1 = mOutputDataA1 & (~0x30);
            mOutputDataA1 |= (0x30);
            Outputb(PPI_A,mOutputDataA1,1);

Sleep(200);
            //
            for(int k =0; k< 30; k++)
            {
```

```
                        Outputb(PPI_A,step1,1);
                        Sleep(200);
                        step1 <<= 1;
                        if(step1 == 0x10) step1 = 0x01;
                }
                //실린더 C 후진
                        Sleep(1000);
                        auto_step = 4;

                        mOutputDataA = mOutputDataA & (~0x30);
                        mOutputDataA |= (0x20);
                        Outputb(PPI_A,mOutputDataA,0);
        }

        if (auto_step == 4 && cyl2_b == 1) {
                Sleep(1000);
                auto_step = 5;
                mOutputDataA = mOutputDataA & (~0x0C);
                mOutputDataA |= (0x08);
                Outputb(PPI_A,mOutputDataA,0);
                Sleep(200);
        }
        if (auto_step == 5 && cyl1_b == 1) {
                Sleep(1000);
                auto_step = 6;
                mOutputDataA = mOutputDataA & (~0x03);
                mOutputDataA |= (0x02);
                Outputb(PPI_A,mOutputDataA,0);
                Sleep(200);
        }
```

```
				if (auto_step == 6 && cyl0_b == 1) {

					auto_step = 0;
					//FND
					fnd_NO++;
					if (fnd_NO== 10){
						fnd_NO=0;
					}
					Outputb(PPI_B,fnd[fnd_NO],1);
					//LED
					if (fndValue == 1 )
					fndValue = 0x80;
					else
					{
						fndValue >>= 1;
					}
					Outputb(PPI_B,fndValue,0);
					Sleep(200);
				}
			}
			Sleep(50);
		}
		return 0;
}

void CMPS5Dlg::OnMANUALMODE()
{
			mode = 1;
}
```

```
void CMPS5Dlg::OnAUTOMODE()
{
        mode = 2;
}

void CMPS5Dlg::OnEMRSTOP()
{
        mode = 0;
}

UINT BBB(LPVOID lParam)
{
    int swLow;
    while(1)
    {
        swLow = Inputb(PPI_C);
        if ( (swLow & (0x01) ) == 0x00)
            cyl0_b = 1;
        if ( (swLow & (0x01) ) == 0x01)
            cyl0_b = 0;
      if ( (swLow & (0x02) )  == 0x00)
            cyl0_f = 1;
        if ( (swLow & (0x02) )  == 0x02)
            cyl0_f = 0;
        if ( (swLow & (0x04) ) == 0x00)
            cyl1_b = 1;
        if ( (swLow & (0x04) ) == 0x04)
            cyl1_b = 0;
        if ( (swLow & (0x08) ) == 0x00)
            cyl1_f = 1;
```

```
            if ( (swLow & (0x08) ) == 0x08)
                cyl1_f = 0;
            if ( (swLow & (0x10) ) == 0x00)
                cyl2_b = 1;
            if ( (swLow & (0x10) ) == 0x10)
                cyl2_b = 0;
            if ( (swLow & (0x20) ) == 0x00)
                cyl2_f = 1;
            if ( (swLow & (0x20) ) == 0x20)
                cyl2_f = 0;
            if ( (swLow & (0x10) ) == 0x00)
                cyl2_b = 1;

            Sleep(30);
    }

    return 1;
}

UINT STEPMOTOR(LPVOID lParam)
{
    while(1)
    {
            if (stepmode ==0)
            {
                mOutputDataA1 = mOutputDataA1 & (~0x0F);
                mOutputDataA1 |= (0x0F);
                Outputb(PPI_A,mOutputDataA1,1);
                Sleep(200);
            }
```

```
			if (stepmode ==1)
			{
					Outputb(PPI_A,step1,1);
					Sleep(200);
					step1 〈〈= 1;
					if(step1 == 0x10) step1 = 0x01;
			}
			if (stepmode ==2)
			{
					Outputb(PPI_A,step2,1);
					Sleep(200);
					step2 〉〉= 1;
					if(step2 == 0x08) step2 = 0x88;
			}
		}
		Sleep(30);

}

void CMPS5Dlg::OnFnddec()
{
		if (mode != 1) return ;
		fnd_NO--;
		if (fnd_NO== -1){
			fnd_NO=9;
		}
		Outputb(PPI_B,fnd[fnd_NO],1);


}
```

```
void CMPS5Dlg::OnFndinc()
{
	if (mode != 1) return ;
	fnd_NO++;
	if (fnd_NO== 10){
		fnd_NO=0;
	}
	Outputb(PPI_B,fnd[fnd_NO],1);
}

void CMPS5Dlg::OnCylindera()
{
	if (mode != 1) return ;
	if(!cyl0_selected)
		cyl0_selected =1;
	else
		cyl0_selected =0;
}

void CMPS5Dlg::OnLedinc()
{
	if (mode != 1) return ;
	if (fndValue == 1 )
		fndValue = 0x80;
	else
	{
		fndValue >>= 1;
	}
	Outputb(PPI_B,fndValue,0);
	Sleep(200);
```

```
}

void CMPS5Dlg::OnLeddec()
{
        if (mode != 1) return ;
        if (fndValue == 0x80 )
        {
                fndValue >>= 1;
                fndValue = 0x01;
        }
        else
        {
                fndValue <<= 1;
        }
        Outputb(PPI_B,fndValue,0);
        Sleep(200);
}

void CMPS5Dlg::OnStepstop()
{
        if (mode != 1) return ;
        stepmode = 0;
}

void CMPS5Dlg::OnCYLFWD()
{
        if (mode != 1) return ;
        if(cyl0_selected)
        {
        mOutputDataA = mOutputDataA & (~0x03);
```

```
        mOutputDataA |= (0x01);
        Outputb(PPI_A,mOutputDataA,0);
        }
        if(cyl1_selected)
        {
        mOutputDataA = mOutputDataA & (~0x0C);
        mOutputDataA |= (0x04);
        Outputb(PPI_A,mOutputDataA,0);
        }
        if(cyl2_selected)
        {
        mOutputDataA = mOutputDataA & (~0x30);
        mOutputDataA |= (0x10);
        Outputb(PPI_A,mOutputDataA,0);
        }

}

void CMPS5Dlg::OnCylinderb()
{
        if (mode != 1) return ;
        if(!cyl1_selected)
                cyl1_selected =1;
        else
                cyl1_selected =0;
}

void CMPS5Dlg::OnCylinderc()
{
        if (mode != 1) return ;
```

```
	if(!cyl2_selected)
		cyl2_selected =1;
	else
		cyl2_selected =0;
}

void CMPS5Dlg::OnCYLBWD()
{
	if (mode != 1) return ;
	if(cyl0_selected)
	{
	mOutputDataA = mOutputDataA & (~0x03);
	mOutputDataA |= (0x02);
	Outputb(PPI_A,mOutputDataA,0);
	}
	if(cyl1_selected)
	{
	mOutputDataA = mOutputDataA & (~0x0C);
	mOutputDataA |= (0x08);
	Outputb(PPI_A,mOutputDataA,0);
	}
	if(cyl2_selected)
	{
	mOutputDataA = mOutputDataA & (~0x30);
	mOutputDataA |= (0x20);
	Outputb(PPI_A,mOutputDataA,0);
	}
}

void CMPS5Dlg::OnDCRUNL()
```

```
{
        if (mode != 1) return ;
        mOutputDataA1 = mOutputDataA1 & (~0x30);
        mOutputDataA1 |= (0x10);
        Outputb(PPI_A,mOutputDataA1,1);
}

void CMPS5Dlg::OnDCRUNR()
{
        if (mode != 1) return ;
        mOutputDataA1 = mOutputDataA1 & (~0x30);
        mOutputDataA1 |= (0x20);
        Outputb(PPI_A,mOutputDataA1,1);
}

void CMPS5Dlg::OnDCSTOP()
{
        mOutputDataA1 = mOutputDataA1 & (~0x30);
        mOutputDataA1 |= (0x30);
        Outputb(PPI_A,mOutputDataA1,1);
}

void CMPS5Dlg::OnStepmove()
{
        if (mode != 1) return ;
        UpdateData(TRUE);
        for(int k =0; k< m_nStep; k++)
        {
                Outputb(PPI_A,step1,1);
                Sleep(200);
```

```
            step1 <<= 1;
            if(step1 == 0x10) step1 = 0x01;
        }
}

void CMPS5Dlg::OnFnddisplay()
{
        if (mode != 1) return ;
        UpdateData(TRUE);
        Outputb(PPI_B,fnd[m_nFndNo],1);
        Sleep(200);
}

void CMPS5Dlg::OnLeddisplay()
{
        if (mode != 1) return ;
        UpdateData(TRUE);
        unsigned char m_nDisplay= 0x01;
        m_nDisplay <<= m_nLedNo;
        Outputb(PPI_B,m_nDisplay,0);
        Sleep(200);
}


void CMPS5Dlg::OnStepleft()
{
        if (mode != 1) return ;
        stepmode =2;
}
```

```
void CMPS5Dlg::OnStepright()
{
        if (mode != 1) return ;
        stepmode =1;
}
```

(6) 시뮬레이션 시작하기

시뮬레이션의 순서로는 MPS Lab의 시뮬레이션 실행 버튼을 먼저 실행하고 Visual Studio에서 상단 메뉴의 빌드 탭을 클릭하고 솔루션 빌드를 클릭하여 프로그램 빌드를 시작한다.

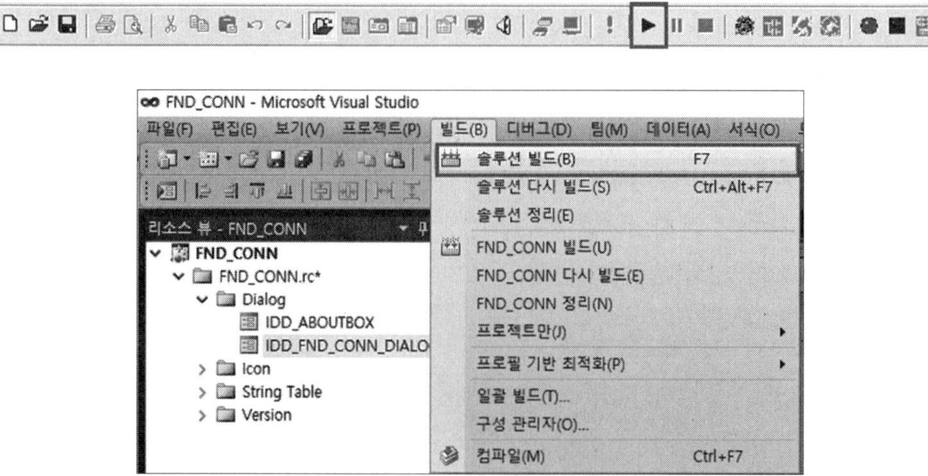

Visual C++

MPS LAB를 이용한 PC 기반 제어

2018년 2월 23일 1판 1쇄 인 쇄
2018년 2월 28일 1판 1쇄 발 행

지 은 이 : 이승훈
펴 낸 이 : 박정태

펴 낸 곳 : **광 문 각**

10881
경기도 파주시 파주출판문화도시 광인사길 161
광문각 B/D 4층
등 록 : 1991. 5. 31 제12 - 484호
전 화(代) : 031-955-8787
팩 스 : 031-955-3730
E - mail : kwangmk7@hanmail.net
홈페이지 : www.kwangmoonkag.co.kr

ISBN : 978-89-7093-886-8 93560

값 : 23,000원

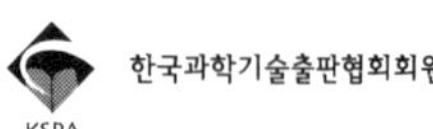

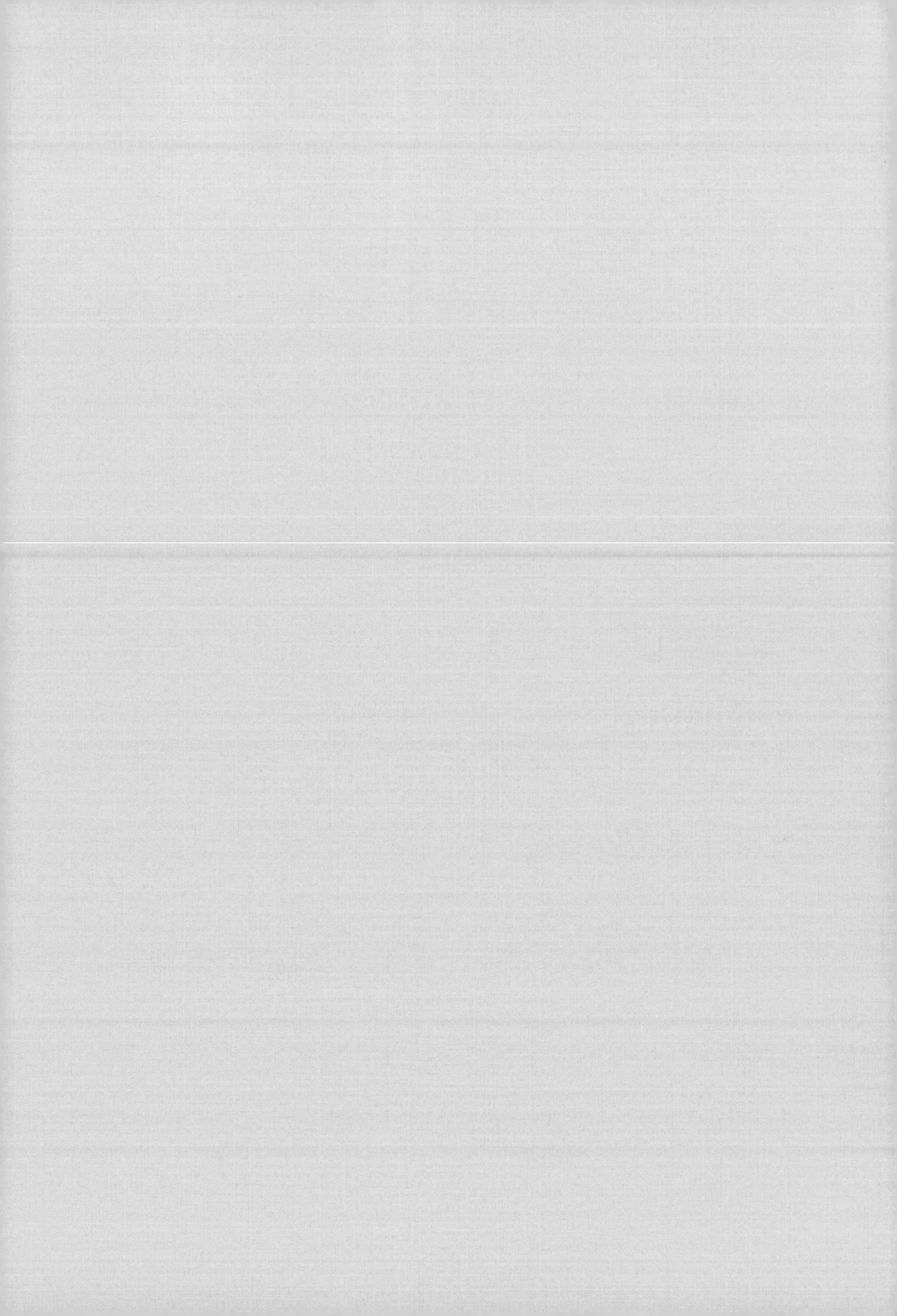